四川省心理学会推荐读物
四川省中小学心理健康教育中心推荐读物

情商养成

顾　问　李小融
主　编　李兴贵　路　林　翟瑞谦
副主编　卢　雄　涂　皓　王　宏　阳　威
编　委　文中华　李　朋　王　东　罗　玉
　　　　张晓非　李兴荣　杨晓刚　康　洪
　　　　魏　东　李黎明　奂光红

北京理工大学出版社
BEIJING INSTITUTE OF TECHNOLOGY PRESS

内 容 简 介

本书主要从人的社会生活工作需求、个性心理生理发展规律出发，围绕“情商是怎样养成的”这条线索，从情商知多少、认识和驾驭自己、关系中的个体、走向社会四个方面展开论述。

阅读本书，能够帮助个体少走一些人生的“弯路”，并为将来可能遇到的一些心理情绪方面的问题储备必备的情商问题解决思路。本书能够让人们对生活有更深刻的洞见，变得更有能力、更有智慧。

本书适合大学生、社会工作者、家长学校等广泛使用，既可以作为学习培训教材，也可以作为情商养成读本，还可以作为情商养成的参考书。

图书在版编目（CIP）数据

情商养成/李兴贵，路林，翟瑞谦主编. —北京：北京理工大学出版社，2017.5

ISBN 978-7-5682-4044-4

Ⅰ.①情…　Ⅱ.①李…②路…③翟…　Ⅲ.①情商—通俗读物　Ⅳ.①B842.6-49

中国版本图书馆 CIP 数据核字（2017）第 105709 号

出版发行 / 北京理工大学出版社有限责任公司

社　　址 / 北京市海淀区中关村南大街 5 号

邮　　编 / 100081

电　　话 /（010）68914775（总编室）

（010）82562903（教材售后服务热线）

（010）68948351（其他图书服务热线）

网　　址 / http://www.bitpress.com.cn

经　　销 / 全国各地新华书店

印　　刷 / 北京泽宇印刷有限公司

开　　本 / 710 毫米×1000 毫米　1/16

印　　张 / 15.5

字　　数 / 270 千字

版　　次 / 2017 年 5 月第 1 版　2017 年 5 月第 1 次印刷

定　　价 / 39.80 元

责任编辑 / 王晓莉

文案编辑 / 王晓莉

责任校对 / 周瑞红

责任印制 / 施胜娟

序

一路走来，很多事情让我印象深刻。对比过去和现在，每个人都有了太多的不同。回忆往昔，冲动、鲁莽带来的麻烦，着实让人耿耿于怀。毕竟，有些东西，“错过了，就是错过了”，再难挽回，空留遗憾。但也明白，人生的成长之路，就是这样，没有挫折，就看不到自己的缺点。然而，对于这种经历，终究还是会有些许遗憾。

现如今，为了追求更高的效率，社会的分工越来越细，却也造就了“隔行如隔山”，人们掌握的知识领域可能更加狭窄。然而，不管你学什么专业，从事什么行业，“认识自己、管理自己、认识他人、与他人交往、建立与经营恋爱婚姻关系”等方面，都是必然会面对的问题。这些事情，应对起来都难免不犯错。从纵向角度来说，错误的行为模式，会沿着个体的家庭系统进行代际传递。从横向角度来说，错误的处事方式，会像流感病毒一样，相互影响、四处蔓延，并在传播过程中，不断变异。

针对复杂的心理问题，当然可以依靠专业的心理咨询帮助解决。但各种情绪的困扰和人际关系的损害，却是个体不得不承受的痛苦体验。如果能够在问题出现前或开始时期，个体通过读书或课堂学习的形式，产生对常见心理问题的免疫力，那么，很多人生悲剧就可能不会发生，个体就会少走很多弯路，取得更好的发展。我非常有幸在《情商养成》出版之前一睹为快。作者在“情商养成”方面构建了新颖的视角、不同的框架结构、鲜活的经典案例、有效的活动设计、针对性的辅导分析，相信会给大家拨开迷雾，输送清新的空气。

多年来的相关工作经历，使我不断强烈地意识到，很多心理问题之所以发生，就在于个体对事情的认识不够全面、客观和深入，其中包括对情绪及情绪调节的认识和了解不多，对情商养成的学习不够。真实的世界，并非想象的那样简单。如果个体一直用错误、片面的观念指导行为，那么，不仅自身可能受到惩罚，也会给那些深爱他们的家人、朋友和同事带来无尽的烦恼和伤害。所以，让问题在我们每个人那里，都能得到一定程度的控制和解决，是构建整体和谐的最好办法。针对这些问题，《情商养成》以幽默风趣，又贴合实际的故事为引子，用浅显易懂的言语，进行了深刻细致的分析，为大众提供一些新的观念和行之有效的技巧指导。这正是《情商养成》这本书的出发点和落脚点。

读者能够在对本书饶有趣味的阅读中，不知不觉形成对事物的深刻认识，并指导生活实践，我认为这就是本书对社会的价值所在。

兴贵同志多年致力于心理学知识应用教育实践，又历经系统学术训练，对不同人群个体情绪变化冲突特征及情商养成有深刻理解，此次能带领团队，呕心力作，成果既有理论指南，更具指导实践操作功用，写作体例多有创新，文字描述亦颇见功底，实为心理学服务和普及社会之范例，值得推荐。殷切期望兴贵同志及其团队再接再厉，为心理学知识技能在广大社会中的推广运用做出更大贡献！

是为序。

四川省心理学会理事长　李小融

前　言

目前，整个世界已进入了一个价值观多元化，社会结构快速变动的时期。不管是在升学考试中，一路过关斩将，步入高等学府的大学生，还是早已在社会的大熔炉中拼搏多年、成家立业的为人父母者，在面对这个瞬息万变、竞争激烈的世界时，一些事情的发生总是让人猝不及防、手足无措。相关的知识经验和技能储备似乎永远都跟不上时代前进的步伐，好在网络技术的发展带来了很多的便利。日常生活、工作、学习等方面的很多问题，都可以轻而易举地在网上获得答案，得到帮助。在各种购物网站上，人们可以在数以亿计的商品和服务中来回挑选，以满足自己在衣服、食物、住宿、旅行等方面的需求；各类地图软件可以为人们规划出行的路线，提供实时的定位和导航；网上关于电视机、洗衣机等电器常见故障和解决办法的问答，为人们解决类似问题提供了有效的方法指导……

然而，总有一些问题，无法通过简单地搜索和使用相关软件得到有效解决。例如：

什么时候，以什么方式，向心仪已久的人表白，才不容易被拒绝？

身边的一个朋友很想谈恋爱，但为什么总是屡屡失败？

和爱人经常吵架，到底是怎么回事？如何才能让生活多一些平和，少一些争执？

孩子最近成绩一直在下滑，原因有哪些？作为家长该怎么做才好？

到底该如何认识和化解所谓的“婆媳矛盾”？

为什么理性上知道是那个理儿，事发之时却总是被情绪掌控？

别人遇到了一些痛苦的事情，我到底该怎么做，才算是有效地帮助呢？

这些问题，人们仅依靠网上一些相关的文章或专家的简短解答，依然无从下手。即使勉强去做，也是邯郸学步、东施效颦。把握不住问题的根源，自然无法有效解决问题。来自网上的道听途说的建议和参考，对问题的解决是隔靴搔痒，无济于事。来自身边关心的人给出的、非专业的建议，有时候不仅没有帮助，反而可能让问题变得更加复杂。

这是什么问题？情商的问题！在现实生活中，工作、与人交往、相互联系……都需要顺应时代潮流，得心应手地解决社会性问题。情商高的人，才能自由地生活！每个人都需要系统地认识情商，了解情商养成的规律和方法。情商养成越来越成为社会关注的焦点、热点和难点，如何养成良好的情商也越来越被大家认同和追寻。目前，国家卫生计生委、教育部、发展改革委等 22 个部委联合下发了《关于加强心理健康服务的指导意见》，我们有理由相信，随着国家对心理健康服务的重视程度的提高，人们对自身的心理素养和精神生活的要求也会越来越高。基于此，本书顺势而生。

情商养成需要一个长期的、复杂的、系统的过程，需要人们不断地学习、调整、培养，需要不断地努力训练、体验、反思和提升。基于让个体减少出现情绪和心理困扰，提高个体在面对困扰时的应对能力，解除因此产生的困惑和痛苦，本书立足丰富的社会典型经验、展开理论分析、实施案例剖析、安排活动训练、采用测试对比分析等，在专业引领和指导下，进行深入、理性、多角度的思考、训练、提升，给个体提供积极的帮助，让个体多一些方法，少一些遗憾，多一分动力，少一分失落。参与编写本书的多位编者均具有丰富的心理工作经验。希望本书能够为个体在遇到心理情绪方面的问题时，提供必要的参考和引导。

本书一共 16 章，每章内容大体按照“主题故事—理论分析—技术指导—延伸阅读—心理小测试—心理小活动—思考题”来编排，选材幽默风趣，写作风格通俗易懂，贴合年轻读者阅读偏好的同时，保持了一定的理论高度和思维深度，不仅可以作为情商培养、家庭教育之类课程的教材，还可以作为应对自己情绪、心理困扰的参考读本。

本书得到了各界人士的支持和鼓励，特别是四川省心理学会、四川省中小学心理健康教育专委会、成都师范学院、成都市双流区棠湖中学实验学校、成都市天府新区华阳第三中学，以及成都晶心教育咨询有限公司的相关领导和教师为本书的编写提供了宝贵的指导意见和素材，在此一并感谢。尤其感谢四川省心理学会理事长李小融教授欣然担任本书顾问并为本书作序。

编者在编写本书的过程中，参考了国内外相关出版物和互联网上的资料，在此向这些出版物和资料的原创作者表示诚挚的谢意！

由于编者水平有限，时间仓促，疏漏之处在所难免，敬请广大读者指正！

编　者

2016 年 12 月

目　录

第一部分　“情商”知多少

第二部分　认识和驾驭自己

第三部分　关系中的个体

第四部分　走向社会

第一部分

“情商”知多少

第一章　高情商：逆袭者的基本素养

主题故事

小 C 的逆袭

小 C 是我公司以前的员工，长得顺眼，但不算大美女，出生于东北某个小城市的普通家庭，家里有个弟弟，北京某大学计算机系毕业。

当年招进公司的时候，没觉得这个姑娘有什么特殊的，后来几件事情，让我发现这个姑娘很有心。

第一件事情是要求换工作。

作为实施部为数不多的女孩子，小 C 技术一般，又刚毕业，项目经理非常照顾她，只让她做一些基本的工作，如修改页面之类，从来不安排她出差和加班。工资定得也和其他男孩子一样，相对挺高了。

没想到，转正半年以后，她主动找到我，说自己文字功底挺不错，想换到售前去写售前方案，哪怕先拿实习工资也行。

我们公司不大，售前只有三个男顾问，工作压力挺大，天天出差、加班。售前主管是公司的小股东、技术专家，脾气出名得差，40 多岁，天天抽烟发牢骚，还喜欢逗女员工，公司的女孩子都不爱理他。

小 C 找我的时候，我还以为她要辞职呢，毕竟女孩子做这行太苦了。她一说想法，我就觉得我过去小看了她。

没想到，一问售前主管，人家说了，别人我不要，这姑娘可以考虑。说她已经帮过售前那边很多忙了，如修改 DEMO 界面，比男孩子弄得都好。

再问目前带她的经理，也是赞不绝口，说她工作踏实认真，没有一般女孩子的小毛病。就是代码弱，去售前也挺好。

我吃了一惊，刚毕业的小姑娘，换工作前还知道先私下把工作做通，真少见。

不过小 C 还是把事情想得太简单了，售前基本上能接触到公司的全部技术资料，包括标书里重要的技术方案。小 C 这么有心眼，我反而不能让她过去。

这件事情之后，我对小 C 就比较留心。发现她跟别的刚毕业的大学生相比有几个不太一样的地方：

第一个是眼里有活。在我的办公室谈话的时候，我把水杯里的水喝完了，她站起身就去倒。她来了以后，技术办公区明显干净多了。

第二个是不扎堆。她从来不参加公司为数不多的几个女孩子的午聊。

第三个是有灵气，售前那边有一次写方案缺少资料，她不知道从哪儿搜了一些国外的东西放进去了，效果还挺好。

老板都喜欢懂事的孩子，时间长了，我也挺喜欢她的，虽然不放心让她去售前工作，但也想给她更好的发展道路。

有机会我就用比较轻松的方式跟她聊天，才知道，这姑娘的经历不少，而且也不是一帆风顺的。她的父母“重男轻女”，对她关注比较少，但也不是虐待那种，偏偏弟弟身体又不太好，家里的经济就比较紧张。

当初小C选择理科，就是为了多挣钱，希望在北京站住脚，最好以后能把弟弟接来照顾。

她也知道自己写代码的悟性不是太好，说感谢公司给她机会进入这个行业，会先把目前的工作做好，尽快提高能力。

后来在安排工作的时候，我也尽量照顾她，还帮她考虑了一些发展方向。

谁知道，考虑也白考虑，在公司没满三年她就结婚了，还是“半工作关系”认识的老公。

她这一段嫁入豪门的经历，把公司的几个行政的小姑娘给“嫉妒”坏了，因为本来机会是属于她们的。

公司有个东北客户的妈妈要来北京看病，让我帮忙安排。别的都好办，挂号真是头疼死了。大家也知道，北京的大医院，不是三更半夜去排队，能挂上专家号才怪。

小C找到我说她可以帮忙，原来她把弟弟接到北京看过病，认识了几个“靠谱”的号贩子。

我让行政联系小C介绍的号贩子，结果行政那几个女孩都不愿意起大早去医院，这毕竟也不是工作上的事情，不能强求，我都做好自己跑过去的准备了，结果小C自告奋勇，领了这份差事。

我心里知道，她对于我平常的照顾，其实是很领情的。

这件事情过去以后，我就忘了。

谁知道，半年后，风传小C和客户恋爱了。把我吓一跳，赶紧把小C找来。

员工跟客户恋爱这种事情，挺忌讳的，如果是给客户当“小三”，那更是麻烦。做生意的，就怕节外生枝。

可是想想，小C忙着干活，出差也越来越多，似乎没时间恋爱。跟客户那种开会座谈的关系，好像也不至于闹出什么情况，何况小C压根不是那种风骚姑娘。

小C倒也没瞒我，说是处了个对象，就是那个看病的客户的侄子。他们是在客户的妈妈来北京看病的时候认识的，那男孩刚留学回来。

我也不能说什么，不过还是各种担心。怕小 C 被人骗了，也怕小 C 为了某种原因欺骗客户之类的。

小 C 就好像看出我的顾虑似的，让我放心，说绝不会因为个人的事情影响工作。

后面的半年，各种八卦消息不断传来：小 C 的男朋友天天开卡宴来接她，给她在公司旁边的高级公寓租了 150 平方米的房子，小 C 的男朋友在给小 C 办留学……

租房子的事情不知真假，卡宴我倒是看见过一回。

小 C 还是不露声色地上班、干活、加班、出差，没出任何岔子。衣着的样式没有变化，质地明显变好了。发型如旧，就是换了个皮包，皮质做工都很棒，不是爱马仕，也没有 LOGO，不知道是什么牌子。

直到有一天，小 C 找到我说准备三个月以后辞职结婚，她参与的项目正好还有三个月结束。

原来，小 C 挂号那次，很会来事，把老太太看病的事情安排得井井有条，所有的手续在客户来之前就弄好了，老太太来了就直接看病。客户挺满意。

正好是老乡，小 C 又会安慰人，老太太当时就喜欢上小 C 了。

住院的时候，小 C 又去看了两次，就认识了老太太的孙子。这个男孩是独子，估计是在家里被宠坏了，留学回国以后也没有正经事情做，开了个公司还倒闭了，家里人也比较头疼。

不知道怎么，这个男孩就看上小 C 了。

先是找借口说奶奶看病要照顾，留在北京不走。家里人还奇怪，怎么变孝顺了。等老太太看完病回家以后，他还是不走，家里人才知道，他就为了追求小 C。

男孩父母本来有顾虑，不过见儿子被小 C 管得挺好，不瞎玩了，也不瞎花钱了，还开始考虑正经事儿了，也就同意了。

他们的婚礼在凯宾斯基举行，灰姑娘变成了皇后……

理论分析

逆袭的资本

每个故事都有一个从发生、发展到结局的过程，灰姑娘之所以能够逆袭，肯定是有理由的，下面就为各位看官一一道来。

（一）对自身的情况认识清晰，有目标、有规划

小 C 找到老板要求换工作，“说自己文字挺不错，想去写售前方案”“哪怕先拿实习工资也行”。一个刚大学毕业的女孩子，能清楚地知道自己“写代码的悟性不高”，希望发挥自己的“文字功底不错”的长处，甚至可以暂时牺牲眼前的利益，本来已经转正了，却宁愿接受只有 1500 元的实习工资，这是建立在对自身的优劣势有全面了解基础上的，对自己发展方向的职业规划。

而且在提出申请以前，小 C 已经“帮过售前那边很多忙了”，连售前经理那样坏脾气的牢骚客，都对她另眼相看。即使是她准备跳槽的部门的经理“也对她赞不绝口”，说明她并不是在这个部门干不下去了，也不是因为不喜欢目前的工作，就草草应付。

姑且不谈老板最后并没有让小 C 如愿以偿地到售前工作（老板嘛，总是多疑的，而且老板也有老板的处事风格），但是她能够让老板从此对她“比较留心”，也就让老板知道了她和别人不一样的优点。想想我们在购买某样商品时，是不是更愿意购买我们知道的品牌呢？就好像很多商品的广告，只要做到“让大家记住”就已经是很了不起的事了。

（二）工作踏实、认真、主动

“工作踏实、认真”是小 C 准备离开的实施部的经理对她的评价，在后面的文字中，也有“忙着干活”“出差越来越多”作为补充，小 C 没有进入自己心仪的部门，仍然表示“会先把目前的工作做好”，后来嫁入豪门的婚礼也因为“参与的项目正好还有三个月结束”而推迟。从这些都能知道小 C 是一个“职业化”程度很高的女孩子，“从来不参加公司为数不多的几个女孩子的午聊”，知道在合适的时间、合适的地点，用合适的方式，说合适的话，做合适的事。

“眼里有活”是老板观察的结果，主动给老板的水杯添水，“技术办公区明显干净多了”，给不是自己分内的售前工作补充资料。“老板都喜欢懂事的孩子”，注意！已经从“留心”到“喜欢”了！有了老板的“尽量照顾”，甚至“还帮她考虑了一些发展方向”，自然就会多了很多机会，虽然这些机会小 C 并没有用上。她因为再次主动找到老板，帮忙给东北的客户挂号，而遇到了自己的“白马王子”，得以嫁入豪门。原本这种“费力不讨好”的事情连沾得上边的行政都避之不及，跟她丝毫关系都没有，她却做得尽心尽力。难怪“几个行政部的小姑娘嫉妒坏了”。所以，机会总是留给有准备的人！

（三）肯吃亏，懂得感恩

如果说，明明不关自己的事，还要去帮助售前完善资料，是在为自己调动工作岗位铺路，那后面主动提出帮助客户挂号的事情，就让老板明显感觉到，“她对我照顾她，其实是很领情的”。不同于小 C 在换工作岗位不成时说的“感谢公司给她机会进入这个行业”那么表面（那种面子话谁都会说），这种“领情”，类似于发自内心的“感激之情，无以回报，愿意为你做任何事情”的感恩行为。当然不会是任何事情，但给人的感觉是这样，就由不得人不感动了。这样的员工，如果继续留在公司，你觉得老板会怎么任用她呢？友情提示，老板也是有着七情六欲的人哪！谁不愿意被人感激？谁都有获得优势心理的需求！

（四）品行端正

喜欢逗女员工，有点资历的售前主管，谈到小C时，却说的是“这姑娘”，显然不是轻佻的说法，甚至带了几分尊重。作为一个有点玩世不恭的小股东，给出这样的评价，可以肯定的是小C一定没有轻浮的言行举止。相处时间久了，连老板都那么肯定：“小C压根不是那种风骚姑娘。”

（五）能抗挫折

若是一般刚毕业的小女生，苦心经营的岗位调动落了空，怎么着也会难过、求安慰吧。但是小C却表示，“感谢公司给她机会进入这个行业，会先把目前的工作做好，尽快提高能力”。她说：“不是公司不好，公司已经对我很好了，是我的能力不够。”老板听了舒服，自己也找到了方向，并未气馁。这样的抗挫折能力，和她的成长经历有莫大的关系。父母“重男轻女”，家里经济条件不好，物质和精神都得不到满足，反而让她成长得更坚强、更有担当。希望自己在北京站住脚以后，能把弟弟接来照顾（果然后来把弟弟带来看病，因此结识了“靠谱”的号贩子，然后，才有了帮客户挂号……）。

想想现在有的父母，担心孩子缺乏安全感，担心孩子经不起物质诱惑，全方位地满足孩子的各种需求，结果培养出一个个娇生惯养、弱不禁风的“温室娃娃”。

（六）行事低调

结识一个豪门男友，立马辞职的有没有？立马趾高气扬的有没有？像小C这样“出差越来越多”、老板都怀疑“没时间恋爱”的有几个？老板问起，也不加标注地说是“处了个对象”。“不露声色地上班、干活、加班、出差”“没出任何岔子”“衣着的样式没有变化”“发型如旧”，这样的沉稳、低调，岂是寻常女子做得到的？

（七）表达能力强

不管是找老板要求换工作岗位，还是谈自己的经历，都能说得清楚明了。跟售前主管和实施部经理也能沟通到位。后来讨得男友奶奶的欢心，也有“会安慰人”的成分在里面。当然，把男友“管得挺好”，起到了“临门一脚”的效果。

（八）心态乐观

没有因为自己家庭普通、学历一般、长相平凡就随遇而安，不思进取，反而尽力为自己创造、争取各种机会，没有积极乐观的心态是做不到这一点的。当然除了这些明摆着的事实，还能从字里行间发现小C另外一些特点，如有主见，会察言观色，善于处理人际关系等。小C就算不嫁入豪门，凭着自己的努力也不会太差，因为努力和进取会让她自己有足够的资本。小C即使嫁入豪门也一定不会安于锦衣玉食的生活，是会继续努力，取得巨大成就的。

情商是什么？

1985年，以色列心理学家巴昂（Bar On）在自己的论文中首先提到情商（EQ）这个术语。

1990年，美国心理学家约翰·梅耶（John Mayer）和彼得·萨洛维（Peter Solvy）正式阐释了情商的概念，并提出了比较系统的理论。

1995年，美国哈佛大学教授丹尼尔·戈尔曼（Daniel Goleman）出版了《情商：为什么情商比智商更重要》，引发了全球范围的关注与讨论，丹尼尔·戈尔曼因此被称为“情商之父”。

1997年，《情商：为什么情商比智商更重要》被引入中国，很快以席卷之势颠覆了中国传统的教育理念，企业界也把情商理论积极应用到实际工作中……

虽然几乎人人都知道“情商”，但大部分人对它的理解还等同于人际交往能力、恋爱技巧，其实这只是其中的一部分。

情商是一个与智力和智商相对应的概念，又称“情绪智力”或“情绪智商”。萨洛维和梅耶曾经给出了详细的定义，把情商扩展为五个主要领域。戈尔曼接受了萨洛维和梅耶的观点，认为情商包含以下五个主要方面：了解自身情绪；自我情绪管理；自我激励；识别他人情绪；处理人际关系。

也就是说，情商包含两个方面的内容：对自己和对他人。对自己，能够识别和管理自己的情绪，并在此基础上激发自己的积极行为；对他人，能识别并通过自己的言行引导他人的情绪，调整双方的关系。

哲学家托马斯·库恩（Thomas Kuhn）认为，任何重要的理论模式都应当通过更严格的实验加以验证，使其不断修正和完善。国内外的心理学者们正以极大的热情投入对情商的研究中。

迄今为止，情商一直处于动态的发展中，并没有形成一个确定的概念。有研究认为，情商主要是指人在情绪、意志、人际交往、耐受挫折等方面表现出来的能力和技巧。也有研究认为，作为“情绪智商”的情商只是智商中的人际能力，包含于智商。在霍华德·加德纳（Howard Gardner）的多元智能理论中，代表情商的人际交往智能、内省智能与代表智商的逻辑智能、自然观察智能一样，都只是多元智能中的一类。

情商，已经成为现代企业管理和励志文章中不可缺少的名词了。

（一）情商是一种内在能力

高情商一定是建立在完整的内部精神结构之上的。首先是有自我意识，能够清醒地知道自己是什么类型的人，能够客观地评价自己，才能在茫茫人海中给自己定位，制定更有效率的人生规划。

如果说自我意识是情商的基础，情绪控制和自我激励就是情商的核心，决定着我们生活和工作的愉悦程度。如果一个人长期处于抑郁、愤怒、患得患失中，不断制造负面情绪伤害自我，也波及他人，无论当事人的智商有多高，显然都是低情商行为。

因此，自我情绪控制的最佳效果是笃定、宁静、充盈，心灵柔而不弱，意志坚而不脆，面对纷杂的人世变化时，能够游刃有余地驾驭情绪，使自己始终处于精神主人的地位。

而自我激励显然更具有提升、进步、突破的潜在作用。人们时常因为各种原因陷入生命的低谷，小到情爱挫折、创作瓶颈，大到倾家荡产、生离死别，能否在人生的低谷中保持自我激励的本色，是辨别一个人卓越与平庸的关键指标，也是情商能力最重要的体现之一。

被央视封杀沉寂十多年的陈佩斯，身陷囹圄又家破人亡的古稀老人褚时健，如果没有内在精神力量，他们无法在低谷中崛起，更不可能再重新回归巅峰。当你买下昂贵的褚橙时，大概并不是因为褚橙有无与伦比的美味，而是因为它多了一份激励的情怀，你是在为一份坚毅的精神力量点赞。

（二）情商有差异化的表现形式

凤凰名嘴窦文涛有一次在聊中国食文化时，说自己回家基本没有话说，不知道说什么，也就吃饭时能随便说两句，上了节目面对各色名家人物，却对答如流。

谈话节目主持人极考验情商，不能说窦文涛回家就低情商，只是情商的表现形式存在差异化，这种差异化在不同性格、职业、教育背景的人身上表现的优势也各有不同。

有些人就是能说出令人舒服的话语，暂时获得较好的人际关系；有些人耐力超强，能克服严峻考验，收获勇士级的赞誉；有些人善识人性，能通过微妙细节感知他人的心理变化；有些人不断自我激励，挑战逆境和挫折，提升人生高度，还有些人对自我判定准确而规范，让自己很笃定地面对人生选择。

相对地，你也会见过这样一些人：他们热情善言，却缺乏持久的耐力；他们耐力坚毅，却沉默少语；他们睿智善察，却冷眼旁观；他们乐观向上，却易于激动；他们静若处子，却淡漠悲观。这些都是情商差异化的呈现，很少有人会兼具所有情商优势。

因此，一个性格沉默的人，能守心自处，不冰冷孤傲，不排斥喧嚣，且具有耐力，他就是一个高情商的人。一个性格活泼的人，能柔润择言，不夸张聒噪，能忍耐寂寞，有乐观向上的精神，也是一个高情商的人。一个人能敏感地感知生活细节，却不忧思寡欢，不斤斤计较，同样是高情商的人。

当你认识到情商能力范畴和差异化后，我们甚至可以赞扬那些特立独行者的高情商了。比起那些随波逐流的人，特立独行的人拥有更强烈的自我意识，遵从内心渴望的生活方式，他们比依附潮流生活的人拥有更强大的内心。他们看似孤独无依却自娱自洽，看似另类却从内到外都是独立的个体。

（三）情商是成就自己而非取悦别人

情商能做什么呢？是获得丰富的人脉关系圈吗？并不尽然。

乔布斯访谈里说过一句话：“A 级人才的自尊心不需要你呵护。”若遵循情商语言舒适论，乔布斯就是一个彻底的低情商人物。可是当你知道情商的差异化表现之后，你就会知道，这是因为 A 级人才拥有更强大的内心（情商）和更高阶的思维辩证能力。

高阶人才之间的情商验证法则不是简单的说话令人舒服，而更多考虑合理性、建设性，最终让语言为效率服务。只顾及舒适度，等于沉耽于人性的弱点而不能自拔，就会在意情商的外在表现部分（语言的舒适度），从而忘记语言的功能性和效率性。

尽管普罗大众的精神自控和高阶人才不可同日而语，但是情商的高低的确影响着我们的生活质量。

当你迷茫无序，心乱如麻时，你需要情商。

当你性烈如火，一碰就炸时，你需要情商。

当你牢骚满腹，找人倾诉而不得解时，你需要情商。

当你做事虎头蛇尾，遇挫即溃时，你需要情商。

当你人际关系冰冷，孤立无援时，你需要情商。

情商就是你的情绪智力，当你拥有某些情商能力时，也许并不显眼。但当你缺失某一些情商能力时，便十分显眼。尽管如此，你仍然不必为了迎合别人而亦步亦趋。

情商是内在的一种能力，无论高情商的人表现出多大的利他性，最大的受益者当属自己。当你能够在人生起起伏伏的旅程中，控制情绪，不因沮丧失意而崩溃，不因挫折而悲观自毁，不会摇摆不定情绪飘移，能够笃定地面对种种不如意，守得住内心，你就能成为人生赢家。

独则能守其心，众则刚柔兼济。在特定性格类型中仍能保持柔韧、充盈、宽容的状态。那便是情商的最佳状态。

而身为一个普通人，你也许没有丰盈的精神，不能做到面面俱到，但你了解了情商的结构，懂得自己的情商优势区域，你也可以做一个高情商的人。

技术指导

高情商使人更容易成功

首先要破除一个极大的误区，那就是大多数人认为，情商是天生的，就算后天提高也要靠悟性，如果天生笨一点，再加上原生家庭情商都很低，基本没有希望。

其实，情商也是一种思维意识和思维习惯。那些高情商的人，不都是无师自通，或者突然顿悟的结果，而是因为他们养成了一个非常良好的与人联结的习惯和方法。

低情商者的最大问题，不在于是真的笨，而是所有的行为都是被动发生的。交朋友，就跟买彩票、谈恋爱一样，必须合眼缘，或者对方首先来示好，否则，他们绝不会主动出击。这估计就和等着中大奖的概率差不多。

所以，低情商和高情商的最大区别在于，前者惧怕与人发生联结，而后者热衷与人发生联结。

具体反映到现实生活中，低情商和高情商更细致的差别在于：前者总是在抱怨他人，总是先发现他人缺点，很难包容理解他人；后者总是在夸奖他人，能很快发现他人优点，对不同人格的人有很强的包容能力。前者渴望别人来理解他，喜欢让别人猜他的心思，害怕他人的负面评价；后者更渴望了解他人，可以无障碍地谈自己，不惧怕他人评价。

看完这个对比，你可以知道，为什么情商高的人更容易受欢迎了。因为和他们交往不累，而且效率很高，而这种情况会产生“马太效应”——强者愈强，弱者愈弱。高情商的人会越来越受人欢迎，能够获得越来越多的人际资源，与低情商的人差距也就越来越大了。

低情商的人，常处在“谁来了解我”的思维状态。他们并不知道，所谓的了解，都是碰撞出来的，对视一眼就能心有灵犀，那是戏剧和故事里的情节，不是真实人生。即使有，那也非常罕见。

一个人如果希望别人先打开心扉，必须先得打开自己的心扉。如果想获得别人的夸奖，先得有一双擅长发现优点的眼睛。如果想要他人来了解自己，先得给予彼此了解的时间和机会。这才是正常的思维模式。

所以，不要再忙着拉黑这个，拉黑那个了，别再把时间都用来讨厌别人。有时间，好好计算一下，一个月之内，你有几次高质量的聊天，你花了多少时间来了解欣赏他人。

前段时间和一个朋友见面聊天，我们同时感叹另一个朋友真的太强了。因为每天早上我们打开手机，就能见到她已经在各个朋友的朋友圈点赞完毕。不要误会，她不是只点赞而已，她还会在有共鸣的内容下面用心评论留言，而且总是不忘在关键时刻发来赞美。

我好奇地问她："你这么忙，还有时间来刷朋友圈吗？"她说："再忙，也要和朋友们保持联系啊，我如果起得早，六七点会专门抽一点时间看看朋友们昨天的动态。如果睡得晚，那就晚上完成这个内容。"

有很多人讨厌那些点赞达人。可我想请问：你有其他更高级、更有效的表达方式吗？如果没有，连这么笨的方法，你都懒得用，你有什么资格去说你很在意你的朋友？

电影《时尚女魔头》里有一个细节，"女魔头"要去赴宴，丢了三本厚厚的名册给两个助理，要求她们下班赴宴前记住名册里所有人的信息。第一助理在关键时刻没能记住，而女主角（两个助理之一）解除了危机，从而获得"女魔头"的另眼相看，第二天成为第一助理并得到和"女魔头"去米兰时装展的机会。

所以你千万不要以为，别人都有个神通广大的大脑，能够过目不忘。有一句话叫作：好记性不如烂笔头。笨鸟就要先飞。

英国牛津大学的人类学家罗宾·邓巴（Robin Dunbar）提出过一个邓巴理论。他根据猿猴的智力与社交网络推断出：人类的社交人数上限为150人，精确跟踪深入交往的人数为20人左右。

但恐怕很多人日常来往的人数，连 20 个人都没有达到，大脑这部分能力完全被闲置。简单地说，在社交这一块，情商高的人已经是 iPhone 6s 的处理速度，而情商低的人还处于 Nokia 蓝屏时代。

我的朋友常常惊讶，我竟然能记住，多年前她对我说的一句话。那是因为，多年的职业习惯，让我对细节有非常好的记忆力。但假如你没有的话，为什么不能默默记下来呢？

不要总是用"我忘记了""我记性不好"做推诿。有的人，连别人约她吃饭，她都至少要重复问五遍"地址在哪"，而懒得提前花时间导航一下，判断距离、时间，提前计划好交通方式。这样的人，当然很难得到他人的信赖和重视。因为这些行为，只会让对方理解成：你根本不重视我。

不要再用意念去自动回复了。

前段时间看到一篇很火的文章，是说有时候收到一些信息，用意念回复，然后就忘记了。不可否认，微信如今确实信息量太满了，我也常常会有漏看的时候。但你如果习惯用意念去感恩，就会不经意间错过太多人生中的情谊。

在刚刚毕业的时候，我也遇到过很多这种情况。你帮助过的人，对你连一句感谢都没有，就消散在茫茫人海了。可这不应该让你对此情况习以为常，更加麻木。因为感恩变得稀少，所以更应该成为那个及时表达感恩，以及养成感恩习惯的人。

年轻的朋友跟我说，很多时候，不是不想，而是不知道怎么表达。我说：“在你看来，是因为不知怎么表达。在对方看来，就是你这个人不懂感恩。”不需要说得多么冠冕堂皇，也不需要承诺如何回馈，只是诚心实意地说一句谢谢，也好过什么都不说。

我见过太多的年轻人，因为和同学相处得舒服自在，所以花大量时间在同学群里聊天吐槽，却从来不花一点时间对帮助过自己、引导过自己的人，好好说一声谢谢。我知道，那是因为他们对自己的父母也从来没表达过，他们没有这种习惯。更因为对权威的惧怕，所以能躲则躲。这样的孩子，进入社会之后，就会进入社交断层。因为通过时间积累下的同学关系，“远水解不了近渴”。而自己低情商的表现，很难在步入社会后积累大量的优质人脉。

年轻人总是抱怨，公司的老同事对他们态度不佳、不闻不问。那是他们也真的见惯了年轻人挥挥衣袖说走就走，不知感恩，没有分寸。在没有确定你是一个值得帮、可以帮的人之前，他们凭什么主动来教你、帮你。

为什么最后要说感恩这件事？因为我认为，这是良性社交的基本门槛，是情商的基本要求。

智商不够，情商来凑。

一个“90后”朋友，虽然年轻，没有工作经验。但是，我们偶尔提起的一件事，他都会记在心里。再忙，隔一段时间也一定会找时间和我们见面。对我们说的事，都是及时反馈，很少会让我们第二次去问他。他不管和谁交往，都更乐于为朋友们创造价值，而不是索取。更重要的是，每次见面，我们都能发现他又进步了，又成长了。这样的人，他不优秀，谁能优秀呢？

所以不要再抱怨别人运气好、背景好，朋友多、路好走。那是你看不到他在背后到底花了多少心思和体力。

清华大学教授吴维库非常肯定地说：“根据我的研究，成人仍然可以通过培训极大地提高情商并改善生活质量。通过对情绪的认识，每个人都可以有意识地重建情绪通道，提高自己的情商。”

美国西点军校在其200年的历程中，培养了众多军事、政治、商业、教育和科学等领域的精英人才，包括3700多位将军、3位美国总统、5位五星上将，以及数以千计的世界五百强董事长。西点军校有一套独特的理念和模式，在情商教育和训练上，堪称典范。

延伸阅读

萨洛维的“情商”

时任耶鲁大学研究生院院长的心理学者彼得·萨洛维，即将接受美国总统克林顿的接见。可是在会场外的停车场里，萨洛维不小心把自己的车横插在总统的加长豪车前面了。保安急忙冲他挥手。这时，总统从豪车里探出头来说：“没关系，这是我的朋友萨洛维院长。”

10分钟之后，总统正式接见了萨洛维，想起刚才的一幕，萨洛维只能勉强挤出一丝笑容。但总统仿佛从他的面部表情中看出了他的紧张，总统微笑着迎上前来，紧紧握着萨洛维的手说：“萨洛维院长，你不记得了吗？我们是老朋友了。你不用紧张，因为我是来这里拜见你的。”

2016年3月21日，到访中国的耶鲁大学现任校长萨洛维在北大发表公开演讲，谈起这桩自己亲身经历的糗事，并配上克林顿总统和自己握手的照片，照片中克林顿满面春风的笑容和他略显拘谨的笑容相映成趣，引发现场观众的哄堂大笑。

萨洛维2013年就任耶鲁大学校长。作为心理学者的他因对“情绪智慧”理论和与之相关的情商的开创性研究而著称。他从事与情商相关的课题研究迄今已有25年。1997年，他和耶鲁大学学者约翰·梅耶共同提出了情商的“能力模型”，即情商是人们处理感情信息并在不同的社会环境中运用这种信息的能力。2002年，萨洛维和另外两位学者，共同创立了可以对这种能力进行量化和测量的MSCEIT测试，并利用该工具对不同的实验人群，以及在实际生活的场景下对人的情商进行分析，得出了很多有价值的、具有实践指导意义的结论。

例如，研究者们已经知道，在智商相近的人群中，情商可以更为准确地预言一个人的事业是否成功，家庭是否和谐等；情商可以通过后天训练得到锻炼和提高；情商作为一种“软能力”，可以与先天形成的智商形成互补，增加人的综合竞争力。

回到克林顿的例子，萨洛维校长说，作为一个资深政治家，克林顿显然具有很高的情商，看出了他的面部特征所代表的情感。“我的嘴在笑，而眼睛没有笑，要知道，真正的笑容是眼睛和嘴都放松的那种发自内心的笑容。察言观色就是情商的一种表现。克林顿总统想帮助我管理我的情绪，让我感觉更好。”

萨洛维说。

那么，究竟什么是情商呢？在演讲中，萨洛维将情商拆解为四种能力。

（1）感知自己和他人情绪，是指能够感知自身和他人的情绪，以及从艺术、故事、音乐及其他刺激物中感知不同的情绪。

（2）利用情绪帮助思考，是指能够产生、利用和感知情绪，以达到有效沟通个人感觉的效果，并在认知过程中利用情绪进行创作、解决问题和思考等。

（3）了解情绪产生及波动方式，是指理解情绪包含的信息，不同的情绪是如何随着某种关系的变化产生与发展的，如何理解情绪的意义。例如：从不爽，到生气，再到愤怒，这个过程是如何发展的。

（4）控制自己和他人情绪以获取正面成效，是指对情绪呈开放的心态，调整自己和他人的情绪，使得个人和团队变得更有效，更成功。

萨洛维举了两个有关情商研究实际应用的案例：一个是对一家保险公司的金融部门员工的情商进行追踪测试，发现员工的情商水平与一年后他们工资的涨幅正相关。

还有一个例子与青少年行为相关。美国歌星 Lady Gaga，除了有着独特的嗓音，还以夸张艳丽的表演服饰、不落窠臼的台风，为歌迷尤其是青少年听众所喜爱。但看似狂傲不羁的她居然经常会在登台前感到怯场。

萨洛维说，Lady Gaga 选择采用身着华服去克服怯场的焦虑，这是她具有管理自己情绪能力的一种表现。

萨洛维等学者对青少年情商的研究发现，高情商的孩子通常更具有领导力，更少地去滥用药物或酗酒，或是焦虑，以及更少可能去欺负别人。

Lady Gaga 曾经是校园霸凌行为的受害者，为了帮助和自己有同样经历的人，她出席公开的宣传活动，以提高大众对情商研究的重视。

在 45 分钟的演讲中，萨洛维以幽默感十足的大家风度，抓住了北大学子们的心。

有个学生问："情商可以通过与高情商的人相处而习得吗？"

萨洛维强调说，情商是可以通过训练而得到提高的能力。可以设计针对小孩子和成年人的提高情商的课程。成人还可以通过阅读文学作品，欣赏艺术和音乐，提高自己对情绪的感知能力和调节能力，也可以通过和高情商的人相处，或从朋友、家人、同事那里获得反馈，帮助自己提高情商。

天生智力不可改变，而情商是可以后天提高的。

在最后回答一位同学的"情商有没有好坏之分，毕竟有的罪犯也是高情商的人"提问时，萨洛维回答说，情商与一个人的道德水平是两种不同的维度，二者没有相关性。高情商的人也有可能去行骗，或利用别人的信任做非法的事情。

他说，情商固然有用，但情商并非通向完美世界的钥匙。因此，每个人都还要去学习如何发挥智商的积极作用。

心理小测试

★ 测测你的情商

请根据下面每个题目的描述，结合自身情况，在合适的选项上打钩。

1. 对自己的性格类型有比较清晰的了解。
A. 总是　　B. 有时　　C. 从不
2. 无法确知自己是在为何生气、高兴、伤心或妒忌。
A. 总是　　B. 有时　　C. 从不
3. 知道自己在什么样的情况下容易发生情绪波动。
A. 总是　　B. 有时　　C. 从不
4. 即使有生气、高兴、伤心或妒忌的事也不愿或不能表达出来。
A. 总是　　B. 有时　　C. 从不
5. 能够从他人的言谈与表情中发现自己的情绪变化。
A. 总是　　B. 有时　　C. 从不
6. 情绪起伏很大，自己都不了解自己是为什么。
A. 总是　　B. 有时　　C. 从不
7. 有扪心自问的反思习惯。
A. 总是　　B. 有时　　C. 从不
8. 不知道自己的感情是脆弱还是坚强。
A. 总是　　B. 有时　　C. 从不
9. 性情不够开朗，很少展露笑容。
A. 总是　　B. 有时　　C. 从不
10. 很难找到表达情绪的适当方式，要么愤怒，要么隐忍或委屈。
A. 总是　　B. 有时　　C. 从不
11. 遇到不顺心的事能够抑制自己的烦恼。
A. 总是　　B. 有时　　C. 从不
12. 情绪波动的起伏，往往不能自控。
A. 总是　　B. 有时　　C. 从不
13. 遇到意想不到的突发事件，能够冷静应对。
A. 总是　　B. 有时　　C. 从不

14. 精神处于紧张状态，不能自我放松。

A. 总是 B. 有时 C. 从不

15. 受到挫折或委屈时，能够保持能屈能伸的乐观心态。

A. 总是 B. 有时 C. 从不

16. 对自己的期望很高，达不到标准时会很生气或发脾气。

A. 总是 B. 有时 C. 从不

17. 出现感情冲动或发怒时，能够较快地“自我熄火”。

A. 总是 B. 有时 C. 从不

18. 做什么事都很急，觉得自己属于耐不住性子的人。

A. 总是 B. 有时 C. 从不

19. 听取批评意见（包括与实际情况不符的意见）时，没有耿耿于怀或不乐意。

A. 总是 B. 有时 C. 从不

20. 对人对事不喜欢深思熟虑，主张“跟着感觉走”。

A. 总是 B. 有时 C. 从不

21. 在人生道路上的拼搏中，相信自己能够成功。

A. 总是 B. 有时 C. 从不

22. 不愿尝试所谓的新事物，对自己不会的事情会感到无聊、低级。

A. 总是 B. 有时 C. 从不

23. 决定要做的事，不轻言放弃。

A. 总是 B. 有时 C. 从不

24. 一次想做很多事，因此显得不够专心。

A. 总是 B. 有时 C. 从不

25. 工作或学习上遇到困难，能够自我鼓励克服困难。

A. 总是 B. 有时 C. 从不

26. 对于自己该做的事，很难主动地负责到底。

A. 总是 B. 有时 C. 从不

27. 相信“失败乃成功之母”。

A. 总是 B. 有时 C. 从不

28. 没有必要要求自己什么，觉得自己做不到的事不如干脆放弃。

A. 总是 B. 有时 C. 从不

29. 办事出了差错，自己总结经验教训，不怨天尤人。

A. 总是 B. 有时 C. 从不

30. 不敢担任新的职责，因为怕自己会犯错。

A. 总是　　B. 有时　　C. 从不

31. 对同学和同事们的脾气性格有一定的了解。

A. 总是　　B. 有时　　C. 从不

32. 在意别人对自己的看法，生活无法轻松自在。

A. 总是　　B. 有时　　C. 从不

33. 经常留意自己周围人的情绪变化。

A. 总是　　B. 有时　　C. 从不

34. 当别人提出问题时会不知怎样回答才让人满意。

A. 总是　　B. 有时　　C. 从不

35. 与人交往时知道怎样去了解和尊重他人的情感。

A. 总是　　B. 有时　　C. 从不

36. 与人相处时不善于了解对方的想法。

A. 总是　　B. 有时　　C. 从不

37. 能够说出亲人和朋友各自的一些优点和长处。

A. 总是　　B. 有时　　C. 从不

38. 触痛别人或伤及别人的感情时，自己不能觉察。

A. 总是　　B. 有时　　C. 从不

39. 不认为参加社交活动是浪费时间。

A. 总是　　B. 有时　　C. 从不

40. 别人的感受是什么，对我来说没有必要去考虑。

A. 总是　　B. 有时　　C. 从不

41. 没有不愿同别人合作的心态。

A. 总是　　B. 有时　　C. 从不

42. 对单位、学校及家庭既定的制度规则不能照章行事。

A. 总是　　B. 有时　　C. 从不

43. 面对他人的进步和成就，没有不高兴的心情。

A. 总是　　B. 有时　　C. 从不

44. 对有约定在先的事，无法履行兑现，或草率了事。

A. 总是　　B. 有时　　C. 从不

45. 与人共事懂得不能“争功于己，诿过于人”。

A. 总是　　B. 有时　　C. 从不

46. 担心自己的意见或建议不好时，宁愿随声附和。

A. 总是　　B. 有时　　C. 从不

47. 与人相处能够“严于律己，宽以待人”。

A. 总是　　B. 有时　　C. 从不

48. 别人不同意自己的意见时就会表现出不满，或避而远之。

A. 总是　　B. 有时　　C. 从不

49. 知道失信和欺骗是友谊的大敌。

A. 总是　　B. 有时　　C. 从不

50. 觉得委屈求全是解决矛盾的好方法。

A. 总是　　B. 有时　　C. 从不

把你的选择填入下表。

1		11		21		31		41	
2		12		22		32		42	
3		13		23		33		43	
4		14		24		34		44	
5		15		25		35		45	
6		16		26		36		46	
7		17		27		37		47	
8		18		28		38		48	
9		19		29		39		49	
10		20		30		40		50	

评分标准：

所有的奇数题目：1、3、5……45、47、49，选择A、B、C的得分，分别为2分、1分、0分。

所有的偶数题目：2、4、6……46、48、50，选择A、B、C的得分，分别为0分、1分、2分。

解析：

总分81～100分：EQ水平较高，情绪稳定，乐观自信，客观冷静，人际交往、处理问题及社会适应能力较强，是一种积极健康的心理状态。

总分41～80分：EQ水平居中，尚需保持和发扬优势面，克服不足，不断提高。

总分40分以下：EQ水平偏低，情绪常波动起伏，人际交往、处理问题及社会适应能力欠缺。但也无须恐惧，应当找出薄弱环节，有针对性地加强自我修养和锻炼，以不断提高自己的情商水平与综合素质。

1～10题、11～20题、21～30题、31～40题、41～50题，分别代表情商的五个方面：自我情绪认知、自我情绪管理、自我激励、识别他人情绪、人际关系管理。分值较高者，在此方面的能力较强。

心理小活动

★ **寻物游戏**

活动目标：参与者通过完成寻物任务的过程，发现自身的内在潜能和正确的问题解决模式，激发参与者改变自己的愿望和自信。

活动规则：

（1）采用分团队行动的方式；

（2）必须在某个具体的时间返回（30～40 分钟）；

（3）物品不能通过购买的方式获得；

（4）物品不能通过违法的方式获得；

（5）物品不能由团队成员提供；

（6）可根据情况制定其他规则。

任务清单（举例）：火炬；紫砂保温杯；男士领带夹；奖牌；雪糕磨具盒；一件挂着吊牌的新衣；来自异国的物品；一棵开花的树；宣传海报；其他物品。

活动流程：

（1）团队成员分组，各组领取任务清单，分头寻找；

（2）全体成员返回后，热烈庆祝，对找到物品最多的团队给予奖励；

（3）各团队对比并说明获得相同物品的经过；

（4）其他感受的分享。

感受分享环节，活动领导者的引导：

（1）在这个活动中，你发现了你哪些方面的能力？

（2）你认为自己还可以做得更好吗？举例说明。

（3）想想下列因素在活动中发挥了怎样的作用，它们与你的生活相关的情况如何？

自信、乐观、责任、表达、求助、致谢、压力、挫折、领导力……

（4）还有你感受到的其他因素吗？

思考题

（1）谈谈你对情商的认识。

（2）根据情商测评结果，你认为自己最需要培养和提高情商的哪些方面？

第二章　情商：它的身影随处可见

主题故事

被孤立的大学生活

尊敬的L老师：

您好！请原谅我的冒昧打扰，非常希望能得到您的帮助。

我是一名即将升入大二的学生，新学期就要到了，可是一想到要回学校，我就感觉特别惶恐和压抑。

去年我考上了自己满意的大学，全家人都很高兴，因为我是我们那个小地方为数不多的几个考上重点大学的学生。记得在送我上大学的前一天晚上，妈妈语重心长地跟我谈了半夜。我以前从来没有离开过家，妈妈担心我上了大学后，不会好好照顾自己，也担心我和同学相处不好，所以她把她经历过的和她听说别人经历过的，都跟我反复说了好几遍。我第一次了解到人与人之间原来这么复杂，心里有点紧张。不过，最后，我牢牢记住了妈妈总结的那句话：进入大学就等于是进入社会，人际关系最重要，要手脚勤快，脾气好，让大家都喜欢你。

刚开学时，都挺好。我虽然以前在家什么都不做，但在开学前，妈妈突击教会我做很多事情。为了和室友搞好关系，我每天都主动帮室友打饭、占座、取快递、收衣服、缝扣子、复印资料，任劳任怨，而且绝不乱说话。大家都夸我脾气好。虽然有时候也感觉身心疲惫，但我经常收到室友发的 QQ 消息：谢谢哈！好爱你哦……还有各种飞吻、巧克力、鲜花、咖啡、西瓜等，当然都是 QQ 表情里边的，可是我已经很开心了。上高中的时候，因为忙于学习，也没有住校，和同学相处的时间很少，毕业的时候，班主任对我的评价是学习努力，不善于人际交往。都说大学就是一个小社会，我那时感觉特好，觉得自己很快就“适应社会”了，社交能力也并不像高中的班主任说的那么不堪，心里还有点小得意。

可惜，好景不长。一个月过后，我突然发现，我好像被室友孤立了，除了她们需要找我帮忙，几乎没有人跟我说一句真心话。有时看到她们头碰头在一起小声嘀咕，一起吃零食，一起看电影，就觉得特别难过。“卧谈会”我也几乎插不上嘴，我不知道自己到底做错了什么。我牢记妈妈的教导，从不在晚上玩电脑或“煲电话粥”，下床、开关门都特别小心翼翼，总是抢着做卫生……我知道自己不太会说话，可我相信“勤能补拙”。我掏心掏肺地对她们，可是满满的真心换来的只是几句无关紧要的寒暄，没有人对你敞开心扉，真的很无聊。

我想不通她们为什么不喜欢我，我好多次鼓起勇气试着主动和她们接近，可是她们的态度还是不瘟不火，我觉得可能是我的表达方式有问题吧，我从小就不会说话。

我留心观察了班上几个人缘好的同学，发现他们真的很会说话。我也试着模仿他们说话的语气和样子，跟室友讨论我并不喜欢的韩剧和各种娱乐节目，在她们“卧谈”时，我甚至“贼胆包天”地说了道听途说来的关于某个师姐的传闻，可是每次大家都会用特别奇怪的眼神看着我，我于是次次“狼狈逃窜”。

都说大学生活是最浪漫、最轻松的，可是我却丝毫没有这样的感受。

我就这样紧绷着神经，度过了煎熬的一年。放暑假回家，我跟妈妈说了我在宿舍的尴尬处境，妈妈叹气说我的情商太低，又说“生活中处处都是情商”。我反思自己到抑郁，也不知道怎么才是会说话，怎样才算情商高。

不是有人说“情商高就是懂得好好说话”吗？是不是我学会好好说话了，我的人际关系就好了？我的人际关系好了，我的情商是不是就高了呢？

L 老师，我听过你的几次讲座，也看过你写的文章，我非常信任你，希望你能在百忙之中抽空回复我。

您的学生小 Y

理论分析

被孤立者值得同情，孤立他人者情有可原

人生的每一个阶段，都有它的特殊性。大学阶段的特殊性，就在于它是学习掌握工作技能和生活技能的重要时期。对于大学生而言，这是一个暗藏着诸多挑战与机遇的新的开始。换一种玩牌方式后，手里的“烂牌”也许就变成一副“好牌”呢，也未可知！

从小学开始，直到高中结束，我们经历了竞争激烈的各种大考小考，却从来没有考过“情商”这东西。虽然从来没有正式考过，但有关情商的考核，却发生在我们学习、生活、工作的各个场景。大学生活中，情商显得尤其重要。

马上就要去读大学了。临行前，小 Y 得到了妈妈语重心长的指点，懂得了要想在大学有个好的人际关系，就要主动为别人服务，表达自己的善意。这样，才能收获他人的认可，得到他人的喜欢。

小 Y 听从妈妈的指示，每天都主动帮室友打饭、占座、取快递、收衣服、缝扣子、复印资料，从不在晚上玩电脑或“煲电话粥”，下床、开关门都特别小心翼翼，总是抢着做卫生……最终得到的却是被孤立、被忽视。

当发现室友不能对自己“敞开心扉”时，小 Y 感受到了自己与室友的关系问题。怀疑是自己“表达方式有问题”，于是小 Y 试着模仿“会说话”的同学，

做自己不喜欢也不擅长的事。但她这么做无异于“东施效颦”，最终并未达到预期的效果。最终，小Y百思不得其解，郁郁寡欢，陷入抑郁的泥潭之中。

故事读完了。

你可能会觉得，故事中的小Y是无辜的受害者。

你可能会觉得，小Y的室友们都是不懂感恩、不懂珍惜的“无耻之徒”。

那么，如果我说，假如你是小Y的室友，你也会对小Y不好，你信吗？

如果我说，小Y的室友也是受害者，你信吗？

你可能不信。

但如果你身边也有这样一个“劳动模范”式的同学，你可能就会深有体会。

小Y“为人民服务”的行为，在大学的寝室关系中，为自己树立了一个母爱泛滥的“母亲”形象。她从没有任何自私的举动，辛辛苦苦，只为了“孩子们”过得好。这种做法，对于一个现实中的母亲来说，自然是再正常不过了，因为她面对的是一个严重缺乏生存能力的婴孩。没有了母亲无微不至的照顾，婴孩是难以存活下去的。但小Y所面对的，不是毫无自理能力的婴孩，而是已经长大成人，具有和小Y相似能力水平的大学生。小Y像母亲照顾婴儿一般地照顾室友们的生活，很快就会让她们感到仿佛自己家里永远觉得自己长不大的家长来到了身边。室友们会感到为自己做这些事情，表达的潜在含义，就是不相信自己的能力，自己是做不好这些事情的。对于经历过青春期的自我意识膨胀的大学生来说，这种关系是他们最不能忍受的。但道德上又不好直接把这种不满和愤怒表达出来，因为毕竟自己常常就是懒，有小Y在，她可以帮自己做不少事情。所以，对于小Y的室友来说，内心是纠结的，既不喜欢小Y的行为，又似乎离不开小Y。这种矛盾的心理，最终就以一种敷衍、冷漠的形式表现出来。既不想断绝关系，又不想和小Y走得太近，以免被其“管控”。

对于小Y来说，她对室友好，是想换来她们的喜欢。所以，她这么做是有私心的。

当室友对小Y不好的时候，换作常人，早就生气了。但小Y并未表现出生气。之所以不表现出生气，一方面是怕一旦生气了，关系会被破坏，所以不敢生气；另一方面，明明可以生气，却不生气，反而“以德报怨”，达到“以德服人”的目的。为了这个目的，愤怒的情绪，就只能被隐藏和压抑下去了。

小Y的这种反应，在开始的时候，会让人觉得她胸怀广阔、富有涵养，但长期这么做，会使小Y处于道德的制高点，让别人感受到强烈的道德压迫感。而且，也会让别人觉得她压抑自己，迎合别人的做法体现了极深的城府和心机，让人感到不安，并觉得她很虚伪。

最终，小Y压制了别人，遭到了别人的反抗，人际关系恶化。小Y压抑了自己，使自己身体、心理上出现各种疾病和困扰。没有原则地“为人民服务”，最终害人害己。

心理学家荣格曾说：“与其做好人，我宁愿做一个完整的人。”

美国哈佛大学霍华德·加德纳（Howard Gardner）教授的“多元智能理论”认为，每一个个体至少具备八种以上的基础智能，这些智能是以多元、多种的方式综合运作的。相比“以分数论英雄”的中小学阶段，大学生在数理逻辑以外的智能更有可能得到充分展示，优势智能也更加凸显。在大学生活中，大学生可能会遇到更多的挫折和失败，也可能在学习以外的其他方面崭露头角，取得巨大成就。

每个人都是社会人。在工作和生活中，人际交往无处不在。人际关系成为大学生进入社会的“必修课”。处理好人际关系，无疑是情商中，非常重要的层面。但这只是情商中“对他人”的部分，并不是情商的全部。除了和所处环境中的其他人相处，我们还要终身和“自己”朝夕相处。如何与自己和谐共处？从刻在希腊阿波罗神庙上的神谕开始，几千年来，人类对于这个问题的探索从来没有停止过。不同的学术流派都对此做了大量的研究。在探索和研究的漫长过程中，我们发现人类最重要的关系竟然是和自己的关系！情商的培养，同样是建立在“与自己”的关系基础之上的。一个无法和自己很好相处的人，是难以和他人进行良好互动的。

技术指导

情商高，就是懂得好好说话

怎样才能提高自己的情商，在与人交往中表现得更恰当，更得体？咪蒙的一篇文章写得很有意思。所谓情商高，确实就是懂得好好说话。可是要怎么说话呢？

（一）把你说的“不对”统统改成“对”

我有个朋友最喜欢说“不”，不管别人说什么，他先说“不”“不对”“不是的”，但他接下来的话并不是推翻别人，只是补充而已。他只是习惯了说“不”，大家都讨厌他。谁喜欢被否定啊！我采访过一位学识特别渊博的教授，我发现他有个美好的小习惯，不管对方说了多么没水平的话，他一定会很诚恳地说“对”，认真地指出这句话可以成立的点，然后延展开去，讲他的看法。他这么高水平的人，肯定了普通的你，你一定受宠若惊。而他把你的意见上升到那么高的高度，你会发现自己和他都好厉害。从此我学会了这一点，先肯定对方，再讲自己的意见，沟通氛围会好很多。

（二）说“谢谢”的时候可以加上“你”，或者加上对方的名字

“谢谢”和“谢谢你”的差别在哪？“谢谢”是泛指，而“谢谢你”是特指，更走心。对于陌生人，你说“谢谢你”，对于认识的人，加上对方的名字，会友善很多。

（三）请别人帮忙的时候，句子末尾加上“好吗”

千万不要用命令的语气说话。加上“好吗”两个字，就变成商量的语气，对方会觉得更被尊重。一个朋友是上市公司总裁，他每次让我做什么事，都会加“可以吗”“你方便吗”“好吗”。尤其是对待世俗意义上比自己地位低的人，用商量的语气，会显得你更有教养。

（四）聊天的时候，少用“我”，多说“你”

蔡康永就说过，聊天的时候，每个人都是“朕”。每个人都只想聊自己。你讲了自己的经历，或者对某件事的看法，然后加上“你呢”“你觉得呢”，把话题丢给对方，让对方也有表达的空间和权利，你会变得可爱很多。

（五）多用“我们”“咱们”，可以迅速拉近关系

例如跟刚认识的人约见面，与其问“明天在哪儿见面啊”，不如问“明天咱们在哪儿见面啊”，只是一个细节的改动，就显得更亲切了！

（六）赞美别人的时候，不要太空泛，要具体地赞美细节

“你好美啊”“你好聪明”“你好厉害”这些是普通级的赞美，更高级的赞美是找到对方怎么美、怎么聪明、怎么厉害。例如认识的一个姑娘身材特别好，而她已经听腻了别人夸她身材好了，有个人夸她“中国女孩的腰臀比例都不太好，只有你是一个例外”，她印象最深刻，然后她就嫁给对方了。而经常有人夸我，“咪蒙你写的书好棒哦，你文笔太好了”，老实说我会当成一种客套，但是如果对方说我哪篇文章写得特别好，哪段话他特别喜欢，我会特别感动，会觉得原来他是真的喜欢我的文字啊。

（七）赞美别人鲜为人知的优点，赞美他期待被夸奖的部分

美貌的人都希望别人夸他有内涵，企业家都希望别人夸他有人文情怀，才女都希望别人夸她美……于是，我又忍不住刻薄了，说好的高情商呢？但如果他真的就是肤浅，真的就是奸商，真的就是丑女，也不能昧着良心硬夸啊！那不是情商高，那是虚伪。

（八）用调侃的方式去赞美别人

老实说，有时候我觉得直白的赞美挺肉麻的，所以用调侃的方式去夸，会好点儿。例如，你想夸一个人身材特别好，你可以说“你腿短点、腰粗点会死啊，讨厌，离我远点儿”；你想夸一个美女特别有才华，可以说“按照国际惯例，长得美的智商都低，你这么好看还这么聪明，这是犯规，不，这是犯罪”。

（九）当面说对方的坏话，背后说他的好话

情商高不等于不吐槽。朋友之间都不能互相吐槽，那还有什么意思？但是，请你当面吐槽对方，背后说他的好话！我的一个前同事，是位大美女，之前我都觉得她很高冷，有一次我无意中听见有人说我坏话，她为我辩驳，我好感动啊。瞬间对她好感倍增。

（十）你可以嘲笑你的朋友，但不可以嘲笑他喜欢的东西，尤其不要嘲笑他的偶像

如果你有追星的朋友，一定要记住这一条。你可以说她追星“脑残”，但绝对不可以说她追的星“脑残”。我身边有两个女生，是认识了十几年的好闺蜜，说对方就像家人一样重要。其中一个是吴彦祖的“脑残粉”，另一个不小心说了句“吴彦祖真的老了，满脸褶子”，友谊当场终结。同理，当你想和一个追星的人做朋友，夸她的偶像，不仅要夸她的偶像帅，还要夸人品好、对粉丝好、演技好、有才华，这是最快的建立友谊的方式。

（十一）初次见面，一定要努力记住对方的名字

很多年前，我刚进报社，是一个再普通不过的记者，有一次采访梁文道，他问了我的名字。时隔一年多，第二次见面时，他一来就叫了我的名字，太感人了。很多人都说，“我就是记不住别人的名字啊。”其实你不是记不住，你是觉得这件事没那么重要。如果你真的意识到它足够重要，你一定能记得住。

（十二）吵架再激烈，你再愤怒，也不能说真正伤害对方自尊的话

是的，吵架的时候容易说气话，但情商高的一大表现就是不说气话。越是熟悉的人，越是知道对方的死穴，所以说出来的气话不仅具有破坏性，还具有毁灭性。不要仗着你熟悉对方，就肆无忌惮地伤害他。

（十三）真性情是让你说真话，不是让你说难听的话

你可以吐槽朋友胖，但你不能说她“肥得像头猪”。调侃和侮辱是两回事，幽默和讽刺是两回事，直率和轻重不分也是两回事。

（十四）看破，但不点破，给别人留一点余地

发现对方说错话或者说谎，不要当面拆穿。别人背了山寨包来炫耀，没有必要当面戳破。其实，买假包已经很辛酸了，买了假包还要当真包炫耀，更辛酸。一个人不够强大的时候，才试图用名牌来证明自己，等她变得强大一些，有自信了，就会懂了。

（十五）社交场合中，要考虑少数派的感受

如果一场聚会，你们有 10 人，哪怕 9 个人都是老乡，你们最好都不要讲方言，尤其是你们的方言另外一个人听不懂的时候，他会非常尴尬。如果你们有 10 个人，哪怕 9 个人都是同事或同学，另一个不是，你们都不要只讲你们公司或者你们班上的事，另一个人会非常孤单。照顾一下少数派，讲一些他也能参与的话题，让他不要被隔离掉。

（十六）如果你一定要炫耀，请加上你的糗事中和一下

《英国人的言行潜规则》里专门讲了这一条，如果你想炫耀自己的成功，一定要附送你的糗事，以化解你的成功给别人带来的尴尬，同时预防嫉妒。如果你一定要讲“我买了个三万块的包”，请加上“刚背出门，朋友问我这山寨包做得挺像啊，A 货啊，得一两千块吧”；如果你一定要讲“我家买了个大别墅”，请加上“我这个土鳖给楼梯上了蜡，刚搬进去就摔了个狗吃屎”……

（十七）把“你明白我的意思吗”换成“我说清楚了吗”

“你明白我的意思吗？”“你听懂我说的话了吗？”看上去很正常的话，其实是不妥的，因为它会有一种暗示：你听懂了吗？你能 get 到我的重点吗？如果换成“我说清楚了吗？”这样就不是指责，而是自责了。意思是，如果我没有讲清楚，我可以再重复一次。这样是不是礼貌多了？

（十八）把心里的小猥琐说出来，会更讨喜

我不认为情商高的人都是圣母圣父，一定大公无私。但如果有私心，不妨直说出来。如果有两个苹果，一个小的，一个大的。你想吃大的，有两种方法，直接把小的给别人，大的留给自己，对方会觉得你真自私；如果你直说“我想把大的给你，可是我舍不得，可以不给吗”，同样是自私，但你自私得很可爱。

（十九）用有趣的方式自嘲，成为自己的“高端黑”

大学的时候有个室友说，很多时候她都很讨厌我，但是我有一点她觉得特别可爱，就是我喜欢自嘲。每次我自嘲，她又会重新喜欢我了。“自黑”需要内心强大、厚脸皮和幽默感。我每次都把自己的糗事讲成段子，把自己活成一个笑话。杨幂以前被“黑”得多厉害，当她开始“自黑”的时候，有多少人对她“黑转粉”啊。

（二十）安慰别人的方法之一，就是说点你悲惨的事，让他治愈一下

当别人难过的时候，唯一的治愈方式就是，知道自己不是最惨的。例如一个粉丝告诉我她男友劈腿了，关键是她知道这件事的时候，男友已经劈腿两年了，周围所有人都知道，只有她不知道，她想过要自杀……我回复，我前男友劈腿了五年，我是怎么知道的呢？他当时的劈腿对象跟他同居了一年多，跑来找我，说实在看不下去了，没见过我这么傻的女人。我懵掉了，去质问前男友，他一不做二不休，直接告诉我，刚跟我谈恋爱不久，他就开始劈腿了，我们异地恋了五年，他劈腿了五年，他所有朋友都知道，我还傻乎乎地一直以为他对我好。粉丝听了，心情好多了。

（二十一）不要没完没了地讲你的痛苦，痛苦是不相通的

情商高的人，会试图最大限度地理解和体察别人的痛苦，他会有同理心，同时，他不会要求别人同样如此。所以，他不会遇到问题就唠叨个没完，不会把负能量传染给别人。

（二十二）不要说“我早就告诉你了”“我就知道会这样”

很多事我们提醒过对方，对方还是会做，当他受挫了、吃亏了、上当了，我们忍不住就会说，“我早就说过”……

有年春节我非要全家去澳门玩，罗同学说人很多，我不听，果然人很多，我们过关排队，排了 5 个多小时；我非要自己拿通行证，他说我容易丢三落四，交给他比较好，我偏不，结果我把通行证丢了，害得我们找不到地方住，在麦当劳坐了一晚……那一次我做的每个决定都是错的，都导致了最坏的结果，但是他没有说过一句“我早就说过”，而是陪我解决问题。我对他这一点非常感激。从此，我再也不说这句话了。

（二十三）聊天的时候，如果打断了对方，要提醒对方刚才说到哪了

有时候我们自己不小心打断对方了，道歉的同时，记得提醒对方，刚才你提到的是……让对方感受到他说的话被尊重。

（二十四）不要每一场谈话你都想赢，你赢了道理，可能会输了感情

尤其对你的家人和你的好朋友，你就不要那么好胜了。我经常看到有些人为了卤蛋好吃还是茶叶蛋好吃，争论到翻脸，有必要吗？除了大是大非，把胜利让给对方吧。

（二十五）如果聊到吃的话题，一定要记住对方爱吃什么

作为一个吃货，我对跟吃有关的事天然敏感，同时我会非常留意谁爱吃什么，这样下次一起吃饭的时候，就可以点对方爱吃的菜。很多美好的人际关系，都是来自于这种小细节啊。

（二十六）分享荣耀的时候，要提到别人

记得有人夸胡歌，就说他诚恳地对剧组人员说，拍戏的时候是大家一起吃苦，可是被夸的往往只有演员，他觉得很愧疚。这就是情商高的表现啊。生活中，你被人夸了，你获得利益了，你要分享经验了，这些时候不要忘了提到对这件事有帮助的人。

（二十七）承担责任的时候，要提到自己

我最讨厌推卸责任的人，以至于我养成了一个习惯，凡事首先找自己的问题，先检讨自己。所以出了任何问题，我首先想到的是承认自己的错误。

（二十八）不要大发飙

胡适说，发怒是一种破相。胡适是高情商的代表，几乎没人看过他生气。学会管理自己的情绪，生气的时候深呼吸10秒钟，给自己一个缓冲，想想："这件事严重到只能靠发飙才能解决吗？有没有更好的处理方式？"

（二十九）拒绝别人，可以先自责

很多人找我约稿，我就会说："我人品特别差，是个超级拖延狂，经常'放鸽子'，我对你最负责任的方法，就是不接这个稿子，真的，请谅解。"别人只好说："好吧，那以后有机会再合作。"

（三十）寻求合作的时候，不要总说你想要什么，要说你能给对方什么

经常有人来找我，想合作一个项目，然后他就会开始说他需要什么，他想达到什么效果，如果我参与了，他的目标或者心愿就达成了。他忘了一点，他不是我的衣食父母，我为什么要完成他的梦想？求职的时候也是，很多人总是说，我多么需要这份工作，他更该说的是，他能给这个公司、这个职位带来什么，给对方一个选择他的理由。

（三十一）即使是对最熟悉、最亲切的人，请依然保持尊重和耐心

很多人对陌生人很礼貌，对家人、伴侣或好友却极不耐烦，经常翻脸，因为仗着对方不会生气。为什么不把你的温柔和体贴、你的快乐和美好留给最爱你的人呢？

很多人说，不喜欢情商高的人，他们虚伪。可是我觉得，真正情商高的人，不是虚伪，而是温暖。上面的31条技巧，究其本质，是让我们尊重别人的看法，寻找别人的优点，体察别人的需要，把别人放在心上。

仔细想想你身边情商最高的人吧，他们反而很宽厚、很真诚。他们真心热爱这个世界，真心欣赏其他人，真心去发现万事万物的美好。他们懂得悲悯，懂得体谅，懂得换位思考。

如果说，道德的本质，是心中有他人。情商高的本质也一样是心中有他人啊。

有人说情商高的人有什么了不起？没实力，只会投机取巧。我觉得不是的。

情商也是硬实力的一部分。

有句话是：智商决定你的下限，情商决定你的上限。你说话让人舒服的程度，能决定你所能抵达的高度。即使不为了野心，不为了成功，情商高，能让你自己觉得快乐和幸福，让你身边爱你的人也觉得快乐和幸福，何乐而不为呢？

延伸阅读

情商比智商更重要吗？

戈尔曼在《情商》再版的序言里，专门澄清了两点。

第一点是针对“情商对成功的贡献率为80%”，戈尔曼称“纯属无稽之谈”。他认为，这种误解起源于“智商对事业成功的贡献率约为20%”的说法，因为这本身就是一种推测。这种推测说明成功的主导因素还没有得到明确，除了情商外，还可能包括财富、家庭教育、性格、运气等因素。所以，情商并非就是余下的80%。

第二点是针对赫然出现在封面的副标题——“为什么情商比智商更重要”。戈尔曼认为不应该“过度渲染”，并非所有的领域，情商都比智商重要。在学习、科研领域，智商的重要性是不言自明的。而在一些“软领域”，情商就显得更为重要。如健康，紊乱的情绪和不良的人际关系是大多数疾病的诱因；如情感，人一辈子是否感觉到幸福快乐和情商有直接的关系；如竞技体育，在顶尖水平的竞争环境中，成功与否取决于运动员的心理素质……

一家全球执行力研究公司的研究主管指出，首席执行官受聘是因为智力和商业才能，解聘是因为缺乏情商。

如果说智商决定了我们学习基础知识的潜能，那么情商就决定了这些潜能在多大程度上能够转化为生活和工作的能力。情商是发掘情感潜能，运用情感能力影响生活和人生的关键因素，它是人必须具备的生存能力之一。

智商与情商的关系主要表现在以下四个方面：

（1）智商是情商的基础，任何情商都必须建立在一定智商的基础之上，没有基本的智商，就不可能存在任何情商。

（2）情商是一种特殊的、相对独立的智商，它是一种对自身利益、集体利益和社会利益的认识能力；智商也是一种特殊的、相对独立的情商，它是一种对自身行为活动所产生的利益关系的认识能力。

（3）情商的发展为智商的发展确立基本的方向。情商较高的人能够充分有效地利用自己现有的智力资源，并使自己的智力朝着能够产生最大效益的方向发展，而不是盲目地、凭一时兴致来发展自己的智力。

（4）智商与情商既相对独立，又相辅相成。一般来说，智商的提高有利于情商的提高，情商的提高也有利于智商的提高。不过，二者又是相对独立的，智商较高的人，情商未必较高；情商较高的人，智商也未必较高。

成长的经历，就是倾听自己心灵的声音，做最真实的自己

我十三四岁的时候，很多次想到死。那时候，我学习很不好，成绩更是一塌糊涂。家里四处漏风，一贫如洗。老师指着街上翻垃圾的一个乞丐对我们说，不好好学习，你们的未来就是他。那时候，一个小人儿的心还不懂得辽阔和豁达，自卑到了极点，就是喜欢大包大揽地往自己身上“泼脏水”。我能从老师眼睛的余光里解读出一万条关于我的贬义来，我觉得活着一点也不好玩。人最难的时候，可能就是没有盼望。后来我就开始写遗书，找一种最不疼的死法。后来，我遇到了两个棘手的问题。一是不会写字，内心中有一万字的陈述，而呈现在纸上只有四个字——“我不想活”。而这四个字根本无法表达我内心的感受，我不甘心。二是遗书写给谁看。我父母都不识字，我大爸倒是认字，要是知道了，会打死我的。很多年后，和老师说起我当年的感觉，老师一脸茫然，你那么优秀，怎么会有这种感觉？

再后来，我就看到了三毛的《雨季不再来》，看到了一个在遥远的地方也是不爱学习的小孩，居然活得那么洒脱。三毛突然给我打开一扇窗，自卑的孩子也有未来。那种愿景，仿佛一个旅者走到了黑暗之中，突然看见了曙光，看见了郁郁葱葱的美景，活着突然有了奔头。三毛无疑唤醒了我心底的另一个自己，告诉自己：成长的过程，另一个自己不能缺席。突然觉得盼望长大，盼望早晨醒来一睁眼的明媚和幸福。

30 多岁的时候，我儿子正好是我当年的年龄。而且要命的是，我把自己的过去忘得一干二净，我和妻子将中国传统的激将教育法运用得炉火纯青，隔壁老王家的“熊孩子”几乎成了我儿子“阴魂不散”的参照物。另外，我们夫妻俩在儿子遗传了谁的好基因这个问题上互相推诿扯皮，你争我夺。直到有一天，我发现，作为当事人的儿子突然眼神里有了那种我曾经有过的暗淡。他安静得像空气一样，经常把自己关在房间里，异常顺从。我意识到，我们在教育孩子名下，把自己的虚荣心和莫须有的望子成龙累积得很多。因此，我和儿子进行了一次长谈，告诉他，问问自己的内心，想要什么样的未来，自己规划就好。

一度，我陪着他晨练，由衷地赞美他，我告诉他：“你是我的骄傲，现在不比学习了，比个子，人群中一眼认出你来，才是我的自豪。”事实上，我也只能比个子，除此之外，他的成绩真的很一般，常常考的分数没有我年龄大。我鼓励他多去户外，和人多交流。当有一天，他坐在那里，身边总会有朋友围

过来的时候，我发现，儿子唤醒了内心的那个自己。我告诉他，当保安，也要当个最帅的保安，将制服穿出特警的效果。我儿子帅气地告诉我，他觉得厦门大学不错，面朝大海，春暖花开。他为了能上心目中的大学，自觉地训练，找人测试。这每天努力的劲头，一定是他看到了自己的愿景，那里有美景吸引着他。

每个人成长的过程，走过黑暗和迷茫是必经之路。听听自己的内心，指引自己看得见未来最重要，尽管那个未来不一定是我们最终的目的地，但是成长中，看见它，就像溺水的人看见稻草，走夜路的人看见灯塔一样，对自己无比重要，人可以不成功，但一定要成长。

昨天，和几位同龄人吃饭，都在讲对孩子的教育，方法很多。一位朋友突然说："追求卓越，成为一个优秀的人，就一定要听听内心的自己。"我听到这句话突然心里怦然而动，一下子想起我和儿子经历的过往。她还说了一段让我特别感动的话，她说知道观音菩萨为什么住在紫竹林潮音洞吗？紫色是心脏的颜色，潮音是倾听自己的声音，只有倾听到自己的声音才可能成佛；而如来佛祖恰恰住在天竺灵山大雷音寺。原来听见内心的声音如雷贯耳，才是无边的"佛祖"。

倾听自己的声音不是自恋，而是让那个一直陪着你忧伤、迷茫、不知所措的另一个自己一起成长、经历。遵从内心的向往和不安，看得见自己的远方，才能给成长提供力量。世间最玄妙的事，一边是流年无岸，一边是成长无边，同步经历才能共同承担岁月给我们的猝不及防。

遵从自己内心的意愿，做真实的自己，才会有能力拒绝挫败，促进成长。成长是能看得见的，哪怕你想成为一个牧羊的汉子，你也要看得见草原，才能有前进的方向。一个人的孤单不是因为寂寞，而是不知归去的茫然。

一个人真正的成熟，一是要不断地回望自己曾经的成长。不忘初心，才记得出发的理由。二是要懂得倾听自己的内心。那来自心灵的召唤，才会时刻提醒自己要去向何方。幸福从来都是个体的体验和感受，在享受空调的时光，你怎么可以揣测冬日暖阳下的发呆有多惬意？！

每个人都有很难很难的时候，只有熬过去后，你才发现那些当时"快要命"的事情，那么多快撑不过去的境地，都能在谈笑之间灰飞烟灭。人生就是不断唤醒、不断倾听的一生。

每个人的内心都住着另一个自己。听听他的声音，会给你一种神奇的力量，让你看见自己的未来。这比坚强、倔强、悲哀更有力量。他会清空你的迷茫，扫去你的愁容，使你散发出自信的光芒，走出黑暗的窘况。

倾听自己内心的声音，就会引领你走向快乐、走向美好、走向辽阔。安静的时候，问问自己，你快乐吗？你累吗？你想要什么，想去何方？聆听自己，才能懂得自己！

成长的经历，不过就是在倾听自己心灵的声音中，做最真实的自己。

心理小测试

★ 多元智能自测量表

请根据自己的实际情况，在最符合的数字上打钩。

评分标准：很符合为2分；部分符合为1分；不符合为0分。

一、语言智能	很符合	部分符合	不符合
1. 喜欢模仿方言	2	1	0
2. 有写日记的习惯	2	1	0
3. 一有时间，就会捧着一本书读	2	1	0
4. 善于跟各种各样的人说话	2	1	0
5. 总是能耐心地听别人讲述	2	1	0
6. 写作时感到思如泉涌	2	1	0
7. 对外语学习很感兴趣	2	1	0
8. 和别人意见不同时总能说服别人	2	1	0
二、数学智能	很符合	部分符合	不符合
1. 对各种物品的功能都要了解得很清楚	2	1	0
2. 有掂量物体的习惯	2	1	0
3. 喜欢做数学运算题	2	1	0
4. 善于找出事物之间的逻辑关系	2	1	0
5. 觉得数学公式比语言描述更容易理解	2	1	0
6. 对任何问题都喜欢做出假设	2	1	0
7. 思考问题时能进行层层推理	2	1	0
8. 喜欢用抽象的符号替代语言文字的描述	2	1	0
三、身体-运动智能	很符合	部分符合	不符合
1. 喜欢摆弄物体	2	1	0
2. 能很好地保持身体平衡	2	1	0
3. 手眼的配合很协调	2	1	0
4. 对穿针线等精细活很在行	2	1	0
5. 喜欢跑步打球等体育项目	2	1	0
6. 走路时体态轻盈	2	1	0
7. 学东西时总喜欢亲自动手	2	1	0
8. 每天总保持一定量的运动	2	1	0
四、视觉-空间智能	很符合	部分符合	不符合
1. 对各种物品的形状和颜色等很敏感	2	1	0

续表

2. 善于玩“走迷宫”的游戏	2	1	0
3. 哪怕是第一次去的陌生地方都不会搞错方向	2	1	0
4. 能在交通拥挤的地方自如地穿梭前行	2	1	0
5. 理解新学的事物时大脑中会浮现一幅幅图像	2	1	0
6. 喜欢摄影或绘画	2	1	0
7. 能自己设计一些图案或形状各异的物品	2	1	0
8. 喜欢用坐标图等来替代语言文字的描述	2	1	0
五、音乐智能	很符合	部分符合	不符合
1. 喜欢听各种各样的声音	2	1	0
2. 每天都要有音乐陪伴	2	1	0
3. 一首新曲子，只要听几遍就能哼出来	2	1	0
4. 善于捕捉各种曲调所表达的意义	2	1	0
5. 喜欢购置大量的音带等声像资料	2	1	0
6. 听到不同曲子时会有很多联想	2	1	0
7. 只要给出音乐片段，就能说出所蕴含的意义	2	1	0
8. 能够弹奏乐器	2	1	0
六、人际关系智能	很符合	部分符合	不符合
1. 孝顺父母	2	1	0
2. 与陌生人交谈都能有一见如故之感	2	1	0
3. 有许多一直保持联系的朋友	2	1	0
4. 善于同各种人打交道	2	1	0
5. 在各种场合都会成为受人关注的对象	2	1	0
6. 在同事中很有号召力	2	1	0
7. 善于从别人的表情中揣摩出内心的想法	2	1	0
8. 总能赢得大家的喜爱	2	1	0
七、内省智能	很符合	部分符合	不符合
1. 对自己有一个适度的评价	2	1	0
2. 经常能保持心情愉快	2	1	0
3. 总为自己设定一个新的人生目标	2	1	0
4. 对人生有自己独特的价值观	2	1	0
5. 喜欢独自一人思考	2	1	0
6. 清楚地知道自己的弱点	2	1	0
7. 总有很高的生活热情	2	1	0
8. 总能独当一面完成任务	2	1	0
八、自然观察者智能	很符合	部分符合	不符合
1. 对自然环境的变化很敏感	2	1	0

续表

2．了解各种植物的名称和特性	2	1	0
3．喜欢到野外勘察	2	1	0
4．对生物链等问题感兴趣	2	1	0
5．喜欢观察星座等天文现象	2	1	0
6．经常收集石头或其他标本	2	1	0
7．对动物充满好奇，总想了解他们的习性	2	1	0
8．喜欢到森林等纯自然的地方去旅游	2	1	0

根据所给分数，以每一种智能为单位，分别相加。

某项智能若有 13～16 分，则说明你的这项智能发展得很好，属于优势智能；

某项智能若有 9～12 分，则说明你的这项智能发展得较好；

某项智能若低于 9 分，则该项为非优势智能。

心理小活动

★ 心灵故事

活动目标：通过学生讲述自己平常生活中发生的故事，引导大家发现情商和生活的密切关系。

活动流程：

（1）将所有成员进行分组，每组不超过 10 个成员；

（2）小组内的每个成员分别讲述一个亲身经历的难忘的故事；

（3）讨论故事难忘的原因；

（4）讨论故事情节中与情商有关的部分；

（5）总结情商与生活各方面的关系。

思考题

主题故事中的小 Y 存在哪些情商方面的问题？

第二部分

认识和驾驭自己

第三章　自我接纳：跳出思维的牢笼

主题故事

追求完美的龙虾王

有一只小龙虾，它不知道自己来自哪里，但它有爱它的鳝鱼爸爸和鲍鱼妈妈。

鳝鱼爸爸总是说龙虾的皮肤不够柔软，一旦碎了很难复原。

鲍鱼妈妈总是说龙虾没有强有力的吸盘，遇到大风浪无法强有力地吸附在岩石上。

龙虾一直很自卑。它不停地锻炼，试图将自己的壳磨得软一点，就像爸爸那样柔软和灵活。让自己的脚和螯更有力，就像妈妈那样在大风浪里面不会被冲远。

但是，它的壳越磨越硬，脚和螯无论怎么锻炼都无法像妈妈那样可以牢牢地吸附在岩石上。

爸爸和妈妈都觉得这个孩子哪都好，就是在这些事情上太笨了。

小龙虾渐渐长成了一只大龙虾。它又强壮，又勇敢，打败了爸爸都害怕的大鱼，打败了妈妈都害怕的大海星。

爸爸和妈妈觉得孩子真不错，虽然没有柔软的皮肤和强有力的吸盘。

大龙虾觉得，既然自己已经比爸爸妈妈都强了，自己现在应该有能力可以炼成爸爸那样柔软的皮肤和妈妈那样强有力的吸盘了。为了找到更好的炼成方法。它去找了寿命最长，见识最广的海龟。

龙虾问："海龟先生，我想要有柔软的壳和强有力的吸盘。应该怎样才能做到呢？"

海龟反问："你为什么要有柔软的壳和强有力的吸盘呢？"

龙虾说："我想变得更完美，更成功。"

海龟笑笑说："你已经是最完美的龙虾了，但是最完美的龙虾是不应该有柔软的壳和强有力的吸盘的。"

龙虾愣住了："难道追求更好有错吗？"

海龟一边游开，一边说："最好的你是你自己，不是你父母。"

许多年之后，水族的历史上有一只著名的龙虾王，它有坚不可摧的甲壳，尖锐有力的大螯。据说，没有人可以伤害它，没有风浪可以撼动它。

理论分析

追求完美：使你焦虑的重要原因

当今社会，各行各业，男女老少，总是对自己、对身边在乎的人有各种不满意。不满意，意味着理想和现实有差距。这种差距会让人长期被一种焦虑情绪所笼罩。主题故事所折射出的父母的焦虑，孩子的困惑和苦恼，相信很多朋友都深有感触。感触之余，我们也禁不住产生疑问：为什么父母总是以自己的标准来要求孩子呢？为什么孩子会把父母的期望看作是人生的理想和奋斗的目标呢？为什么我们似乎永远都难以实现我们的所有理想，而得到长久的平静呢？

（一）焦虑是生命的常态

生命属于一个负熵体系，无时无刻不在与自然界自发的热力学规律进行斗争。我们不仅要想尽办法应对永无止境的热量、水分的散失，以及无所不在的地球引力的作用，还要应对不计其数病菌的入侵，以及各种其他可能导致我们意外死亡的风险，更不用说还要殚精竭虑地传递我们的基因，以保证生命的延续。也许正是为了更好地适应这个危机四伏的世界，我们演化出了焦虑这一情绪。

焦虑作为人类在与环境做斗争及生存适应的过程中发展起来的紧张情绪，可以看作是人类与自然界进行的斗争在人脑中的反映。可以说，生命不息，焦虑不止；焦虑不息，奋斗不止。焦虑是生命的常态，焦虑是奋斗的驱动力。如果有一天人停止了这种斗争，不再焦虑了，也就意味着生命的死亡或终止。

所以，与外界环境之间保持的一种紧张状态，可以说是古往今来所有生命体都会有的状态，只是在人类等高级哺乳动物中的表现形式不一样而已。

（二）经验决定思考问题的角度

人们总是习惯于根据自己亲身验证过的经验来思考问题，并做出选择和判断。例如故事中的鳝鱼爸爸和鲍鱼妈妈，都是根据自己的经验，得出了要想在这个世界上生存，柔软的皮肤和对岩石的强吸附力是极为重要的。但它们忽视了这个世界的复杂程度远远超出它们的想象。所谓“条条大路通罗马”，取得成功的路径又何尝只有那有限的几条？作为一只龙虾，其实完全可以通过截然不同的方式生存下去。

当然，鳝鱼爸爸和鲍鱼妈妈那么要求自己的孩子龙虾，也是出于好意，只是因为思维的局限性，以及对事物的认识没有足够的开放性，所以没能给自己的孩子充分的尊重和多样化的选择。

故事中的龙虾是努力的，也是幸运的。它在不断辜负自己父母期望的情况下，依然保持努力的劲头，最终在截然不同的领域取得骄人的成绩。在海龟先生的指点下，接受了自己的局限和优势，放弃了对不切实际目标的追逐。但现实中的很多孩子，当发现自己经过长期努力，依然难以实现自己最初的梦想之后，屡屡失败的经验容易使他们感到强烈的绝望，于是自暴自弃，陷入深深的自卑之中。

所以，经验决定思考问题的角度，决定对问题探究的深度和广度。

（三）越是无知的人，越容易用别人的标准来指导自己的人生

根据英国著名哲学家约翰·洛克（John Locke）的“白板说”，任何一个需要后天学习获得生存技能的生物体，那些在他们生命初期留下的印记，都会对他们的一生产生深远影响。故事中的小龙虾，在刚来到这个世界上的时候，就像一块“白板”，在父母根据它们自己经验设计的教育影响下，自然就形成了和父母相似的奋斗目标。似乎实现不了，生存就会受到威胁。即使小龙虾通过自己的努力，在没有实现“奋斗目标”的情况下，依然取得很好的生存“成绩”之后，依然对那个奋斗多年，却未能实现的目标耿耿于怀、念念不忘。这种生命早期对个体的塑造，其影响力之大，影响程度之深，甚至能掩盖掉理性的光芒，是一种生物的本能倾向。

生命早期，个体对这个世界是没有什么认识的。为了更好地生存，本能倾向就是跟着身边的个体学习，就只能接受这些榜样对自己的影响。个体对世界的认识会随着年龄的增加、阅历的丰富而不断发生改变。有些人的认知能够达到一个很高的维度，有了自己理性的认识，于是就逐渐摆脱别人的标准，找到适合自己的人生准则。而另一些人的认知则依然停留在一个较原始的水平。当这类个体面临困惑、不安，已有知识经验难以应对的时候，本能的力量会驱使个体向别人学习，接受别人的指引，用别人的思维来引导自己的人生。为了更好地生存，其实这么做倒也无可厚非，只是容易成为别人操控的棋子或奴役的对象，生命会显得比较悲哀罢了。

（四）过分追求完美，事情的发展会是一个恶性循环

一般程度的追求完美是很正常的。小龙虾正是因为追求像父母一样的有力，才能够刻苦磨炼，最终练就了一身好本领。所以，对完美的一般追求，是个体把某方面事情做得更好、更完善的内在动力。但请注意，是“某方面的事情”，而不是“全部的、所有方面的事情”。

生物演化从来不追求百分百的完美，只要求你不要成为“跑在最后而被狮子追上吃掉”的那一个。物种的这种演化，一方面，是因为“如果不完美，就会灭绝”的压力。另一方面，完美意味着丧失了突变机会，消除了多样性。在面对不断变化的自然选择的时候，生物体会失去重要的生存优势。此外，追求绝对的完美，有可能成为巨大的负担。因为，从成本收益的角度讲，错误率降低所带来的收益（生存优势）和为此需要付出的成本（能量和时间消耗）完全不是线性关系。在接近完美的区间，从1%的错误率降低到0%，生物个体要付出的成本绝不会只增加1%。

所以，当你过分追求完美的时候，你实际上与自然规律是背道而驰的。当你不断追求各个方面的完美时，就会发现这根本无法实现。当愿望无法实现的时候，个体就会更加焦虑、恐慌。这些负面情绪，会严重降低行为的效率和效果。差强人意的行为结果总是使负面情绪达到更高的强度。更强的负面情绪进一步导致更加糟糕的行为结果……所以，个体坚持追求百分百完美的话，事情的发展就很容易进入一个恶性循环。这种交互的影响也让个体的境况与其理想的目标渐行渐远。

而要想打破这种恶性循环，是需要做到自我接纳的。关于这种转变，我联想到了热门美剧《绝命毒师》中的一个片段。故事背景是主人公Jessie在女朋友吸毒过量死去后痛苦万分，参加了一个小组治疗。在一次的活动中，Group Leader告诉大家要直面自己内心的痛苦，去战胜它。一直沉默不语的Jessie认为他没有资格教育其他人，终于忍不住质问Group Leader。

Jessie：你有真正伤害过别人吗？

Group Leader：我杀了自己的女儿。

Jessie：难道你不恨自己吗？

Group Leader：很长一段时间我都很恨自己，可它只让事情变得更糟，我依然喝酒嗑药。自我憎恨和愧疚感成就不了什么，它们只会阻止你做真正的改变。

接纳已经发生的、无法挽回的事实，然后思考怎么做才是最好的，是打破这种恶性循环的关键一步。而过度地追求“如果事情没发生该多好”“如果事情还有挽回的余地该多好”这样不切实际的“完美目标”，却又难以实现的时候，事情的发展只会停滞不前，甚至更为糟糕。

技术指导

接纳自己：心境改善的重要一环

根据上面的分析，我们会发现，正是因为缺乏对生命基本状态的认识，忽视自己思维的局限性和他人的多样性和特殊性，以及对不切实际目标的追求，导致个体非常容易陷入恶性循环之中。接纳自己，是解决这类问题的关键要素。

当做到接纳自己之后，就容易做到接纳他人，进而接纳整个世界。当我们不再为境况的不如意而极度烦恼不安的时候，我们才会有力量去改变现状，去提升自己，才能在朝着目标奋进的过程中保持应有的理性。那么，什么是接纳自己呢？知乎网站上，秦楠的一篇文章对此做出了很好的诠释。

（一）对内的和解和认同

很多时候，有些心理问题其实源于个体对于自己的不认同和不能和解，因为有时候我们愿意也希望自己可以成为一个什么样的人，看似无害，实则暗流潜藏。

这里有一个案例：一个人因为自己脾气十分暴躁而接受心理咨询。之前的咨询师让他学习过情绪的调整方法，如深呼吸、数数推迟发怒的时间等，但往往是有时有用，有时无用。来访者给咨询师说："我这脾气一上来就忍不住，就想说两句，发火，我也知道发火不好，但就是忍不住，我也告诫我自己一定要忍住，一定要不发火，一定要控制住自己。可是往往都是事后懊恼。"最后这个来访者在下一个咨询师那里得到了一个建议：人的一天其实可以分成很多块，比如吃饭睡觉这些基本的生理需求占用一部分，然后工作学习这些日常的内容占用一部分，最后还有剩余出来的部分你可以根据你的情况再划分出来不同的板块。同样，一个人也是这样的，你有你好的特质和品质，也同样有不好的习惯和品质，完全没有必要去消除你自己的某一个特质或者是站在它的对立面，接受它，然后给它腾出来一个位置让它和你共存，这么做并不会影响到其他的部分，也不会影响到你。

这个简短的案例中有两点非常重要。首先是对于自己的认识。咨询师用一个比较简单的比喻让来访者对自己产生一个简单的重新认知，让来访者重新开始认识自己和这个问题，进而才能推进到对自己的认同和和解。其次是"共存"。也就是在认识了自己的基础之上，再去看这个问题，让自己在已存有认知的情况下再去达成和解和接纳。

总结下来，和解和认同都是有前提的，有的人把这个理念用烂的原因是不在乎于前提。一个人倘若对于自己都没有一个清晰的认知，你怎么去让这个人接纳自己？每个人都是最了解自己的那个人，但是不一定每个人都愿意并且努力去了解自己。所以，在个体对自己或者是自己的问题还存在疑惑、不解、未知的时候，你不能要求这个个体去接纳自己。这就如同让一个人把手伸进一个他完全不了解，而且不停摇晃的暗盒里一样。他会伸进去，不过并不是自愿。不自愿做的事情，自然难以坚持，最终也难以达到效果。所以，忽略掉前提去强调接纳自己，就和做一个完美的人没什么区别，过犹不及。

（二）清晰的边界

在有了上面所提到的基本前提之后，还要有一个清晰的边界。例如在《认识自己，接纳自己》中关于焦虑有这样一段论述：“我们可以从两个方面来探讨这个问题：一是当你烦躁不安时你可以改变什么？不能改变什么？这也正是本书的主题；二是在什么情况下你不要去做无谓的挣扎，也就是说在什么情况下你应该乖乖地对这些消极情绪俯首称臣。尽管它们让你很不舒服，但是有时你应该试图去改变你的外部生活而不是你自己的内心世界。”

清楚什么是自己可以做到的，什么是自己不能做到的，认识到自己能力的边界。认识到自己的边界非常重要，有些问题和困难你必须承认你对此无能为力。有时候认怂，真的要比要强、执拗好得多，也要豁达得多。清晰的边界可以让个体更清楚地意识到自己，不再把所有的东西都混为一谈，也就不会再出现诸如：“所有的消极情绪我都要去消除。”“我要变成一个某某样的人。”这也是在个体对自己有了一个认知之后要去做的。

（三）认识到合理性

接纳自己，并与自己和解，还有一个层面就是认识到合理性。还是用焦虑来作为例子，你的焦虑真的是无法理解和不可理喻的吗？很可能并不是这样的，甚至有时候，只是一种紧张或者是其他个体应有的合理的焦虑。认识到一些事情的合理性这一点也很重要，因为有时候个体容易夸大自己的感受或经验，认为这个并不合理，是他独有的或者是严重的。也有的时候会出现拒绝的姿态，如认为自己不应该紧张，自己不应该害怕，自己不应该恐惧等。其实细想起来，害怕、恐惧、焦虑、害羞、紧张等情绪的存在都是合理的，没有必要非要处理掉、摒弃掉，让自己完美。

为什么如此强调自我的接纳呢？那是因为接纳的个体才能做到有对内比较统一的认同，对外有清晰的自我边界，对客观事物和自己有一个合理的认识，不会夸大也不会缩小。而要接纳自己又要从以上三个方面去做。所以，我认为，自我的接纳既是咨询开始的第一步，也是最后一步。之所以说是第一步，是因为做不到这些，个体的咨询开展进度就会很慢，个体自己也会产生很多的不良情绪的体验。之所以说是最后一步，是因为当这所有的都做完了之后，个体基本上也处于了一个相对的稳定期，改善也会是明显的。故而，这样的改变不应该是递进的性质，有时候可能会出现并行的特点。

最后，我想强调的是不要为了自我接纳而去接纳，也不要把自我接纳供奉在高阁之上，认为是终极的目标。自我接纳不提倡消除和对立，而是承认缺陷和不足，和不好的情绪或自己的特性共存共生。

如何接纳自己？

关于接纳自己的具体做法，范新刚在其搜狐博客上的一篇文章对此有比较全面的说明。

（一）停止与自己对立

无论自认为做了多少不合适的事，有多少不足，从现在起，都停止对自己的挑剔和责备，要学习站在自己这一边，维护自己生命的尊严和价值。

参考句式："不论我的现状如何，我选择尊重自己生命的独特性。"

（二）停止苛求自己

具体说就是，允许自己犯错误，但在犯错后要：

（1）做出补偿，以弥补自己的错误造成的损失；

（2）不二过，也就是一个错误不犯两遍。

参考句式："不论做错了什么，我选择从中吸取教训。""我选择不二过，而不是不断地责备自己。"

（三）停止否认或逃避自己的负性情绪

如果产生了负性情绪，不要去抑制、否认或掩饰它，更不要责备自己，对自己生气。要先坦然地承认并且接纳自己的负性情绪，不论它是沮丧、愤怒、焦虑还是敌意。

人产生负性情绪是很正常的，它提醒你对现状要有所警觉，是改变现状的先决条件。如果一个人不为自己的成绩差而沮丧，他就不会想努力学习；如果一个人不为和别人的矛盾而苦恼，他就不知道自己的人际交往方式需要调节。

所以，不要怕产生负性情绪，也不要否认或逃避。要首先接纳它，然后再想办法解决引起负性情绪的问题。

参考句式："不论我产生什么样的负面情绪，我选择积极地正视、关注和体验它，我将从中了解自己的思想和问题，并进行建设性的解决。"

（四）无条件地接纳自己

绝大多数人从小就受到种种有条件的关注，或者严格的管束，致使很多人以为只有具备某种条件，如漂亮的外表、优秀的学习成绩、过人的专长、出色的业绩等，才有被自己和他人接纳的资格。于是，当这些条件达不到的时候，很多人会觉得自己没有被爱的资格，从而背上自卑的包袱。由于这种评价标准已经被个体内化，所以，在没有外界评价的时候，个体依然会用挑剔的目光看待自己。越看越觉得无法接受，越会被各种负面情绪所困，反过来又加剧问题的恶化。要想摆脱这种恶性循环，我们要学习做自己的朋友，站在自己这一边，接受并且关心自己的身体和心理状况，不加任何附加条件地接纳自己的一切。这是建设性解决问题的第一步。

参考句式："不论我有什么优点和弱点，我首先选择无条件地接纳自己。"

（五）关于扬长避短和取长补短

能否接纳自己，是个体自信和追求成长的前提。

如果一个人能够正视并且接纳自己的弱点，那么，弱点也是有意义的。首先，它让我们了解自己的局限性，使我们不至于狂妄自大；其次，能让我们集中精力去发掘自己的优势，不把时间花在自责和沮丧上。

只要我们能吸取教训，那么，错误就会成为我们的老师。修正错误，是学习的主要方式之一。同时，优势技能也不应被牺牲掉。所以，大多数时候，发挥优势，补足短处，就可以了。

但是，有的时候，"鱼"与"熊掌"不可兼得，短处的弥补是必须牺牲长处的。而这个时候短处又是实现目标的不可或缺的关键环节。那么，这个时候，就不得不取长补短来达到目标了。例如，对于一个经济院校的学生，不论他们多么喜欢文科，讨厌数学，要想顺利毕业，都要遵守游戏规则，把数学学好。此时，他们就难以避短，甚至要牺牲自己用于文科探索的时间来弥补数学上的劣势。

（六）学习接纳他人

个人和社会要想进入良性循环，就需要与他人合作，而一个不能接纳他人的人，是无法与他人友好合作的。

其实，真正接纳自己的人也会接纳他人，而无法接纳他人的人也不能接纳自己。

一个不接纳自己的人，无法容忍自己的弱点。可是，他内在的生命尊严拒绝接受这一否定。当两者间的冲突导致焦虑后，就会出现投射，即把他对自己的不接纳，投射为别人对自己的不接纳。既然别人不能接纳他，他当然就无法接纳别人。这是在人的无意识中发生的心理过程。

我们可以从一个人能否自我接纳，来推断出他能否接纳别人，也可以从一个人能否接纳他人，推断出他是否接纳自己。两者是相生相伴的。所以，如果我们能够学会真诚地接纳自己，就会很自然地去接纳别人。当然，我们也可以从学习接纳别人入手，尝试着接纳自己。如果接纳别人，尊重别人，别人通常也会对我们做出积极的回应。久而久之，我们在别人对我们的接纳里，就会感到自己的价值与生命的尊严。于是，自我接纳便会产生，其结果殊途同归。

使别人感到被接纳的方式有很多，主要有：

（1）倾听。与人交流时，认真而又耐心地倾听别人的述说。

（2）尊重别人。即不论对方怎样，都尊重对方人格的独特性和生命的尊严，不妄加评论。

（3）主动迈出第一步。假如你想与他人交往，一定要主动，要让对方首先感受到你的友好与诚意。

（4）能够发现并且表达对别人优点的欣赏。“每个人都喜欢那些喜欢自己的人”，真诚地表达欣赏从来都是能迅速地进入他人视野的捷径。

延伸阅读

我很重要

毕淑敏

当我说出“我很重要”这句话的时候，颈项后面掠过一阵战栗。我知道这是把自己的额头裸露在弓箭之下了，心灵极容易被别人的批判洞伤。许多年来，没有人敢在光天化日之下表示自己“很重要”。我们从小受到的教育都是——“我不重要”。

作为一名普通士兵，与辉煌的胜利相比，我不重要。

作为一个单薄的个体，与浑厚的集体相比，我不重要。

作为一位奉献型的女性，与整个家庭相比，我不重要。

作为随处可见的人的一分子，与宝贵的物质相比，我们不重要。

我们——简明扼要地说，就是每一个单独的“我”——到底重要还是不重要？

我是由无数星辰日月、草木山川的精华汇聚而成的。计算一下我们一生吃进去多少谷物，饮下了多少清水，才凝聚成一具美轮美奂的躯体，我们一定会为那数字的庞大而惊讶。平日里，我们尚要珍惜一粒米、一叶菜，难道可以对亿万粒菽粟、亿万滴甘露濡养出的万物之灵，掉以丝毫的轻心吗？

当我在博物馆里看到北京猿人窄小的额和前凸的吻时，我为人类原始时期的粗糙而黯然。他们精心打制出的石器，用今天的目光看来不过是极简单的玩具。如今很幼小的孩童，就能熟练地操纵语言，我们才意识到人类已经在进化之路上前进了多远。我们的头颅就是一部历史，无数祖先进步的痕迹储存于脑海深处。我们是一株亿万年苍老树干上最新萌发的绿叶，不单属于自身，更属于土地。人类的精神之火，是连绵不断的链条，作为精致的一环，我们否认了自身的重要，就是推卸了一种神圣的承诺。

回溯我们诞生的过程，两组生命基因的嵌合，更是充满了人所不能把握的偶然性。我们每一个个体，都是机遇的产物。

常常遥想，如果是另一个男人和另一个女人，就绝不会有今天的我……

即使是这一个男人和这一个女人，如果换了一个时辰相爱，也不会有此刻的我……

即使是这一个男人和这一个女人在这一个时辰，由于一片小小落叶或是清脆鸟啼的打搅，依然可能不会有如此的我……

一种令人怅然以至走入恐惧的想象，像雾霭一般不可避免地缓缓升起，模糊了我们的来路和去处，令人不得不断然打住思绪。

我们的生命，端坐于概率垒就的金字塔的顶端。面对大自然的鬼斧神工，我们还有权利和资格说我不重要吗？

对于我们的父母，我们永远是不可重复的孤本。无论他们有多少儿女，我们都是独特的一个。

假如我不存在了，他们就空留一份慈爱，在风中蛛丝般飘荡。

假如我生了病，他们的心就会皱缩成石块，无数次向上苍祈祷我的康复，甚至愿灾痛以十倍的烈度降临于他们自身，以换取我的平安。

我的每一滴成功，都如同经过放大镜，进入他们的瞳孔，摄入他们心底。

假如我们先他们而去，他们的白发会从日出垂到日暮，他们的泪水会使太平洋为之涨潮。面对这无法承载的亲情，我们还敢说我不重要吗？

我们的记忆，同自己的伴侣紧密地缠绕在一处，像两种混淆于一碟的颜色，已无法分开。你原先是黄，我原先是蓝，我们共同的颜色是绿，绿得生机勃勃，绿得苍翠欲滴。失去了妻子的男人，胸口就缺少了生死攸关的肋骨，心房裸露着，随着每一阵轻风滴血。失去了丈夫的女人，就像整齐折断的琴弦，每一根都在雨夜长久地自鸣……面对相濡以沫的同道，我们忍心说我不重要吗？

俯对我们的孩童，我们是至高至尊的唯一。我们是他们最初的宇宙，我们是深不可测的海洋。假如我们隐去，孩子就永失淳厚无双的血缘之爱，天倾东南，地陷西北，万劫不复。盘子破裂可以粘起，童年碎了永不复原。伤口流血了，没有母亲的手为他包扎。面临抉择，没有父亲的智慧为他谋略……面对后代，我们有胆量说我不重要吗？

与朋友相处，多年的相知，使我们仅凭一个微蹙的眉尖、一次睫毛的抖动，就可以明了对方的心情。假如我不在了，就像计算机丢失了一份不曾复制的文件，他的记忆库里留下不可填补的黑洞。夜深人静时，手指在揿了几个电话键码后，骤然停住，那一串数字再也用不着默诵了。逢年过节时，她写下一沓沓的贺卡。轮到我的地址时，她闭上眼睛……许久之后，她将一张没有地址只有姓名的贺卡填好，在无人的风口将它焚化。

相交多年的密友，就如同沙漠中的古陶，摔碎一件就少一件，再也找不到一模一样的成品。面对这般友情，我们还好意思说我不重要吗？

我很重要。

我对于我的工作、我的事业，是不可或缺的主宰。我的独出心裁的创意，像鸽群一般在天空翱翔，只有我才捉得住它们的羽毛。我的设想像珍珠一般散落在海滩上，等待着我把它用金线串起。我的意志向前延伸，直到地平线消失的远方……没有人能替代我，就像我不能替代别人。我很重要。

我对自己小声说。我还不习惯嘹亮地宣布这一主张，我们在“不重要”中生活得太久了。我很重要。

我重复了一遍。声音放大了一点。我听到自己的心脏在这种呼唤中猛烈地跳动。我很重要。

我终于大声地对世界这样宣布。片刻之后，我听到山岳和江海传来回声。

是的，我很重要。我们每一个人都应该有勇气这样说。我们的地位可能很卑微，我们的身份可能很渺小，但这丝毫不意味着我们不重要。

重要并不是伟大的同义词，它是心灵对生命的允诺。

人们常常从成就事业的角度，断定我们是否重要。但我要说，只要我们在时刻努力着，为光明在奋斗着，我们就是无比重要地生活着。

让我们昂起头，对着我们这颗美丽的星球上无数的生灵，响亮地宣布——

我很重要。

你有犯错的权利

罗玲

今早手机没电了，闹钟没响，我昨晚熬夜，就睡过头了，孩子还非要像往常一样吃点什么，小区门口又堵车……总之手忙脚乱，到了教室门口，发现别的孩子基本都吃完了。小朋友们蹦蹦跳跳地自己去找本书，在小椅子上坐下休息，我女儿一个人在饭桌上吃早饭。我当然感觉很不好，立在那儿痛苦片刻，老师走到门口笑说：“阴天孩子不爱起床是吧？自己吃饭有点没意思吧。”我忙说下次一定早点来，然后赶紧退下——自己迟到，难道还让老师处理我的情绪问题？

出去时转念一想，估计孩子一定没有我这么痛苦。她的感觉可能比较中性——品尝食物，看到某本书的封皮，被谁的表情或新衣服吸引，感觉肚子渐鼓，然后决定早餐结束……她在中性情绪中，逐渐把自己从半迷糊状态调整到幼儿园状态。这么一想，我一面体味着心里隐隐作痛的羞辱感和挫败感，一面对她的混沌蒙昧产生了某种轻度膜拜——对于一个像我这样被严格要求长大的人来说，这是要经过多少修炼才能达到的状态啊！

想起一件处于另一个极端的事情：昨天恰好看到一位美国的女性社会学家，讲她的一个研究经历的视频。她历时6年，考察了许多个案，研究“羞辱感”。期间出了一本书，写了若干论文。最后，她被“脆弱”这个概念给绊住了。她发现，那些真正情商高、生活中幸福指数高的人，并非是外人眼中的强人，而是比较真实的人。他们戴较少的面具，承认自己的脆弱，敢于不计回报预先付出情感。好笑的是，这位社会学家是个强人，她跟“承认脆弱”有点过不去，她感觉自己在研究过程中经历了某种崩溃（从积极的角度，崩溃也可被称为“心灵觉醒”），为此她去接受了一年的心理治疗。

如果我们太强了，强到都不敢承认脆弱，那才是真的脆弱。

由此想到“接纳”这个话题。

要接纳自己，现在我们常听到别人这样说。关于这个话题，我也没有认真看过什么书，因为我觉得自己都明白了。但是现在我逐渐发现，明白容易，做到难。为什么难？因为我们在成长的过程中，一直在被要求、被评判、被挑剔，我们把这些内化了，就学会了要求、评判、挑剔自己。套用育儿的话说，就是我们学会了“有条件地爱自己”。我们这样对待自己已经很久了，要想改变，还真得有意识地去做。

接纳自己，我想比较大的一个好处就是，这样做可以让你减少心理能量的消耗。对自己、对别人，都是这样。

当我们不接纳自己时，我们心里的羞辱、责备、挫败的感觉，都是阻力，它们需要耗费很多心理能量去抵消。我们都得承认一个事实——在你感觉好起来之前，你其实做不好什么事情。

对别人更是如此。当我们对孩子、对老公、对同事朋友不能接纳时，就是说，当我们用自己的标准和条条框框去评判他们，而不是接受他们现在的样子时，我们就引发了他们心中的自卫反击战。而只要他们把心思放在了自卫反击上，他们就错失了自动变好的能量和时机。如果我们接纳他们，我们就帮他们保存了这些能量。这时，他们更能听清内心良知的声音，更能看清正确的方向，更容易发挥潜能。所以，你接纳他们，不去企图评判操控他们，这反倒会帮他们更快地变好。

怎样去接纳呢？我想，接纳自己和别人，不是放弃标准和要求，而是肯定自己和别人固有的内在价值。我们仍将继续努力去提高，但是我们不会因为那些瑕疵而感觉不好。

如何肯定自己的内在价值？过去我写过一篇《给你的自我增值》，讲述了这个道理。

具体做法呢？我的策略一直是，不要抛弃、铲除“小我”，而是把“小我”当作孩子去安抚。当你对自己感觉不好，当你觉得工作量不够，或者表现不够出色，因此感到自己不配休息、不配快乐、不配被肯定和尊重时，把自己当个孩子，跟自己说：你是个好孩子，无论你做得怎样，你都很好，都足够优秀。你有一切权利失误。你有权利不完美。你可以把事情放一放，去吃个雪糕，冲个澡。放心，你的价值依旧，不会因为这点事而有丝毫贬值……

这些，对于追求完美、期待完美、害怕因自己的失误而影响孩子的完美的妈妈们来说，尤其重要——只有妈妈们先接纳了自己，然后才能真正去接纳自己的孩子。

最后分享一个我认为能对付恐惧、焦虑等各种心理问题的万能法宝，那就是拉开距离、调整焦距。

我看过科幻小说《意外的时间机器》，故事大意是，一个被女友抛弃，事业碰壁的科技宅男，无意中发现了一个时间机器。他可以用这个机器跳到未来，只是一次比一次时间跨度大。他一路跳下去，期间有被宗教势力控制的禁欲社会，他在那里带上一个纯洁的女助教，跟他一起继续走向各种未来世界。

最后，他们来到时间的尽头，终于得到了能够往回返的时间机器。在返回的时间和地点之中，他们只能选择其一。他们选择了地点——麻省理工学院，因为这样比较安全，这总比不小心返回到火山口更保险。

回去后，他们发现，时间是 1898 年。两人在那个时间地点开始生活，他们读学位、找工作、生孩子，平和谦卑地度过了余生。据说人们都很羡慕他们，因为在旁人看来，生活对他俩来说，仿佛是纯然的快乐。

这个小说对我还有其他方面的启发，例如，其中有关宗教的情节让我在大半夜思绪狂奔，让我更加重视培养孩子独立思考，以保护她头脑的自由。

当我们跟自己较劲，跟自己过不去时，想一想，你也经历了以上种种，也是从时间的尽头返回，碰巧落到了现在的这个时间地点上，你告诉自己：“好吧，我就从这里开始，认真地、轻松地过完这一生。”

这样想，你不但接纳了现在的自己和他人，你连过去和未来统统都接纳了。

你现在很好，将来也会很好。

一切都很好。

你终于连迟到这样的低级错误都可以放过了。

心理小测试

★ 气质类型测试

气质类型测试是心理测试的一个重要内容，同时它也是一个人了解自己的有效途径。但需要指出的是，气质并非我们平时所讲的“某某很有气质”当中的气质，而是心理学上的一个概念。气质是指一个人身上经常表现出来的典型、稳定的心理活动的动力特征，主要是由先天的神经活动类型决定，无好坏之分。一个人了解了自己的气质类型，对培养性格、提高学习工作效率及处理好人际关系等，都大有裨益。

下面 60 道题，可以帮助你大致确定自己的气质类型，请根据自己的情况在“很符合、比较符合、不太确定、比较不符合、完全不符合”五个答案中选择一个适合自己的。

评分标准：很符合为 2 分，比较符合为 1 分，不太确定为 0 分，比较不符合为-1 分，完全不符合为-2 分。

1. 做事力求稳妥，一般不做无把握的事。
2. 遇到可气的事就怒不可遏，想把心里话全说出来。
3. 宁可一个人做事，不愿很多人在一起。
4. 到一个新环境很快就能适应。
5. 厌恶那些强烈的刺激，如尖叫、噪声、危险镜头。
6. 和人争吵时总是先发制人，喜欢挑衅。
7. 喜欢安静的环境。
8. 善于和人交往。
9. 羡慕那种善于克制自己感情的人。
10. 生活有规律，很少违反作息制度。
11. 在多数情况下是乐观的。
12. 碰到陌生人觉得很拘束。
13. 遇到令人气愤的事，能很好地克制自我。
14. 做事总是有旺盛的精力。
15. 遇到问题总是举棋不定，优柔寡断。
16. 在人群中从不觉得过分拘束。
17. 情绪高昂时，觉得做什么都有趣；情绪低落时，又觉得什么都没意思。
18. 当注意力集中于一事物时，别的事很难使自己分心。

19. 理解问题总比别人快。
20. 碰到危险情境，常有一种极度恐惧感。
21. 对学习、工作、事业怀有很高的热情。
22. 能够长时间做枯燥、单调的工作。
23. 符合兴趣的事情，干起来劲头十足，否则就不想干。
24. 一点小事就能引起情绪波动。
25. 讨厌做那种需要耐心、细致的工作。
26. 与人交往不卑不亢。
27. 喜欢参加激烈的活动。
28. 爱看感情细腻、描写人物内心活动的文学作品。
29. 工作学习时间长了，常感到厌倦。
30. 不喜欢长时间谈论一个问题，愿意实际动手干。
31. 宁愿侃侃而谈，不愿窃窃私语。
32. 自己给别人的印象常是闷闷不乐。
33. 理解问题常比别人慢些。
34. 疲倦时只要短暂的休息就能精神抖擞，重新投入工作。
35. 心理有话宁愿自己想，不愿说出来。
36. 认准一个目标就希望尽快实现，不达目的，誓不罢休。
37. 学习、工作一段时间后，常比别人更疲倦。
38. 做事有些莽撞，常常不考虑后果。
39. 老师讲授新知识时，总希望他讲得慢些，多重复几遍。
40. 能够很快地忘记那些不愉快的事情。
41. 做作业或完成一件工作总比别人花的时间多。
42. 喜欢运动量大的剧烈体育运动或参加各种文艺活动。
43. 不能很快地把注意力从一件事转移到另一件事上去。
44. 接受一个任务后，就希望能把它迅速解决。
45. 认为墨守成规比冒风险好一些。
46. 能够同时注意几件事物。
47. 当自己烦闷的时候，别人很难使自己高兴起来。
48. 爱看情节起伏跌宕、激动人心的小说。
49. 对工作抱认真严谨、始终一贯的态度。
50. 和周围人的关系总相处不好。
51. 喜欢复习学过的知识，重复做能熟练做的工作。
52. 希望做变化大、花样多的工作。

53. 小时候会背的诗歌，似乎比别人记得清楚。
54. 别人说自己“出语伤人”，可自己并不觉得这样。
55. 在体育活动中，常因反应慢而落后。
56. 反应敏捷、头脑机智。
57. 喜欢有条理而不甚麻烦的工作。
58. 兴奋的事情常使自己失眠。
59. 老师讲新概念，常常听不懂，但是弄懂了以后很难忘记。
60. 如果工作枯燥无味，马上就会情绪低落。

分数计算：分别计算下列与其气质类型相对应各题的得分之和。

类型	题号	分数
胆汁质型	2、6、9、14、17、21、27、31、36、38、42、48、50、54、58	
多血质型	4、8、11、16、19、23、25、29、34、40、44、46、52、56、60	
黏液质型	1、7、10、13、18、22、26、30、33、39、43、45、49、55、57	
抑郁质型	3、5、12、15、20、24、28、32、35、37、41、47、51、53、59	

确定气质类型的标准：

（1）如果某类气质得分明显高出其他三种，均高出 4 分以上，则可定为该类气质。如果该类气质得分超过 20 分，则为典型；如果该类得分在 10～20 分，则为一般型。

（2）两种气质类型得分接近，其差异低于 3 分，而且又明显高于其他两种，高出 4 分以上，则可定为这两种气质的混合型。

（3）三种气质得分均高于第四种，而且接近，则为三种气质的混合型。

（4）需要强调的是，运用短时的观察和实验法来确定气质类型时，有一定的局限性。全面而准确的测定需要通过长时间和多方面的观察，并联系对被试者整个生活历程的了解和分析，才能真正看出一个人最稳定的气质类型特征。因此，气质的问卷调查对被试者气质类型的确定只是一种大致的确定。

四种气质类型及其特点：

希波克拉底在古希腊医生恩培多克勒“四根说”的基础上，提出了气质的体液说。他认为，人体含有四种不同的液体，即血液、黏液、黄胆汁和黑胆汁。它们分别产生于心脏（血液）、脑（黏液）、肝脏（黄胆汁）和胃（黑胆汁）。希波克拉底认为，四种体液形成了人体的性质，机体的状况取决于四种液体的正确配合。如果在体液的混合比例中血液占优势的人，是湿和热的配合，其特点是湿而润，好像春天一样，这就是多血质型；黏液占优势的人是冷和湿的配合，其特点是冷酷无情，像冬天一样，这就是黏液质型；黄胆汁占优势的人是热和干的配合，热而燥像夏天一样，这就是胆汁质型；黑胆汁占优势的人是冷和干的配合，像秋天一样冷而燥，这就是抑郁质型。

1. 多血质型

典型表现：多血质型又称活泼型，敏捷好动，善于交际，在新的环境里不感到拘束。在工作学习上富有精力而效率高，表现出机敏的工作能力，善于适应环境变化。在集体中精神愉快，朝气蓬勃，愿意从事合乎实际的事业，能对事业心向神往，能迅速地把握新事物，在有充分自制能力和纪律性的情况下，会表现出极大的积极性。兴趣广泛，但情感易变，如果事业上不顺利，热情可能消失，其速度与投身事业一样迅速。从事多样化的工作往往成绩卓越。

适合职业：导游、推销员、节目主持人、演讲者、外事接待人员、演员、市场调查员、监督员等。

该类型的人不太适合做过细的、单调的机械性工作。

2. 胆汁质型

典型表现：胆汁质型又称不可遏止型、战斗型或兴奋型。具有强烈的兴奋过程和比较弱的抑郁过程，情绪易激动，反应迅速，行动敏捷，暴躁而有力；在语言上、表情上、姿态上都有一种强烈而迅速的情感表现；在克服困难上有不可遏止和坚韧不拔的劲头，而不善于考虑是否能做到；性急，易爆发而不能自制。这种人的工作特点带有明显的周期性，埋头于事业，也准备去克服通向目标的重重困难和障碍。但是当精力耗尽时，易失去信心。

适合职业：管理工作、外交工作、驾驶员、服装纺织业、餐饮服务业、医生、律师、运动员、冒险家、新闻记者、演员、军人、公安干警等。

该类型的人不适合做整天坐在办公室或不走动的工作。

3. 黏液质型

典型表现：黏液质型又称为安静型。在生活中是一个坚持而稳健的辛勤工作者。由于这些人具有由兴奋过程向均衡的强的抑制，所以行动缓慢而沉着，严格恪守既定的生活秩序和工作制度，不为无所谓的动因而分心。黏液质的人态度持重，交际适度，不作空泛的清谈，情感上不易激动，不易发脾气，也不易流露情感，能自治，也不常常显露自己的才能。这种人长时间坚持不懈，有条不紊地从事自己的工作。其不足是有些事情不够灵活，不善于转移自己的注意力。惰性使他因循守旧，表现出固定性有余而灵活性不足，从容不迫和严肃认真的品德，以及性格的一贯性和确定性。

适合职业：外科医生、法官、管理人员、出纳员、会计、播音员、话务员、调解员、教师、人力人事管理主管等。

该类型的人不适合做富于变化和挑战性大的工作。

4. 抑郁质型

典型表现：抑郁质型又称为抑郁型。抑郁质的心理特征属于呆板而羞涩的类型，由于神经活动为弱型，对事务敏感，精神上难以承受过大的精神紧张，常为微不足道的小事引起情绪波动。情绪体验的方式比较少，极少在外表上流露自己的情感，但内心体验却相当深刻。沉静含蓄、感情专一、喜欢独处、交往拘束、性格孤僻，在友爱的集体里，可能是一个很容易相处的人，对力所能及的工作认真完成，遇事三思而后行，求稳不求快，因而显得迟缓刻板。学习工作易疲倦，在困难面前怯懦、自卑、优柔寡断。遇事多疑，往往缺乏果断和信心。

适合职业：抑郁质型的人在只需要一个人刻苦奋斗，不需要人际交往的学术、教育、研究、医学等内在要求慎重、细致、周密思考的职业领域往往有较好发展；校对、打字、排版、检验员、化验员、登记员、保管员等工作也比较适合他们。

该类型的人不适合做需与各色人物打交道、变化多端、大量消耗体力和脑力的工作。

注意事项：

气质类型与人的生理素质关系尤为密切，不易改变。每个人的气质都有其所长，也有其所短，要了解其特点，扬长避短。多血质型的人活泼、敏捷、情绪丰富、工作能力强、容易适应环境，但行为轻率、情感不深、注意力不稳定、兴趣容易转移；胆汁质型的人，主动、热情、精力旺盛，但暴躁、任性、缺乏耐性；黏液质型的人，沉着、冷静、坚韧，但容易精神不振，缺乏生气，迟钝、冷淡；抑郁质型的人，耐受性差，易感到疲劳，但感情深刻细腻，做事审慎小心，观察力敏锐，善于觉察到别人不易发现的问题。

不同的气质都有容易培养的良好品质，如多血质型的活泼、易感；胆汁质型的迅速；黏液质型的安静和耐性；抑郁质型的情感稳定和深刻。同时，要注意防止和克服每一种气质易产生的不良倾向，如多血质型的精力分散；胆汁质型的急躁；黏液质型的冷淡；抑郁质型的沉沦于个人体验的倾向和过度的沉默。

不同特点的工作或职业对人的心理有不同的要求，这就决定了不同气质的人适合做不同的工作。例如，有些工作要求具有灵活、机敏的反应能力，这对于多血质型和胆汁质型的人很适合，而对于黏液质型和抑郁质型的人则是勉为其难了；相反，有的工作要求持久、细致的操作，在这方面，黏液质型和抑郁质型的人就容易胜任。

需要指出的是，气质无好坏之分，不决定一个人的社会价值和成就的高低，不同气质的人都可以成为高尚的人，都可以成为某一领域的杰出人才。

心理小活动

★ 我是谁

第一步：我心中的我

材料：纸和笔。

时间：15 分钟。

指导语：请在十分钟之内写出 20 个有关我是谁的词。可以以“我……”“我是……”“我喜欢……”“我要……”“我曾……”“我不……”“我可以……”“我想……”等句型写下 20 个描述自己的句子。

领导者引导团体成员分享自己所写的内容，并引导其思考写的这些说明了什么。

第二步：他人心中的我

请同学（或朋友、家人、老师等）写出 20 条对自己的评价。

格式如下：

被评人：________ 评论人：________

你是____。

你是____。

你是____。

你是____。

你是____。

第三步：综合评价

我是____。

我是____。

我是____。

我是____。

我是____。

思考题

（1）过去的经历是如何影响自己的？

（2）自己为什么会是这样的一个人？

第四章　自我激励，收获辉煌人生

主题故事

蹦极带来的挑战

我在蹦极的一个月前订的票，在订票之前我三思又三思，逃避，我想能晚一点就晚一点。

经过几个星期的心理斗争，我还是订票了——我想成为自己最坚强的后盾。因为，这个世界上没有人可以让你永远依赖，当你感到难过、恐惧，甚至抑郁的时候，去找人聊聊天、吐吐槽，也只能表面地解决你心里的困惑，想要“治根”，还是要靠你自己！没人能理解你，也没人能控制你去把自己塑造成你想成为的人！

我想成为自己最坚强的后盾，这样我就有勇气创业，实现理想，接受一个又一个挫折，一次又一次克服未知带来的恐惧。甚至，假使在跟自己真正喜欢的人表白被拒后，我还能接受这些不完美。

订票后，我有四个选择：什么都不想，到那天就去蹦极；想很多，然后蹦极；想很多，我不去蹦极；什么都不想，最后不去了。

当时我的心理状态，几乎是每时每刻都在变化：恐惧怯懦；悲观；想要勇敢，却又不断地被前两者打败。

恐惧是因为，我天生就非常害怕失重，更何况蹦极是绑着腿，自己跳下去，还要失重好几次，再加上跳下去的时候视觉上的冲击，就像要死一样。这种感觉，这种场景，我在心中排练了数次。希望自己能够调整好状态，可是每天晚上躺在床上设想，想一次我就浑身一惊，心跳得厉害，就这样我持续了一个月。

悲观是经常事。为了保证安全，我不断地搜索、观看、研究相关的蹦极视频。难过的是，经常会看到有人因为种种原因，发生事故，结局惨重。这又使我不断地思考：我是不是应该放弃。其实我特别想放弃。在要开始的前一个星期，我在经受这种心理折磨，（精神导致的）肉体折磨后，对自己说：“我不去了。”

于是，我“安稳了下来”。

然而，我走的路线是第二个：想得很多，受尽折磨，最后还是做了。

就在蹦极的前一个晚上，我根本就不打算去，勉强安稳地睡了一个晚上。然而，就在第二天早晨，我整个人二话不说，从床上起来，打开窗户，叠好被子，整理好房间，选了自己最喜欢的一套运动装，特意把自己好好打扮了一下。拍了几张照片，系好鞋带，背上小包，跑到地铁站，一路直奔学校（这个蹦极是学校一个公益组织举办的）。

我之所以要拍照片，是想，万一出了什么事，起码我还能看看照片，知道自己以前是多么健康和健全。

到了学校，恐惧又隐隐约约地在我心底冒了出来，因为我看到了已经在蹦极的人，一个比一个吼得厉害。有一些在下面看热闹的人，时不时还嘲笑那些嘶吼的人，其实是他们不理解这恐惧有多大。但是，我继续奔向注册台，写好姓名，填好担保书，去量体重，绑腿，排号。这个流程虽然写得很简洁，但是，当时的心很强大，在完全可以逃避的情况下，还是去选择继续，继续一个又一个环节，直到面对那个在心中重复上千遍的最惊险的一刻。

然后就蹦了。

想说的有很多，可是强调的只有一点：纵使你想得再多，再折磨，当你去做的时候，仅仅是做，什么恐惧，什么怯懦，都跟做没有关系。你才是你自己最坚强的后盾！

理论分析

自我激励：朝向目标的有意识努力

每一个有自我意识的人，都是自己人生的设计师。小到一顿丰富的早餐或一次美妙的晨跑，大到事业和爱情，都是由我们自己在不经意间设计的。每个人的人生都充满了各种可能性，毫不夸张地说，任何一个看似不起眼的机会都可能带来意想不到的改变，一次次的改变，在不知不觉中塑造着我们，就像河流的方向总会因河堤的走向而改变。

从主题故事中，我们感受到主人公在蹦极之前的惶恐不安和犹豫不决。其实，生活中类似这样的事情有很多。我们要承担风险，要面临抉择。退回到安全的避风港，自然会比较安逸、舒适，但也就没有那些可以让人惊心动魄、回味无穷的精彩经历了。所以，我们在生活中，既不能过于退缩逃避，也不能过于冒险激进，要让自己处于一种恰当的中间水平。在我们不断塑造自我的过程中，影响最大的莫过于选择乐观的态度还是悲观的态度。我们思想上的这种抉择可能给我们带来激励，也有可能阻滞我们前进。美国哈佛大学的威廉·詹姆斯发现，一个没有受过激励的人，仅能发挥其潜力的20%～30%，而当他受到激励后，其潜力可发挥80%～90%，即一个人在通过充分的激励后，所发挥的作用相当于激励前的3～4倍。

所以说，要想使自己在这个调整的过程中做得更加顺畅，自我激励是一个重要的途径。

那么，什么是自我激励呢？

自我激励是指个体具有不需要外界奖励和惩罚作为激励手段，能为设定的目标主动努力工作的心理特征。自我激励在个人发展中起着决定性的作用，只有通过自我认识、自我调整、自我激励，才能达到自我发展的目的。自我激励分为以下三个层面。

第一个层面：自省。我们无法选择自己的父母，但我们的生活方式和成为什么样的人，却是自己可以选择的。面对同样的环境，每个人有不同的选择。而不同的选择，又将决定我们未来不同的环境。从这个角度来看，我们是自己生活的缔造者，也是自己生活环境和命运的创造者。

许多选择都是在无意识中做出的，或许有人不认为它们是选择，但是它们确实是。例如面对一个不爱整洁的室友，你可以选择包容，也可以选择指责，还可以选择漠视。选择不同，结果也不一样。你们可能成为朋友，也可能互相敌视，还可能像永远没有交集的两条“平行线”。

常常问自己两个问题：“我现在的这个选择可能带来什么后果？”“我现在的处境是因为以前我的什么选择带来的？”把选择提到意识层次，适当而正确地自省，往往比其他任何东西更能使人获益。

第二个层面：感恩。一个充满善意的人会从生活中发现更多值得感恩的事物。善良是人性的光辉，引领我们滋生出宽容、淡泊、利他的情怀，让我们的内在无比充实。感恩是认识到这个世界的丰富博大和我们个人的渺小，仍然对自己周围的人和事有着积极、正向的感受，为自己内在的富足，发自内心地感激。

第三个层面：自我实现。自我实现是自我激励的最高境界，意味着能充分、活跃地感受世界，能集中精力、全神贯注地体验生活，能充分发挥自己的潜在能力，塑造完美人格，获得快乐的高峰体验的最佳状态。

技术指导

激励自己需要做到的几个方面

（一）直面困难

困难总是给人带来不适感，甚至让人产生恐惧心理。最可怕的莫过于双眼一闭假装它们不存在。逃避困难，我们往往会愚蠢地创造一种追求舒适的生活，努力设计各种越来越轻松的生活方式，使自己生活得风平浪静。然而，如果一味想避开困难带来的恐惧，它们会像疯狗一样对我们穷追不舍。

既然很多问题，迟早都要面对，不如像鲁迅先生所说的，尽早“直面惨淡的人生”。把困难当作生活对自己的历练。像游戏中的“打怪升级”一样，通过战胜这些困难，让自己不断变得越来越强大，才能取得越来越辉煌的成就。

所以，如果遇到困难挑战，犹豫不决想要逃避的时候，不妨挑件更难的事先做。生活挑战你的事情，你定可以用来挑战自己。这样，你就可以自己开辟一条成功之路。世上最秘而不宣的秘密是，战胜恐惧后迎来的是某种安全有益的东西。哪怕克服的是小小的恐惧，也会增强你对创造自己生活能力的信心。对自己越苛刻，生活对你越宽容；对自己越宽容，生活对你越苛刻。所以，直面困难，是自我激励的第一步。

（二）把握好情绪的作用

人与生俱来有各种各样的情绪。这些情绪是人类长期演化过程中保存下来的特征，具有对生物体重要的驱动作用。

比如，放松的情绪。有时候我们不做一件事，是因为我们没有把握做好。我们感到自己状态不佳或精力不足时，往往会把必须做的事放在一边，等待自己恢复到良好的状态，或静等灵感的降临。所谓“磨刀不误砍柴工”。平静的心理状态能够使我们更加创造性地完成工作任务，也有助于保持迎接挑战的勇气。

比如，愉悦的情绪。人开心的时候，体内就会发生奇妙的变化，从而获得新的动力和力量。但是，不要总想在自身之外寻开心。令你开心的事不在别处，就在你身上。因此，可以在自身的情绪高涨期做自己急需做的重要的事。

比如，向死而生的紧迫感。20 世纪作者阿娜伊斯·宁（Anais Nin）曾写道：“沉溺生活的人没有死的恐惧。”自以为长命百岁无益于享受人生，然而，大多数人对此视而不见，假装自己的生命会绵延无绝。唯有心血来潮的那天，我们才会筹划大事业，将我们的目标和梦想寄托在丹尼斯·威特利（Denis Waitley）称为“虚幻岛”的汪洋大海之中。其实，直面死亡未必要等到生命耗尽时的临终一刻。事实上，如果能逼真地想象我们的弥留之际，会物极必反产生一种再生的感觉，这是塑造自我的第一步。

比如，被拒绝后的失落感。不要消极接受别人的拒绝，而要积极面对。你的要求落空时，要把这种拒绝当作一个问题：“自己能不能有更好一点的创意呢？”不要听见“不”字就打退堂鼓，应该让这种拒绝激励自己产生更大的创造力。

（三）制订行动计划

许多人惊奇地发现，他们之所以碌碌无为、无所事事，是因为他们的目标模糊不清，或者目标太大，难以实现。因此，确立一个既现实可行，又清晰明确的目标是极为必要的。而要想实现这些目标，就需要不断寻求挑战，激励自己，并时刻提防自己掉进舒适区的陷阱。古语有云：“生于忧患，死于安乐。”长久滞留在舒适区，只会使我们丧失斗志。

不过，同时也要注意的是，实现目标的道路绝不是坦途。它总是呈现出一条波浪线，有起也有落。“强攻猛打”也是万万不可的。张弛有度，疲乏困顿的时候，做一些适度的休整，才是明智之举。只有这样，重新投入工作时才能更富激情，在需要持久努力的事情上，个体才能够坚持长期奋斗下去。

（四）立足现在

多数人认为，一旦达到某个目标，人们就会感到身心舒畅。把快乐建立在还不曾拥有的事情上，无异于剥夺自己创造快乐的权力，错失当下感受美好的欣喜时刻。这是没有“立足当下”的一种表现。记住，快乐是天赋权利。让自己在塑造自我的整个旅途中充满快乐，而不要再等到成功的最后一刻才去感受属于自己的欢乐。

生活不在过去，也不在未来。我们越是认为自己已经没有机会，或者是还有充分的时间去做自己想做的事，就越会错失当下的良机。要着眼于今天，立足于当下。在制定好目标，确立好行动方案之后，一定要学会脚踏实地、注重眼前的行动。只有重视今天，重视当下，自我激励的力量才能汩汩不绝。

（五）改变，从一点一滴开始

塑造自我不能一蹴而就，而是一个循序渐进的过程。如绘巨幅画一样，这里做一点，那里改一下，无论你有多么小的变化，点点都于你很重要。因为正是这些点滴的改变，构成了你整个生命的一个个“小原子”。使你的人生独一无二，丰富多彩。塑造自我，从小事做起。

在行动的过程中，不要怕犯错而束手束脚。也不要因为犯了错而过分内疚自责。错误是对我们行为的一种信息反馈。正是这些负面的反馈，让我们得以修正之前错误的行动策略。

当然，对于我们做得好的地方，及时而恰当的奖励会帮我们继续保持下去提供有效助力。在自我奖励的时候，要注意：首先，奖品应该是能够激励自己的事物，包括物质的和精神的，如一个心仪的物件，半天发呆的时间等。其次，奖励自己要及时兑现。空头支票，延期兑现，都会引起失望。最后，不要预支奖励。即使确信自己会如期达到目标，也不要预支奖励，否则会让自己不能很好地坚持。

此外，我们也要为自己的发展，创造有利的人际环境。你所交往的人会改变你的生活。与愤世嫉俗的人为伍，他们就会拉你沉沦。那些不支持你目标的人，只会给你的热情“泼冷水”。对于这些人，都要敬而远之。相反，结交那些希望你快乐和成功的人，他们能让你看到更多的人生希望，保持对生活的持续热情和长久动力。

最后，要保持自己对人生的掌控。大多数人通过别人对自己的印象和看法来看自己。获得别人对自己的评价，尤其是正面反馈，可以增强自己的信念。但是，仅凭别人的一面之词，把自己的个人形象建立在别人的评价上，就会面临被别人的评价绑架，失去自我的危险。因此，不要从别人身上找寻自我，应该经常通过自省来塑造自我。把别人的评价当作自己生活的点缀就好了。人生的棋局该由自己来摆。

延伸阅读

快乐公式

国民幸福总值（GNH）是由第四任不丹国王吉格梅·辛格·旺楚克提出的，他认为政府施政，应该关注幸福，并应以实现幸福为目标。他提出国民幸福总值时，不丹是亚洲最贫穷的国家之一。按照西方发展模式，穷国要摆脱贫困，首先应发展经济。然而，确保经济发展，必然使得环境保护成为一句空话。而不丹在发展经济的同时，却能将自然环境保护得很好。原始森林覆盖面积在亚洲排名第一，国土74%在森林覆盖中。另一方面，不丹拥有丰富的旅游资源，但是为了保护环境，不丹一直严格限制游客人数，2004年获得签证的人数不到6000人。

20世纪70年代不丹提出GNH时，并不引人注目。然而20多年后，不少著名经济学家都把目光投向这个南亚小国，开始认真研究“不丹模式”。

世界潮流正在转向，物质享受不能直接换算为快乐，已经是不容否认的事实。世人愈来愈重视快乐，把它放到优先位置。然而，究竟什么是快乐？幸福感又如何量化？

积极心理学创始人之一的马丁·塞利格曼（Martin E.P. Seligman）提出了一个快乐公式，即H=S+C+V（H=快乐指数，S=可快乐的范围，C=生活环境，V=可自控因素）。简单地说，S就是代表先天的快乐潜质，其对快乐的影响大约占40%。C很明显就是环境因素，其影响只约为20%。V是个人信念及思想行为，其影响竟也占40%。这个公式指出：第一，基因并不能完全主宰我们的快乐。第二，自由意志比外在环境，对于快乐有更大影响。第三，快乐与否，个人能够改变的，还是比较多的。

基因不能改变。大环境往往不能凭个人力量改变，但小环境却多半由我们自己做主。至于思想，更是个人全权负责的事。积极心理学的目的就是要教导我们，如何从思想开始，争取自己的幸福。

塞利格曼将快乐分为愉悦及满足感。愉悦主要是一些感官及情势的感觉。

不需要思考，是本能反应，或脑内化学反应。而满足感则是完成一件喜欢做的事的感觉。期间不一定有愉悦，甚至会有痛苦。可完事后，比起愉悦，快感能持续较久。他不反对我们追求愉悦，但若想得到更广大更深层的快乐，他建议我们应该着手追求后一种快乐，即满足感。

如何才能得到满足感？他从研究中发现，发挥自己的长处及美德，是获得满足感的最好途径。

如果进行某活动时，你会感到兴奋，不觉得累，以及能够主动学习，进步神速，并想寻求更多的展现机会，那就是发挥长处获得的满足感了。

美德可不是握有话语权的人强加于人们身上的道德枷锁，而是每个人独有的、性格中的正面力量。所以，每个人渴望展现的美德都不同，人际没有可比性。某人性格中隐藏着慷慨的美德，另一人的美德可能是宽恕。现在最大的问题是，大部分人都不知道自己拥有何种美德，亦从没想过要去发掘自己的潜藏美德。于是，他们从来没有享受过展现自己美德时的满足感。

如是观之，快乐其实始于自知。你不知道自己的长处与美德，满足感自然求索无门。至于如何自知，那可是另一个大题目。总而言之，快乐源自长处与美德的展现。因此，与其只专注于改善缺点，不如致力于发挥长处；与其只专注于自己的失落，不如致力于令自己快乐。

心理小测试

★ 激励类型量表

在每道题组中，选择最符合你生活中大部分状况的那项叙述，并将选定的答案的代号填入后面的表格中。

有时候，你可能会觉得两项叙述都很贴近你的状况，但如果一定要从二者中选一，哪一个较能正确反映你过去的思考模式和行为？最好不要过度分析你的选择，越是用直觉来回答，越能得到比较正确的结果。

1. 我是个愿意支持别人、友善的人，会想要主动亲近别人。（C）
   我是个喜欢追求卓越、创造非凡成就的人。（A）
2. 我有的时候不是很有自信。（C）
   我有的时候会自信过度。（A）
3. 多数时间，我喜欢有主导权。（A）
   多数时间，我喜欢让别人主导。（C）
4. 我是个步调缓慢、心胸开放、平易近人的人。（C）

我是个积极、果断和自信的人。(A)

5. 我是个行动积极的人。(A)
   我喜欢顺其自然。(C)
6. 我喜欢融入人群，胜于与众不同。(C)
   我比较喜欢与众不同，胜于融入人群。(A)
7. 我喜欢挑战现状，让事情顺利进行。(A)
   我喜欢安抚场面，使大家平静下来。(C)
8. 我较相信直觉，并且勇于冒险。(F)
   我较相信方法，并且谨慎小心。(D)
9. 我有好的表现时，会希望得到奖励。(E)
   对我而言，我做的事情要能让我产生认同感。(B)
10. 我喜欢快速、紧凑、刺激的生活步调。(F)
    我喜欢不疾不徐、稳定、平静的生活步调。(D)
11. 我喜欢公开表扬，胜于私下鼓励。(E)
    我喜欢私下鼓励，胜于公开表扬。(B)
12. 我个性谨慎，对无法预期的事情会预先准备。(D)
    我有创意，喜欢在问题出现时即兴处理。(F)
13. 我想要追求能够得到财富名望和他人赞赏的工作。(E)
    如果我做的事情，可以为别人带来很大的正面意义，我愿意放弃金钱上的奖励和他人的赞赏。(B)
14. 对我而言，能有更好的物质享受非常重要。(E)
    对我而言，能有更好的物质享受不是很重要。(B)
15. 我是个专注而有纪律的人。(D)
    我是个冲动、大胆的人。(F)
16. 我不喜欢处理琐碎的事情。(F)
    我喜欢把细节都处理好。(D)
17. 对我来说，留下对人类有贡献的事迹非常重要。(B)
    获得财富和人们对我的尊重很重要。(E)
18. 我喜欢生活稳定和心灵平静。(D)
    我喜欢挑战自我、从事新的事物。(F)
19. 如果选择工作，我重视的是薪资和津贴。(E)
    如果选择工作，我重视的是工作的内容。(B)
20. 我很在意别人对我的看法。(B)
    只要我有把握，别人的看法并不重要。(E)

21. 提出新想法，让大家感兴趣是我的长处之一。(F)
推动想法、确定每个步骤都能落实是我的长处之一。(D)

题号	1	2	3	4	5	6	7	8	9	10	11
选择											
题号	12	13	14	15	16	17	18	19	20	21	22
选择											

测评结果：

（1）比较 A 项和 C 项，二者谁更多？

如果 A 项较多，你属于任务导向型（Producer）。

如果 C 项较多，你属于关系导向型（Connector）。

（2）比较 D 项和 F 项，二者谁更多？

如果 D 项较多，你属于偏好稳定型（Stabilizer）。

如果 F 项较多，你属于偏好变化型（Variable）。

（3）比较 B 项和 E 项，二者谁更多？

如果 B 项较多，你属于重视精神奖赏型（Internal）。

如果 E 项较多，你属于重视物质奖赏型（External）。

把以上三项你所属类型的第一个英文字母组合在一起，即是你的激励类型。

1. PSI（将军型）

激励因素：免于不必要的限制，能管理自己的时间，同侪的认同，个人成长的机会，完善的组织架构，明确且正面的回馈。

沮丧因素：模糊的目标，不能独立自主的同侪，顺从团体压力的决策，无法掌控自己的时间，不能自行寻找解决的办法。

达到目标的方法：薄弱的目标无法激发你的动力，如果设定有意义且具有挑战性的目标，你会因为挑战而更有斗志。如果可以的话，寻找竞争！但要记得，确保竞争对象是重要的事物。例如，如果你想要健身，可以找一个自己支持的慈善团体，训练自己参加慈善马拉松比赛，去帮助这个团体。维持制度的一致性，及建立良好的行事准则与方法步骤，可以助你一臂之力。你可以订定一个稳定且具有阶段性目标的计划，把每日例行作业变成达到目标的过程，接着追踪计划的执行效果。善用工作表或日历，可以让你有更可靠的工具，并且进一步激发你的行动力。

2. PVI（改革家型）

激励因素：具有启发性的工作环境，能有原创及起草新想法的机会，同侪的尊敬，获得工作成果应该得到的功劳，强烈的使命感。

沮丧因素：僵化的组织，单调而无变化的例行公事，延误、浪费时间的细节，缺乏效能的行政组织。

实现目标的方法：重要的是，你一定要能有所选择；尽量列出可以完成目标的不同方法，然后将其重新组合，每个方法都要试试看。一成不变的事情，很快就会让你感到厌倦。建立一个实现目标的特定计划，如果有些方式不适合你，犯不着强迫自己，可将其删除。找更好的方法，如比较有趣或愉悦的方式。列出详细的纪录，解释你的目标对你有何重要性。如果你实现目标，对自己和他人会有什么帮助？如果没达到，会有什么结果？

3. PSE（秘书长型）

激励因素：自主权，公开的表扬，特权，免除不必要的控制，让他们依照自己的意思设计，安排工作环境，给予他们思考的时间，让他们有采取行动的自由，认可他们的特殊技能和成就。

沮丧因素：僵化的制度，来自上司或当权者的控制，没有效率的系统，缺乏效率的人。

实现目标的方法：对你这种激励类型，稳定与一贯性非常重要；最好每天做一点可以实现目标的事情，而不是不断地做做停停。清楚定出目标，并将目标的达成区分为不同的阶段，并设定每个阶段完成的时间。从一开始，就为不同阶段目标的完成，订立奖励方法，并且确定这些都是重要且令人非常渴望的奖励。

4. PVE（斗士型）

激励因素：具有挑战性的工作，能够做出决定的权利，能得到金钱或物质利益，免于受到监督和过度的控制，有晋升的机会，工作有时间的限制，虽有风险但能达成的目标，受人欢迎。

沮丧因素：严格的控制，无法掌控自己的时间和项目，冗长的分析过程，光是空谈却没有实质行动。

实现目标的方法：这种激励类型喜欢忙碌，因此一定要在紧凑的时程表中，挪出一点时间采取行动，才能实现各种目标。这些时间不会自己神奇地出现，你必须挪出时段，把这些时间用于可达成目标的行动上。对你这种激励类型的人而言，竞争和对等的报酬，是重要的激励因素。你可以设计一个比赛，与想法相近、目标相同的人一起竞争，第一个达到目标的人即能获得奖励。设计有趣的工作流程，尽量花时间找到有趣的方法，也可以帮助你实现目标。

5. CSI（实干家型）

激励因素：事实和信息，同侪的尊敬，真诚的感激，私下的肯定，具体且正面的回馈，具有启发性的工作环境，合作愉快的同事，清楚定义的目标，能有成就感，思考和计划的时间。

沮丧因素：天花乱坠的夸大，耽误个人和家庭相聚的时间，不公平的感觉，要求他们快速改变。

实现目标的方法：你属于容易因目标过于庞大而受挫的激励类型。因此，一定要确定合乎实际的目标；请设定在合理时间内可以实现，且自己可以掌握的目标。对自己仁慈一点，不要期待事事完美，而要期望能有缓慢而稳定的进展。让他人参与，并将能够协助你实现目标的人、组织和资源列出来，努力争取这些资源。如果能有清楚的个人和团队目标，且与同样努力投入的伙伴共同打拼时，你最能有杰出表现。

6. CVI（外交官型）

激励因素：对杰出的工作成果给予真诚的感谢，拥有个人成长的机会，有趣的工作伙伴，团队合作，崭新的经验，具有启发性的工作环境。

沮丧因素：被人孤立，僵化的规范，有压力的工作期限，缺乏创造力，不被认同，人际冲突。

实现目标的方法：你需要与人互动，所以让你实现目标最好的方法，就是与拥有共同目标的伙伴或团队合作；你可以寻找或创造一个支持自己的团体，以一路鼓舞你达成目标。“循序渐进”对你这类的激励类型来说是种挑战，你必须对自己的目标负责，每天完成一些项目，就算只是一小步，都可以促使你逐步接近目标。花点时间探索心灵深处的想法，问问自己，这个目标对你究竟有何重要性；将答案写下，并经常回顾。启发你这种类型的人，重点在于“原因”，而不是“方法”。

7. CSE（科学家型）

激励因素：能有充足的事实及足够的时间让他人去分析，有能力的团队成员，上司的赞赏，特权，足够的自由，真诚的尊重。

沮丧因素：高压的完成时限，意见“多头马车”，快速的改变，耽误个人和家庭相聚的时间，不公平的感觉。

实现目标的方法：这类激励类型，在有心灵导师的指导带领下，最能有所表现。跟与你目标相同且有成功经验的人谈谈，找出他们的制胜方法，并请这些成功人士在你遭遇问题时，给予协助及建议。还没全盘了解之前，不要贸然进入太复杂庞大的任务中。仔细研究有什么好办法可以助你实现目标，并将它们找出来。每周定期存下一笔为数不少的钱，在自己准时达到目标后，用这笔钱好好犒赏自己。

8. CVE（探险家型）

激励因素：有趣的人际关系，获得个人成长与晋升的机会，能以自己喜欢的方式处理事情的自由，荣誉感，优厚的薪水和奖金。

沮丧因素：例行公事，缺乏效能的行政组织，受孤立，被人否定，缺乏创造力。

实现目标的方法：共患难的伙伴关系，是这类激励类型的关键；他人的共同参与，有助于你保持对目标的热情。当与喜欢的人一起共事时，即使是最令人不悦的工作，也会变得有趣。你的激励类型需要有所选择；实现目标的方法绝对不止一种，尽量找出别人达到目标的方法，试试这些不同的方法。在过程中要懂得奖励自己，即使是小小的成就也可以庆祝，而完成最终目标时，可奖励自己大肆欢庆一番。

心理小活动

★ 给20年后的自己的一封信

生命有若干种可能性，唯有文字的记载，可以验证我们的初心。

有没有想过，20年后的自己会是什么样子？有一个什么样的家庭？还在朝着某一个目标拼搏吗？或者守着一份平淡的生活？那个时候的你，对这样的自己是否满意？心里是否有遗憾或不甘？我们留给这个世界的，是怎样的痕迹？

活动内容：以“致20年后的自己”为主题，写一封信。

字数要求：400～1000字。

时间要求：30～60分钟。

活动材料：信纸、信封。

活动过程：

（1）每个人独立完成写给自己的信，用信封装好，不封口（或方便拆开）。

（2）如果是团体活动，可以相互分享自己写信的感受。

思考题

你是怎样进行自我激励的？

第五章 情绪的功与过

主题故事

愤怒的小鸟

在一座美丽的小岛上，住着一群不会飞的小鸟，它们在传说中唯一会飞的无敌神鹰的庇护下，过着快乐、平静的日子。

小岛不允许有愤怒的情绪，岛上的居民都很友善、平和，它们认为“愤怒不是解决问题的办法”。

只有长着宽宽的海苔眉毛的红色小鸟胖红，是其中的一个例外。胖红既没有爹妈，也没有朋友，它有一个改不掉的坏毛病——愤怒，而且很不合群。所有靠近它的小鸟，都被它的暴脾气吓跑了，它只好独自住在远离村庄的海边。

一天，胖红在送快递的路上，碰到了各种倒霉的事情，差点迟到，而且运送的蛋糕也被松鼠偷吃。胖红和收件人发生了争执，它的暴脾气又犯了，还不小心打破了收件人家的快要破壳的蛋。新孵出的小鸟把第一眼看到的胖红当作了自己的爸爸。收件人很生气，把胖红告上了法庭。法庭上胖红依旧由着自己的坏脾气大闹法庭，结果被法官判去学习愤怒管理课程。

胖红在学习班里遇到了它的三个朋友，分别是跑得飞快的小黄鸟恰克，受到惊吓或感到紧张就会爆炸的小黑鸟炸弹，还有身强力壮的大红。

然而有一天，两艘外来的大船打破了小岛的宁静。一群自称友好、和平的绿猪来了。除了胖红外，其他的小鸟都很欢迎它们。它们破坏了胖红辛辛苦苦花了五年时间才建造起来的家。而且胖红、恰克和炸弹还发现了绿猪在船上藏有很多同伴的秘密。胖红天生的性格让他觉得这群绿猪很可疑。为此，胖红遭到了纯朴、热情的岛民的排斥。

为了弄清楚绿猪们的阴谋，胖红带着恰克和炸弹去寻找传说中的无敌神鹰。当它们千辛万苦地爬上山顶时，却发现无敌神鹰很老了，而且已经退隐了，不愿帮助岛民。胖红和伙伴们失望地赶回村庄，却发现已经来不及了。

绿猪们别有用心地搞了一场盛大的派对，热情地邀请所有的鸟类参加。趁小鸟们都去参加派对时，藏在船上的绿猪却偷走了小岛所有的蛋，准备带回去吃掉！当胖红和伙伴们赶到时已经晚了。小鸟们眼睁睁地看着绿猪们带着所有的鸟蛋远去，幡然醒悟。法官也真诚地向胖红道歉，并希望胖红作为它们的领袖将鸟蛋夺回来。

于是，胖红让其他的鸟表现出愤怒，因为愤怒，才有力量！它让大家带着这份愤怒前去绿猪岛夺回鸟蛋。

在胖红的指挥下，大红发挥自己大力的优势，让不会飞的小鸟们利用弹弓在空中飞起来，它们“愤怒”地攻击绿猪的房屋和城堡。无敌神鹰也不顾危险复出。大家齐心协力，最后终于抢回了所有的鸟蛋！

带领大家战胜了绿猪，并夺回鸟蛋的胖红成了英雄，被岛民们所接纳。大家帮它在村子里修好了房子。所有的孩子们都对它唱着报恩的颂歌。胖红不再孤独，它和两位原本无家可归的朋友恰克、炸弹住在了一起。

小岛的居民也都过上了幸福快乐的生活。

理论分析

负性情绪：人们不愿接受的本能反应

在深入分析故事之前，我们首先来认识一下故事中主人公胖红的愤怒所归属的情绪，到底代表什么含义。相信大家常常都会碰到情绪带来的体验，这种体验在生活中随处可见，并不陌生。你可能会为即将到来的一场竞选演讲而感到紧张，你的好友向心爱的人表白遭拒，现在正痛不欲生，而你的家人正为一个家庭聚会兴高采烈地筹备着……我们每个人无时无刻不在感受着“情绪”，但究竟什么是情绪呢？

（一）情绪的三要素

彭聃龄在其《普通心理学》中认为，情绪是伴随着认知和意识过程产生的对外界事物的态度和体验，是人脑对客观外界事物与主体需求之间关系的反应，是以个体需要为中介的一种心理活动。当然，关于情绪的定义，至少还有上百种。尽管它们各不相同，但都承认情绪包括以下三个基本要素：认知评估、生理反应和行为表达。

1. 认知评估

王大俊在 IT 行业工作，他很喜欢自己的工作，认为没有什么比编写计算机程序更有趣、更有挑战性和更能激励人心的了，所以他对其他职业都不感兴趣。刘凯是一位景观设计师，整天待在户外，摆弄那些花草、石头。刘凯觉得没有什么比在计算机屏幕前坐一整天更无聊的了。

王大俊和刘凯对他们喜欢的工作有完全不同的认识和理解。他们的认知系统注意到外界发生的事件（或人物），并自动评估这件事的感情色彩，因而触发接下来的情绪反应。想象一下，如果让俩人换工作，会是什么情况？

正如莎士比亚在《哈姆雷特》中写的那样：事情本无好坏之分，全在自己怎么想。对于同一份工作、同一件事，就算是同一个人，当他在不同时候，有了不同的认识和理解的时候，就会产生不同的情绪。

2. 生理反应

凌晨两点，你参加完朋友的派对，走在空荡荡的大街上，当你拐进一条灯光昏暗的小巷时，突然看到眼前一个巨大的黑影……你会有什么样的反应？对于大多数人来说，是恐惧。它肯定会快速引发生理反应，包括心跳加速、呼吸急促、口干、颤抖、瞳孔放大、出汗、血糖升高等。

本能的生理反应是由边缘系统控制的，它保护并控制我们的行为，特别是在攻击、防御或撤退时，我们的身体通过释放强烈的荷尔蒙，使感觉变得敏锐，肌肉变得紧张，以应对具有威胁的情境。

边缘系统每天都和我们的情绪一起工作，在与别人的每次接触、每次互动中，大脑的边缘系统都在努力检查环境中存在的丝毫威胁。威胁可能来自突然提高的声音，可能是一个令人不安的眼神，也可能是即将到来的变化。这些微妙的变化都会引起边缘系统的注意，并引发我们身体的自动反应。人的生理反应是关于情绪感受的最可靠的信息源。

3. 行为表达

3 岁的小男孩想要得到一个不属于自己的玩具，会在地上打滚，挥舞着拳头乱打一气，发出声嘶力竭的叫喊："我就要，我就要！"我们能感受到小男孩浑身上下散发出来的"愤怒"。

大多数的人在感到愉快时都会微笑，感到悲伤的时候希望找人倾诉，感到愤怒的时候会有一些不同寻常的举动，这些都是情绪的不同表达方式。每个人每天都在通过言语和非言语的行为，来表达他们的喜悦、失望、恐惧、厌恶和愤怒等情绪。

（二）情绪的三要素之间相互影响

首先，情绪的认知评估会影响情绪的行为表达，以及对应的生理反应。例如，某人不小心踩到一团臭臭的"东东"，很像"便便"，觉得很恶心，有想要骂人和扔掉鞋子的冲动。此时，伴随着的是心跳和呼吸的加速，以及血压的升高。而这时旁边的人告诉他，这不是"便便"，是榴梿，那人可能会稍稍放松，心跳和呼吸变缓，血压下降，同时，"恶心"变为"不爽"，然后他会掏出纸巾把鞋擦干净。

其次，生理反应会影响认知评估和行为表达。例如，一个平日里很有耐心的人，刚跑完百米冲刺就被迫倾听别人诉说一个冗长的故事，往往会变得没有耐心，很容易打断对方，并产生愤怒情绪。这就是一种生理反应对认知评估和行为表达的影响。

最后，行为表达也会影响认知评估和生理反应。例如，当一个人把头低下的时候，平和的心境可能会变得有点低落；而当他把头抬起来看着天空的时候，平和的心可能会变得高涨起来。生理方面也会发生对应的变化。

负性情绪是“洪水猛兽”吗？

心理学研究把情绪分为正性情绪和负性情绪，很多人因此产生一种错觉，认为正性情绪是积极的情绪，可以欣然接受，而负性情绪则是消极的情绪，要尽力控制，甚至杜绝。事实上，这样的分类只是方便进行研究。情绪本身并无好坏之分。每一种情绪都有它存在的价值，甚至有时候，负性情绪的地位更加重要，它会向我们传递自我保护和预警的重要讯息。例如：愤怒包含着力量和自尊自爱，让你追求公正；悲伤是一个和自己联结的机会，有疗愈功能；恐惧指导行为规范，回避危险情境；焦虑有助于问题解决；厌恶令我们保持界限；羞耻促使我们提高自己……

（一）人类就是不喜欢自己有负性情绪

既然所谓的负性情绪有那么多的好处，为什么现实中人们都还是不自觉地排斥负性情绪，希望尽量减少自己的负性情绪呢？

这个特点的存在自然也有深层的原因。从生物演化的角度来说，每一个物种都在为自己的族群的生存和繁衍而努力着。人类负性情绪的产生，就是在危险和丧失出现之后，随之产生的一种让人不舒服的反应。正是这种不舒服反应的存在，驱动着人类去躲避危险，避免丧失，以获得更好的生存和繁衍成果。负性情绪所象征的危险和丧失，本来就是人们试图消除的东西，自然不会得到热情地迎接。

负性情绪是人类活动强度和方向的一种调节机制，是在一些不好的事情发生之后必然会出现的一种情况，是人类生活的一部分。但负性情绪的出现，除了正面的对人类行为的调节作用之外，还有一些副作用。例如，愤怒让人冲动、具有破坏性和攻击性，从而对无辜的人造成伤害；悲伤让人失去活力，容易产生自残或自杀的行为。

有一个脾气很坏的男孩，他的爸爸给了他一袋钉子，告诉他每次发脾气的时候就在篱笆上钉一根。第一天，男孩钉了 37 根钉子。后来他慢慢学会了控制自己的脾气，每天钉的钉子也逐渐减少了。终于有一天，他一根钉子都没有钉。他高兴地把这件事告诉了爸爸。爸爸说：“从今以后，如果你一天都没有发脾气，就可以在这天拔掉一根钉子。”

日子一天天过去，最后，钉子全被拔光了。爸爸带他来到篱笆边上，对他说：“儿子，你做得很好，可是看看篱笆上留下的洞，这些篱笆永远都不能恢复成从前的样子了。你生气的时候说的话将像这些钉子一样留下疤痕。如果你拿刀子捅别人一刀，不管你说了多少次对不起，那个伤口将永远存在。要知道，身体上的伤口和心灵上的伤口一样都难以恢复。”

人生不如意事十之八九。我们的生活中似乎负性的情绪总是多过正性的情绪。

所以，总体来说，人类确实是不喜欢自己有负性情绪的。

（二）人类过分压抑负性情绪，是一种“文明病”

负性情绪，一般是人类在面对危险和丧失的时候，才会产生的。但是，随着人类文明的发展，人类最终到达了食物链的顶端。安定平和的生活，逐渐让人类在意识层面觉得，在日常生活过程中，自己已经基本没有生存的威胁和丧失的可能，所以也就没有必要出现那些让人不舒服的负性情绪了。如果在微不足道的事情面前，出现负性情绪，只能说明自己太大惊小怪了，是脆弱的表现。所以，理性上，当下的人们排斥自己在日常生活小事中出现的负性情绪。但长期以来，在应对自然界残酷生存竞争的过程中，人类作为不够凶猛、不够强悍的物种，早已形成了对于任何危险信号，任何风吹草动，都会极为警惕的特性。这种谨小慎微的特性早已深深印刻在人类的基因中，成为每个人类个体都有的本能倾向。于是，理性上对负性情绪的排斥和本能上对负性情绪的重视，就成为冲突的两方。两股力量交织在一起，只会让问题的解决效率更加低下。

此外，人类不仅克制自己的负性情绪，而且也要求身边的人，不要有负性情绪。因为，情绪是会“传染”的。长久以来，人类都是以群居为主要生存形式。而群居的过程中，信息，特别是有危险性的信息，会在第一时间被识别和接收，并被赋予第一优先级进行处理。这是长久以来人类形成的自动化认知模式。所以，当人们为一些微不足道的事情惊慌失措、恐惧万分的时候，很容易让身边的人感到不舒服，身边的人就会本能地试图纠正对方的负性情绪。如果个体缺乏像心理咨询师一样的智慧，又需要长期面对并处理其他人的不合理负性情绪的时候，个体就会感到疲乏、无意义和愤怒，于是就会通过攻击或逃避的方式来避免和那些经常出现负性情绪的人交往。

以上的分析，就可以很好地解释故事中，岛民对负性情绪的逃避，以及对愤怒的胖红的排斥和孤立。胖红的愤怒，有其破坏性，但同时也在保护自己的战斗中，具有极高的价值。

技术指导

与情绪和平共处

（一）对于负性情绪，你可以不喜欢，但要允许它的存在

人类对于危险信号极度敏感的本能倾向，难以随着时代的变化、人类生存环境的改善而及时进行对应调整。更何况，当今的世界，对于每一个人类个体来说，并未达到绝对安全、绝对有保障的水平。例如，在过马路或走在黑暗的小路的时候，人们还是要眼观六路、耳听八方，否则依然会有生命危险。在与人交往的时候，还是要小心提防，仔细分辨，否则依然容易上当受骗。

人类用自己的理性，去控制自己，避免自己产生正常的负性情绪的做法，一方面，容易让人忽视负性情绪所携带的重要信息而承受丧失和威胁的风险；另一方面，压抑自己的负性情绪，可能打乱正常的人类行动的调节机制，不仅使问题得不到及时解决，而且还让问题变得越来越复杂，越来越严重。

所以，人类表现出不喜欢自己的负性情绪，是正常的。但压抑自己合理的负性情绪，用排斥、忽视来逃避它们，则注定是错误的而且终将是失败的。

（二）认真倾听情绪的声音

情绪就像给我们送信的邮差，如果我们收信了，邮差自然会走。如果我们没有接收，邮差就会一次次地上门。邮差的执着很重要，因为每一封信都来自于我们的心灵深处，包含着我们内心最真实的需要和期望。所以，当邮差一再上门——也就是我们的某些情绪总是挥之不去的时候，一定要问问自己，我们内在的某些需求是不是没有得到真正的满足。

小孩子发脾气的时候，家长都会严厉制止；小伙子失恋了，朋友都劝他“别难过”；某人获得大奖，立刻会有领导提醒他要“低调”。我们的文化和教养都要求我们“克制情绪”，否则就是没涵养、不稳重。造成的直接后果就是，人们普遍习惯于压抑自己的情绪。

事实上，情绪是自身欲望与外界环境互动的自然产物，承认并接纳自己的情绪，是情绪正常化的首要保证。如果你和小伙伴分开了，伤心是正常的；如果你面临人生中的重大考试，焦虑是正常的；如果你在 30 层楼上经历地震，恐惧是正常的；如果你被人攻击，愤怒是正常的。

只有接纳这些情绪，认真倾听情绪所传递的信息，那么，情绪才能够保持在一个适度的范围，并随着时间的推移，慢慢消退。

（三）情绪有周期波动

情绪常常会起伏不定。有些时候你一身晦气，做什么都成功不了，一桩生

意都谈不成，糟糕透了。还有一些时候，你一帆风顺，从起床开始就充满乐观，周围的一切都是那么可爱，事事顺心如意。

就像一年有四季变化一样，人的情绪也有周期。所谓“情绪周期”，是指一个人的情绪高潮和低潮的交替过程所经历的时间。它反映人体内部的周期性张弛规律，亦称“情绪生物节律”。当人们处于情绪周期的高潮时，会表现出强烈的生命活力，对人和蔼可亲，感情丰富，做事认真，容易接受别人的规劝，常感到心旷神怡；若处于情绪周期的低潮，则容易急躁和发脾气，易产生反抗情绪，常感到孤独与寂寞。

人类的情绪周期也是我们面对的一个重要周期。几年前，加利福尼亚大学的雷克斯·赫西（Rex Hersey）教授进行了一项科学研究，结果表明人类情绪周期平均为五周。也就是说，一个人的心情由高兴降到沮丧，再回到高兴，往往需要五周的时间。

当然，个体之间还是有一定差异的。也许你的情绪周期比五周更长，也许更短。不过你一定希望了解自己的高潮期与低落期。下面介绍一种简便的制表方法，它可以使你了解和自己有关的这个秘诀。方法如下：

以一年中的某个月为例，横坐标为1号、2号、3号……30号（或31号），纵坐标为不同的情绪指数，包括兴高采烈、愉悦快乐、感觉不错、平平常常、感觉欠佳、伤心难过、焦虑沮丧。

每天晚上花点时间想想自己当天的情绪，在与之相符的一栏打上记号。过些日子，把这些记号连接起来。不久你就会发现一个模式。这就是你的情绪规律。

再过几个月，你就会大致估算出，什么时候你的情绪高潮将至，什么时候你得小心低潮的到来。知道了这一点后，你就可以相应地调整自己的行为。情绪高昂时，安排一些难度大、较烦琐的任务。同时，注意不要随意承诺，一定要三思而后行；情绪低迷时，不妨提醒自己，这种情绪状况很快就会过去。多出去走走，多参加体育锻炼，有了烦心的事多向亲人、朋友倾诉，寻求心理上的支持，安全地度过情绪低谷期。也可以把自己的情绪周期告诉自己最亲密的人，一方面让他们能提醒你，帮助你克服不良情绪，另一方面避免不良情绪给你们之间带来误会。

（四）情绪影响身体健康

中科院心理研究所的罗非教授说：“人的心理和生理就如计算机的软件和硬件，缺一不可。身心健康的本质就在于和谐。”健康的身体是“硬件”，良好的情绪就是“软件”。

古代阿拉伯学者阿维森纳（Avicenna），曾把一胎所生的两只羊羔置于不同的外界环境中生活：一只小羊羔随羊群在水草地快乐地生活；而在另一只羊羔旁拴了一只狼，它总是看到自己面前那只野兽的威胁，在极度惊恐的状态下，根本吃不下东西，不久就因恐慌而死去。

情绪对身体健康的影响主要有以下几个方面：

1. 情绪影响机体的免疫力

现代医学认为，良好的情绪可使机体生理机能处于最佳状态，使免疫抗病系统发挥最大效应，抗拒疾病的袭击。许多医学家认为，躯体本身就是良医，85%的疾病可以自我控制。因此，有的心理学家把情绪称为“生命的指挥棒”“健康的寒暑表”。

2. 情绪可以治疗或导致疾病

心理学家研究发现：人在激动时皮肤会潮红发热，在紧张或愤怒时皮肤会苍白冰冷。人的情绪如果发生剧变，还可导致皮肤过敏，甚至会因此而影响到毛发。同时，愉快、喜悦等正确情绪还可以使得伤口加快愈合，促进疾病痊愈。

3. 情绪可以改变内分泌和神经系统功能，影响精神健康

经常紧张忙碌、不顺心会使人体出现失眠、脱发，甚至神经衰弱等系统失调的症状。如果受到强烈、突然或持久的精神打击会引起精神障碍。古有“范进中举”“杯弓蛇影”的故事，现有大学生被骗后，伤心过度导致猝死的真实案例。情绪对我们身体和生活的影响其实早已超出了我们的想象。

延伸阅读

情绪的功能

情绪到底有什么用，这个问题太大了，但是答案是肯定的。举几个例子。

（1）很多人都梦到过在考场上什么题都不会做的场景，这是一种焦虑的情绪。当然每个人都讨厌焦虑的感觉，焦虑是因为我们在担心，将来可能有我们不想看到的情况会发生，比如说考试的时候发现什么都不会。于是理性的学生为了避免这种情况的发生，会逼迫自己平时多学一点，早点开始复习，虽然不一定取得多好的成绩，但应该比大大咧咧地到考前才看书好得多。这就是“焦虑”这种情绪给我们带来的力量，迫使我们认真对待自己的选择和计划。适当的压力能让人表现良好。

（2）11 岁的小明每次出门上学，家里人总是嘱咐他路上要小心，可是听多了听烦了就不会放在心上。有一天，小明在过马路时和同学说话，被一辆小车剐倒在地，万幸伤得并不严重，小明很快就恢复了健康。但此后每当小明走到十字路口的时候，都会有害怕的感觉，于是家人的叮嘱牢记心头，每次都小心观察，左看右看之后才走。这就是“害怕”这种情绪对我们的影响，增强我们

的某些记忆，有时候会帮助我们避免危险。

（3）开始恋爱的情绪应该总是美好的，积极的。那么有没有负面情绪能让人陷入爱情呢？电影《搜索》里的台词说："你要想让他爱上你，就跟他去蹦极。"虽然真实生活中不会这么绝对，但是想一想，什么时候女孩更容易依赖别人，是在海洋馆安静地参观的时候还是在蹦极台上心跳加速，手脚发软的时候？同在蹦极台上，哪个女孩更容易信赖面前的男人，是视蹦极如无物的正宗女汉子，还是正在恐高发抖的女孩？这种情形下，情绪本身是可以转化的，恐惧可能被女孩理解为恋爱初期的怦然心动，而另一方面，女性恐惧情绪的流露，也更容易吸引男性。

（4）曾经有过一个经典的心理学实验，让受试者叼着铅笔看动画片，并对动画片的有趣程度打分。一组受试者用门牙咬着铅笔，这样脸上表现出的是微笑的表情；另一组用嘴唇叼着铅笔，笔不能碰着牙，这样表现出来的是比较严肃的表情。结果，被铅笔"强制"摆出微笑表情的受试者，比起另一组严肃表情的受试者来说，觉得动画片更有趣。这意味着，我们不但能从别人的表情中看出情绪，而且我们自己带有情绪时，可能更容易理解外界类似的情绪信息。套用一句鸡汤文："当你对世界微笑时，世界也对你微笑。"其背后的机制可能就是：当你接受外界的正面情绪时，可能意味着你正拥有正面情绪。

以上事例远远不够解释情绪的重要性。不论是正面还是负面情绪，都有存在的意义。实际上，情绪是我们自身感觉、生理情况和外界环境相互作用下的综合反应。任何一个因素发生变化，情绪都可能发生变化，所以情绪的波动可能是频繁而且没有征兆的。我们无须太纠结负面情绪而做出不理智的决定，每个人都这样干过。重要的是学会下次把做决定的时间推迟一点，放到更理智的状态下。更重要的是要意识到，其实每个人都一样，内心充满了悲伤、矛盾、绝望，但却希望在人前表现得意气风发。

心理小测试

★ 你对自己的情绪了解多少？

请根据自己的感觉，在下列情绪对应的频率状况栏标记。

类别	情绪	从不	很少	有时	经常	总是
A类	害怕					
	愤怒					
	悲伤					
	厌恶					

续表

类别	情绪	从不	很少	有时	经常	总是
B 类	感兴趣					
	惊讶					
	接受					
	高兴					

分值计算：

先写下你选择的每个选项的次数，用选中次数乘以右边的分数，计算出总分。

级别	选中次数	分数	总分
从不		0	
很少		1	
有时		2	
经常		3	
总是		4	
总分	—	—	

现在，将 A 类的四种感觉和 B 类的四种感觉的分数分别相加。

A 类=________分　B 类=________分

结果解释：

（1）总分的分数为 0～32 分，你的分数越高，说明你越有可能了解自己的情绪和感觉。

（2）A 类代表消极的情绪和感觉，B 类代表积极的情绪和感觉，类别分的分数范围是 0～16 分，A 类分数高的说明更容易接受消极的情绪，B 类分数高的说明更容易接受积极的情绪，如果 A、B 类分数差不多，说明你处理情绪的方式相似。

心理小活动

★ 冥想

大部分人都以为，冥想只是用来放松和休息的，而实际上，冥想的首要功效是让你学会感受自己的身体和情绪，并且通过对神经和心理两个方面的调节，达到调节情绪的目的。别说你是天生的坏脾气，神经科学提供了确实的证据，人脑是可塑性物质。我们通过每一次的人生经历对大脑进行重组，比如小提琴家头脑的改变实际上是因为他们日趋完善的琴技。现在，让我们尝试去感受自己。

步骤：

（1）选择舒服的坐姿或平躺，保持放松和清醒，保持深呼吸；

（2）关注自己的呼吸，关注身体的感觉和情绪反应；

（3）只感受，不分析；

（4）面对情绪，接受情绪；

（5）等待内心的宁静出现；

（6）小组分享冥想过程中的感受和体验。

思考题

（1）你平常的情绪表达方式是怎样的？它对你生活的影响是什么？

（2）列出你比较关注的三种情绪，并试着说说它们都有什么作用。

第六章　识别并管理自己的情绪

主题故事

爱琢磨的阿丹

一个周末，阿丹和先生一起逛商城。导购员殷勤备至地迎上了，热情地推销一款又一款商品。阿丹不喜欢这种推销方式，几次对先生说："我们走吧。"可是先生好像没听见似的，仍然跟着导购员转来转去。阿丹气坏了，扔下先生，一个人跑到旁边去逛。阿丹一边逛，一边开始琢磨：我为什么这么生气？因为先生不听我的吗？为什么先生不听我的我就会生气？我又感到不被尊重和重视了。

学过一点心理学的阿丹知道，这种反应和自己的成长经历有关。小时候，父母对阿丹要求严格，必须听话懂事，很多事情都不能按照自己的想法去做。从那时起，阿丹最痛恨的就是亲人对自己感受的忽视，也会很轻率地给亲人下这样的结论。

阿丹想，其实平常先生是很尊重自己的，如果为这么一件小事就武断地认为先生不重视自己的意见，显然有些"过了"。想到这里，阿丹赶紧主动找到还没反应过来的先生接着逛街，心里仍然在琢磨……

理论分析

情绪的自我觉察

如果有人问你，是否有觉察自己情绪的能力？大约90%的人的第一反应都是"我有"，并且是"我当然有"，因为一般人都会认为"我的感觉并不迟钝"。

但事实并不是这样。很多时候，我们并不像故事中的阿丹那样"爱琢磨"。

一名学生刚刚被他的老师批评了，他往往会想以下问题：

为什么被批评的是我而不是别人？

我做错了什么呢？

他凭什么批评我呢？

他怎么这么不讲道理？

以上这些想法是很容易产生的，很多人以为这些就是自我觉察，其实不是。

大多数人不能觉察自己的情绪，主要由于以下两个原因，一是习惯于理性分析，二是习惯性地逃离。

当生气和愤怒过后，也有很多人能坐下来进行分析思考，回想整个事件，然后分析事情的原因，这个过程叫作归因，但绝对不是情绪觉察。现代人都习惯于作利益分析、得失判断，却往往不会也不能觉察自己的情绪。

愤怒是我们生活中常见的情绪，可你知道吗？愤怒通常是第二反应，引起愤怒的根源才是你的第一反应，我们需要找到愤怒的根源：你受到了伤害？你在嫉妒？你感到焦虑或羞愧？

每一个思维过程都伴随着情绪的发生，但是如果你不愿意去觉察你在当下的情绪，就会将自己一次又一次带到更多的算计和评判里，去逃避不愿意感受的痛苦。

除了习惯性的理性思考外，我们还习惯于逃避痛苦情绪，进而逃进一种活动。与体验剧烈的痛苦情绪所带来的肉体痛苦相比，去寻找刺激、去学习甚至努力工作更为容易。电子游戏、电视和赚钱都成了将注意力从痛苦情绪中转移开来的手段。

任何一种活动都能够成为这种手段，包括吃东西、购物、嗜酒等。当一个活动被用来转移注意力，让人逃避痛苦时，它是强迫性的。这个活动掩藏了一个需要，当这个活动结束之后，那个需要会再次浮现，就像伤口的疼痛在麻醉剂失效时会再次出现一样。所以，我们觉察自己的情绪就是觉察自己内心真实的需要。那么，什么是情绪的自我觉察呢？

情绪的自我觉察是指个体能及时意识到自己的情绪状况和情绪水平，它是情绪智力的核心能力，也是自我理解和心理领悟力的基础。

如果一个人不具备这种对情绪的自我觉察能力，或者说不了解自己的真实的情绪感受，就容易听凭情绪的摆布，造成自己并不想要的后果。

例如，在遇到一次不幸事件后，体验自己此刻的心情是微怒、生气、狂怒，还是含着悲伤。这种感受只是自己的感受，与他人无关，与事件也没有关系。假如此刻你还沉浸在事件本身，或者迁怒于他人，你根本没有进入自己的情绪。如果你总想着你本来可以做什么，别人应该怎么做，想着事情本来可以成为什么样，将要变成什么样，你就会一直都在做判断，就会总是在和自己及别人讲“理”，而忘记了去感受自己的情绪。

管理好自己的情绪，就是在提高自己的“情商”。情绪管理的第一步就是要“觉察自己的情绪”。这并不是一件容易的事，很多人即使火冒三丈，也不知道自己生气了，即使寝食难安，也不知道自己在焦虑。只有当激烈的情绪大爆发，严重影响日常生活的时候，他们才知道自己“有情绪”。

情绪的觉察之所以困难的原因还在于：觉察到情绪，就会觉察到痛苦。面对选择的痛苦，面对过去的痛苦，面对改变的痛苦。大多数人并不知道自我觉察的价值。不被觉察的情绪总会以你意想不到的方式出现：扭曲你的行为，改变你的语言，僵化你的知觉，做出情绪化的事情，以达到宣泄的目的。

技术指导

如何觉察自己的情绪？

第一，将注意力放在你身体的感受上，它的体验就是你所寻找的情绪。关注此刻你身体的哪个部位感觉不适：心跳加快、手心出汗、语调升高、胃部紧缩、腿脚发软？

第二，诚实地面对自己有情绪的事实，问自己：我现在是什么情绪？为什么会有这种情绪？我的这种情绪是因为我的什么需求没有得到满足？

第三，观察自己惯性的情绪表达方式：语言表达还是非语言表达？经常使用的语言表达方式是怎样的？习惯性的非语言的表达方式又是怎样的？

第四，做一个情绪记录表，列出情绪类型，出现的时间、地点、引发事件、真实需求等项目，连续一个月记录自己的情绪状况。

第五，利用情绪记录表反思自己的情绪反应，是在表达自己的真实需求还是在讲“理”？怎样能更好地表达自己的需求？

情绪表达

当水库的水位超过警戒线时，必须打开放水闸泄洪，否则就会危害到水库的安全。我们每个人的身体里都有一个情绪水库，当情绪泛滥的时候，我们需要通过语言和非语言的方式表达、释放情绪，以免因过度压抑而被迫采取极端的宣泄方式，造成对身心的危害。

小林在课堂上被老师点名批评，脸上挂不住，直接跟老师“理论”，挨了一次处分；妈妈每次打电话唠叨“注意身体”“和同学处好关系”什么的，特烦，回答“我知道了”，秒挂；昨天和女朋友一起看电影，女朋友非要看《甜蜜蜜》，小林骂她：“神经病，自己看去！”

小林确实在“表达情绪”呀！

拜托，是“宣泄情绪”好吗！

表达情绪和宣泄情绪的区别在于，后者总是伤人伤己，让自己和别人都不舒服。“表达情绪”的是希望别人了解我们正处在某种情绪中，期待别人的支持与体谅，让我们的情绪水位在未达到一定峰值的时候适当泄洪，以保障“情绪水库”不致溃败；而“宣泄情绪”则带有任性的意味，任由“怒火攻心”“以毒攻毒”，当然顾不上考虑别人的感受和反应。

你有充分的理由和自由表达自己的情绪，不能够表达自己的情绪意味着你无法发出关于自己的信号，你的需要也可能无法得到满足。如果有情绪就表达出来，那它们就不会持久，只有压抑的情绪才会持续很长时间，尤其是负性的情绪。

你可以选择合适的时机表达情绪，也可以选择合适的方式表达情绪。决定权在你。

情绪表达有语言表达和非语言表达两种。

用语言表达情绪是最直接的方式，好处是可以简洁明快地让别人知道状况。而非语言的方式则可以表达很多难以用语言表达的情绪。

语言表达可参考以下原则：

（1）说明感受及具体原因。通过表达，确认并接纳自己的情绪，达到“泄洪”的目的，同时让别人清楚地了解我们此刻的心情和事情的原委，促进问题解决。例如：

“我感到很难过，因为你这几天都没有像以前一样和我一起散步，我感觉你在有意疏远我。”

“我真的非常失望，因为你说今天不会陪我去看电影。”

“我感觉你们不尊重我，因为我不喜欢你们总是把我当小孩子一样看待，我可以照顾好自己。”

“我刚才尴尬极了，因为大家在一起时，你没有把我正式介绍给你的朋友。”

“我很难堪，因为你当众批评我，我更希望下课后和你交流。”

试着说一遍这些话，体会一下有什么感觉。

（2）不攻击、不定性。使用抱怨和指责的语言，会伤害自尊和人格，只能让对方忙着保护自己，而产生对抗和攻击的言行，达不到改善状况的目的。注意，这样的情绪表达会伤人。例如：

“你做什么事情都不管不顾，从来不会为别人着想。”

“你每次说话都不经过大脑，没见过你这么笨的人。”

“你根本就是个不负责任的人，总是说话不算话！”

“丢三落四的事情你干得多了，总要别人来帮你善后。”

（3）就事论事。不可牵扯过去的事或无关的人，把事情复杂化。例如：

“你以前就是……”

“你上次还……”

“难怪别人说你……”

这些就是只能让事情变得更糟糕的情绪表达。

如果遇到问题的时候，学会暂停，先觉察自己的情绪，再根据上述原则选择语言表达的方式，也许你会发现事情的发展和以前有很大的不同。

有效的情绪表达，主语是“我”，表达的是自己的情绪，丰富情绪表达的词汇无疑是一个重要的环节。如果词汇匮乏，将很难准确表达我们的情绪体验和情绪强度。

表情和肢体动作是情绪的自然体现。我们的面部表情、语音语调、手势姿态等能够传递90%以上的信息。在用非语言的方式表达情绪时，有很多惯用的动作。眼角、嘴角上翘表达“我感觉愉快”，跺脚表示“我生气了”，双手抱在胸前表达的是“我不想和你玩儿”。

日常生活中的情绪调节

因为每一种情绪都有其存在的价值和意义，我们管理情绪的目的是实现情绪的平衡和节制，而不是压抑。

我们可以通过及时觉察、正确表达，处理好自己的突发情绪，但日常生活中的情绪调节才是情绪管理最重要的部分。情绪的起伏让我们的生活变得丰富多彩，积极情绪和消极情绪的比例决定了我们的幸福感，主动调节情绪能让我们保持良好的心理状态，增加使我们感觉幸福和快乐的积极情绪。

调节情绪就是在和我们内在的需求沟通，了解我们需要什么，喜欢什么，接受什么方式。可以试试以下几个方法。

（1）户外活动：阳光照射可以促进体内五羟色胺合成，自然景观能使人身心放松，运动和出汗可以调节神经递质的代谢；

（2）尽量保持规律的生活作息，有学习和工作以外的兴趣爱好；

（3）和情绪稳定的人交往，有可以谈隐私的知心朋友；

（4）参加群体活动，体会帮助别人的快乐；

（5）改变认知，学会换一个角度看问题；

（6）大笑瑜伽：笑能防癌、提高免疫力、改善代谢，是很好的情绪调节方法。

任何情绪都有一个发生、发展、高潮、回落、结束的过程，我们称为情绪的“过程性”，普通的焦虑、愤怒和悲伤都可以通过适当的调节慢慢过去。假如我们任由情绪像一匹脱缰的野马狂奔——过于强烈或持续的时间过长，就可能发展出病态的症状：抑郁症、焦虑症、狂躁症等。

延伸阅读

用肢体语言塑造你自己

不同的情绪反应产生不同的肢体语言，那么可以让情绪的非语言表达方式为我们所用吗？哈佛商学院副教授艾米·卡迪（Amy Cuddy）在 TED 的以“用肢体语言塑造你自己”为题目的演讲或许可以回答这个问题。

我想要提供给你们一个免费的，非科技的人生窍门。

你只需改变你的姿势两分钟。稍微改变一下，就会让你的生活变得很不一样。你们之中有多少人正蜷缩着自己？弓着背、跷着二郎腿，或者双臂交叉。有时候我们会抱住自己，有时候展开双臂。

我们很容易对别人的肢体语言感兴趣。

肢体语言属于社会科学的范畴，它是用于沟通和表达的语言。现在你的身体语言正在告诉我什么？我的身体语言又在向你传达什么？

社会科学家对肢体语言的意义做了很长时间的研究，发现我们可以利用身体语言中的信息做出决定和推论。

我们可能会想到我们如何判断别人，别人如何判断我们以及后果会是什么。其实我们往往是受自己肢体语言影响最大的人。

在动物王国里，展开的姿势和扩张有关，所以它们会尽可能地让自己变大，向外伸展占满空间。这种展现，还被认为是一种荣耀。

视力良好和先天视障的人，在赢得比赛时都做了同样的事，当他们跨过终点线赢得比赛之际，无论能否看得见，他们都会做双臂呈“V”字形朝上、下巴微微抬起的动作。

当我们感到无助的时候，会把自己蜷起来，让自己变得小一点，最好别碰到别人。

女人比男人更容易出现这种状况，女人一般比较容易比男人感到无力。

我们知道，非语言的信息能掌控他人对我们的想法和感受，那是否也能掌控我们对自己的想法和感受？

当我们高兴的时候我们会笑，但同样地，当我们含着一支笔练习笑容的时候，我们也会感到开心，说明这是相互的。所以当我们感到充满力量的时候，浑身都很有劲，但你也可能，假装自己很有力量，然后真的感到很有力量。

那第二个问题就是，我们知道心理状态会影响我们的身体，那身体状态是否能影响心理呢？

如果你做一个小改变：双脚分开、双手叉腰站着。

持续两分钟，就可以让你的荷尔蒙改变，使你的脑袋变得果断，自信和自在，或高度紧张以及感到与世隔绝，它会让你感到更加充满力量。

维持数分钟的姿势，是否真能引导一个更有意义的人生呢？你在哪里可以用这些技巧？

我们决定做一个很多人可以做比较的实验——面试。

你在面试工作之前会怎么做？你会坐下来，盯着自己的 iPhone 或者“安卓”，转移自己的视线；你看着自己的笔记；你把自己蜷缩起来，试着让自己变得小一点。

你真正需要做的应该是找个卫生间，展开自己的身体，叉开双手双脚，两分钟的时间！

我们把这些人带进实验室。他们再次保持有力或无力姿势，接着进行一个高度压力的面试，为时五分钟。所有都会被记录下来，同时也会被评论。而这些考官都接受过训练，不会给予任何非语言的反馈，整整五分钟，什么肢体语言都没有，这比刁难诘问更难受。

我们给予受试者这样的面试，是因为我们想看看会有什么样的结果。

在观看这些录像时，有人说：“噢，我们想要录用这些人。”——那些摆强有力姿势的人，这群人整体而言更正面。“这些人我们不想录用”——那些无力地蜷缩着的人。

但背后的原因是什么？

跟演讲的内容无关，而是他们在演讲中带出来的存在感。虽然，我们也就某些能力因素评价他们，演讲的整体架构怎样？他的证照学历怎样？

而真正有影响的是这些事：基本上他们表达的是真实的自己，表达了他们自己的想法。他们心里没有芥蒂，这就是背后真实的力量。

所以当我告诉人们，我们的身体会改变心理，心理会改变行为，而行为会改变结果，他们跟我说：“你不觉得听起来好像是假的吗？”我就说，你就假装一直到你达成目的为止。

最后与大家分享的是，小小的调整可以有大大的改变。在你进行下一场紧张的评估之前，拿出两分钟，就两分钟，尝试做有力的姿势，电梯里、浴室间，关上房门，在你的桌子前面，调整你的肢体语言，以发挥最大效益。千万别留下“我没把最好的表现出来”那种遗憾，而是“我真想让他们知道，让他们看见，我是个怎样的人”。

情绪的触发点

2016 年 5 月 3 日下午，成都市娇子立交处，一名男司机将一名女司机逼停后对其当街殴打。行车记录仪视频显示，打人前，男女司机的轿车曾因变道引发矛盾，多次互别。

最后的结果是女司机躺进医院，身体多处骨折，男司机被刑事拘留。

这个新闻爆出，各方评论都有，有的说男司机太野蛮，有的说女司机活该。

看到这个新闻，我脑海中整个画面感特别强。因为我开车时，也经常遇到一些让人非常生气的事情，有时也恨不得下车把对方打一顿。

无独有偶，我曾经看见淘宝上有个店，店铺上写着：店主要去黑龙江砍死一个客户，然后再回来开店。如果回不来，请大家自行申请退款！谢谢大家多年来的照顾。

现在这个店在淘宝上已经找不到了，店铺被封了。不知道店主是否成功。

写这两件事情，我不是想评析对错。这时讨论对错，全然没有意义，现在所有当事人一定都有些后悔。只是在当时双方都处于愤怒之中，已然无法控制自己的情绪。

是什么导致他们的愤怒，为什么在愤怒中他们没法控制自己？不只是他们，我们每个人都是如此，很多事情导致我们愤怒，在愤怒中无法控制自己。

如果你细心观察生活，周围的人大多时候都比较温和。同事、朋友、家人、陌生人，大家都彬彬有礼，但一旦到了有情绪的时候，不同人的表现就天差地别。你一定有这样的经历，身边某个人平时待人接物很好，但发脾气时，像换了一个人一样，让你完全不认识。几乎每个人都是如此，在情绪平静和处于愤怒之中时，会表现得与平时判若两人。在愤怒之中，绝大多数人无法控制自己。

我听说过一个故事：有个哲学家很有名气，听说是最聪明的人，住在某个村庄，很多人都慕名来拜访他，也有很多聪明人来挑战他。有一天过来一个人，自称是语言天才，会说 77 种语言，每门语言都说得很流利。天才跟哲学家打赌："你可以问我问题，让我说话，判断我的母语是什么。以一万金币为赌注。"

哲学家的弟子跟老师说："老师不要跟他赌，他每门语言都说得很地道，很多智者都输给他了。"

哲学家一声不吭，带着那位天才上楼，在楼梯上，哲学家一把推倒那位天才，天才从楼梯上滚下来，非常生气，脱口就骂！

哲学家笑了，说："这就是你的母语。"

天才愣了一下，认输了。

一个人在愤怒中控制不了自己，哪怕你是天才。

问题是：是什么导致我们的愤怒？为什么在愤怒中我们无法控制自己？

有科学研究发现人的大脑中有数百个神经中枢，控制着人的所有行为。例如，愤怒中枢。某天当你安静地坐在院子里晒太阳，什么都没想，有人按下"遥控器”，在你的愤怒中枢触动一下“电流”，你就会突然暴怒起来！这就是愤怒中枢起的作用。再例如，快乐中枢。当你躺在床上，什么都没做，什么都没想，当有人按下“遥控器”，在你的快乐中枢触发一下“电流”，你会哈哈直乐！这就是快乐中枢起到的作用。这些反应，连你都不知道为什么。当然，你的头脑一定会为这次变化找个理由。

这个试验应该是很合理的吧，我相信你是认同这个试验的。既然你认同了这个科学试验，请再继续思考：是不是头脑已经变成了一个机器？

头脑机器有自己的运作方式，有很多机制。当它觉得受到了侮辱、欺负、鄙视、伤害，它就发怒了！当它觉得自己受到了赞美、呵护、重视、支持，它就开心了。当有人开车“嘀”你了，你会很生气，相当于对方用喇叭做了“遥控器”，触发了你的愤怒中枢。当你看见性感美女，你会不由自主地产生性幻想，相当于美女形象就是“遥控器”，触发了你的情欲中枢。

我们从小到大，都在训练这台“头脑机器”。不断变换输入条件，不断加强输入条件，不断强化运作机制。不同的人，头脑机器不一样，训练的背景不一样，整个反应机制也不一样。有人骂了我一句，我会很生气，被人骂成了我的情绪触发点；有人骂了马云一句，马云可能会淡然一笑，马云没有这个情绪触发点。

看到这里，明白了吗？

是否愤怒，关键点不在于别人做了什么，而在于自己头脑中是否存在情绪触发点。造成愤怒的原因，不是当时产生的，而是当事人头脑被多年训练，存在了那些情绪触发点。男司机头脑机制中存在某个触发点，当女司机开车违规，连续触动了那个触发点，愤怒就爆发了；店主的头脑中也存在某个触发点，当某个买家开始无理取闹时，就触动了店主的触发点，愤怒就爆发了。如果司机头脑中没有这个触发点，他不会生气；如果店主头脑中没有这个触发点，他不会愤怒。

我们是否有涵养，是否足够大度，不在于我们的忍耐力如何，而在于我们头脑中是否存在那些触发点。一旦那些触发点存在，无论如何去忍耐和控制，情绪迟早会爆发。

每个人头脑中都存在很多情绪的触发点，看不见摸不着，但它们实实在在地存在着，无形无相。这些触发点的多少，决定了我们的涵养、修养和胸怀。情绪触发点越多的人，就越容易出现情绪并陷入情绪之中。

明白了这个道理，接下来的问题就简单了：如何消除自己的情绪触发点？

当你问这个问题的时候，又陷入了另外一个误区。因为触发点既然已经形成，基本无法消除，你在试图消除触发点时，很可能又会新增其他情绪触发点。

哲学家赫拉克利特（Heraclitus）说："人不能两次踏进同一条河流。"你也不能两次遇到一模一样的事情。这次男司机是因为女司机变道和别了自己的车，触发了自己的愤怒，下次可能会因为另外一个男司机无理"嘀"了他几次喇叭，一样会触发他的愤怒，再下一次或许是因为堵车太久或者行人乱穿马路触发他的情绪……这种情景会无穷无尽，绝对不会有一模一样的重复。

如果不能消除，那岂不是没救了？当然不是。我们之所以会控制不了情绪，是因为我们把头脑认同为自己，把情绪当成了自己。你都已经成了情绪，当然无法控制情绪！因为情绪无法控制情绪。如果你能跳出来看见头脑的反应机制，看见这个情绪触发点，一切都会改变。就像我们看见别人吵架时，自己不会生气一样。有句话说："当局者迷，旁观者清。"

当你清楚地看见你头脑的反应机制，看见你的愤怒是因为触动了你的触发点，你的愤怒自然会减弱。这就是：看见即改变。

回到最开始的事件。如果男司机被女司机激怒了，这时他看见了自己头脑的反应机制，心想：原来一个人开车故意别了我两次，就会让我的感觉很糟糕啊。如果那个淘宝店主遇到买家无理取闹，这时他看见了自己头脑的反应机制，心想：原来一个买家因为几十元的事情无理取闹，就可以让我有杀人之心啊。这两个反应机制很有意思，只要他们开始这么想，愤怒一定就会减弱。

学会看见，不是朝外看，而是朝内看。当你能看见自己的情绪变化，看见自己的情绪触发点，这就是修行！

心理小测试

★ 情绪自评量表

评分标准：经常为 5 分；有时为 3 分；很少为 1 分；从不为 0 分。

愤怒

1. 我对别人隐藏、压抑自己的恼怒。（　　）
2. 我和某人生气后，感到后悔。（　　）
3. 别人一激，我就忍不住发怒。（　　）
4. 我觉得自己对别人发火有害无益。（　　）
5. 我遇到过只能用愤怒来做出反应的情况。（　　）

快乐

1. 我的学习很枯燥，毫无乐趣可言。（　　）
2. 我感到厌倦。（　　）

3. 我确实很难专心学习。 (   )
4. 我的学习呈现给我的没有什么新鲜东西。 (   )
5. 当我对某事感兴趣时，就难以保持足够的冷静。 (   )

恐惧

1. 避开某些场景（如飞机和人群），我会感到更舒服。 (   )
2. 对于我所害怕的事，我宁愿不理睬。 (   )
3. 当我一想到危险时，便难以正常思考。 (   )
4. 我觉得要不惜代价以避免失败。 (   )
5. 对我来说，停止对某事或某人的担忧是很困难的。 (   )

信心、信任

1. 我对自己能否好好学习，没有把握。 (   )
2. 当别人完成任务的方式与我不同时，我会怀疑自己。 (   )
3. 我觉得大多数人唯一感兴趣的是他们自己。 (   )
4. 我不愿让别人干预我做决策或定计划。 (   )
5. 我试图向别人隐藏自己的感情。 (   )

嫉妒

1. 他人成功似乎是对我的威胁。 (   )
2. 当我完成某件事时，我一定要让人知道。 (   )
3. 看到别人获取荣誉，我就感到心烦。 (   )
4. 我对别人的错误不能容忍。 (   )
5. 我发现竞争比合作更能激励我的下属。 (   )

内疚

1. 我为当替罪羊代人受过而感到委屈。 (   )
2. 我为自己的疏忽感到不安，觉得必须弥补这些过失。 (   )
3. 我觉得自己错了，但并不知道究竟错在哪里。 (   )
4. 我不清楚自己的道德标准是什么。 (   )
5. 我过分夸大自己犯的小错误。 (   )

焦虑

1. 我被即将发生的麻烦所侵扰，而这些麻烦到底是什么，我并不清楚。 (   )
2. 我对自己的长远目标心中没数。 (   )
3. 我的压力似乎同时来自四面八方。 (   )
4. 对于要去完成一项我并不熟悉的事，我感到心神不安。 (   )

抑郁

1. 我入睡困难，而且容易被吵醒。 (　　)
2. 我不能把注意力集中到我的学习上。 (　　)
3. 我感到自己不能主宰自己的命运。 (　　)
4. 我觉得自己许多成就是不该得到的。 (　　)
5. 我用不停的活动来使自己摆脱烦恼。 (　　)

说明：每一部分总分超过 15 分，表明你应该注意这一方面的情绪。少于 5 分，表明你这一方面的情绪很好。

心理小活动

★ 情绪表达

（1）回忆自己最近一周的情绪状况，用“我感到……（情绪词汇），因为……（原因）”的句式，把它们写下来；

（2）写下当你有这些情绪的时候，你采取的情绪表达方式或态度，以及这种方式和态度带来的影响或后果；

（3）在你的团体中交流是否可以有其他的处理方式。

思考题

（1）你是如何觉察并调节自己的情绪的？

（2）你知道自己的情绪触发点吗？

第三部分

关系中的个体

第七章　觉察他人的情绪

主题故事

我生气了，你知道吗？

{11:00 pm}
男：你先睡哈，我跟宿舍人开黑啦。
女（生气脸，回复）：都几点了?
男：乖哈，快睡。
女（开始生气，不回复，把手机扔枕头边）。

{次日 7:40 am}
男：在教室没？早上几节课?
女（看一眼短信，不回，手机扔包里）。

{9:25 am}
男：怎么不回信息？做完操去食堂吗?
女（看一眼短信，呦！还没看出来我生气？不回）。

{9:40 am}
男：没看到信息？我来食堂买饼了。你饿不?
女（饿死了，更生气，拿起手机回复）：呵呵。
内心期待他买了饼送上来，说："别生气啦！乖，吃吧!"

{10:00 am}
男：呵呵啥？咋了？我回教室了。
女（咬牙切齿，更坚定了不回）。

{11:20 am}
男：中午一起吃饭不?
女（咋还没发现我生气？是猪吗？再提示他一下。拿起手机回复）：呵呵。
男：咋了？老是呵呵。呵呵呵呵呵呵。

女（满脸黑线，“憋屈 ing”，拿起手机回）：不咋，呵呵。
男：T_T，那我跟他们吃了。你自己好好吃哈。
女（看一眼短信，彻底被气死，手机扔包里）。

{1:00 pm}
女（爬床睡觉，看一眼手机，没消息。愤怒值加倍。午睡）。

{4:00 pm}
男：我跟他们打球去了，吃饭你自己吃哈。
女（心中无数只马咆哮而过）。

{6:00 pm}
女（吃完饭，看一眼手机，没信息。愤怒值加倍）。

{7:00 pm}
女（开始自习，看一眼手机，没信息。愤怒值加倍）。

{8:00 pm}
女（自习中，看一眼手机，没信息。愤怒值加倍）。

{9:00 pm}
男：媳妇儿，在干啥呢？
女（准备爆发）：呵呵。
男：又呵呵。呵呵一天了。这是咋了？
女：我能咋？
男：（T_T）生气了？
女：没生气。
男：生气了生气了，我错了。
女：你哪里错了？
男：（T_T）呃。
女：你都不知道，你承认啥错误？
男：你不是突然生气了吗？哄一下。
女：什么叫突然生气？我都气一天了！哄我？我才不需要哄！
男：……
女：点点点，啥意思？
男：呃……
女：呃啥意思？

男：因为啥生气?

女：你说因为啥?

男：我不知道才问你啊！

女：你不知道？你不知道就算了，不想说了。

男：……

理论分析

为什么故事中的女生会生气？

为什么故事中的女生会生气呢？要想回答这个问题，我们需要先挖掘一下两个人在互动过程中，彼此的言语背后所隐藏的丰富含义，然后再进行分析。下面用一个表格来给各位清晰呈现这一场景。

时间	故事情节	含义解读
11:00 pm	男：你先睡哈，我跟宿舍人开黑啦。	男：亲爱的，不早了，为了你的身体健康，你先睡吧。我接下来要跟我的伙伴们并肩战斗，追逐成功的荣耀了哈。
	女（生气脸，回复）：都几点了？	女：什么荣耀？只是小孩子的游戏而已！亲爱的，为了你的身体健康，就不要玩了，早点睡吧！
	男：乖哈，快睡。	男：亲爱的，我没你想象的那么脆弱，我身体好得很。熬夜不会影响到我的健康。该做什么，不该做什么，我自有安排。我不是小孩子了，不需要你担心哈。我是强大的，是你心中的英雄和王者。我马上要开始我的征程了，不和你聊了。你快点睡吧。要听话哈！
	女（开始生气，不回复，把手机扔枕头边）。	女：我管你是因为我关心你。对于不关心的人，我才懒得管呢！你不领情，还嫌我碍事，真气人！哼！走着瞧！
次日 7:40 am	男：在教室没？早上几节课？	男：亲爱的，我从那个可以获得荣耀的世界，回到了这个有你的世界，你现在什么情况？我想你了！
	女（看一眼短信，不回，手机扔包里）。	女：你不是喜欢玩游戏吗？继续玩啊！和你的游戏谈恋爱啊！现在想起我了啊？哼！不理你！（心里小得意）
9:25 am	男：怎么不回信息？做完操去食堂吗？	男：咦？怎么这么久不回信息？没收到？还是忙得没空儿回复？我想给你打个电话，但又怕贸然打电话过去，万一打扰到你就不好了。再给你发个信息看看什么情况吧！
	女（看一眼短信，呦！还没看出来我生气？不回）。	女：你反应好迟钝啊！
9:40 am	男：没看到信息？我来食堂买饼了。你饿不？	男：咦？还是没有回复，如果收到了不会这么久不回复的啊！是不是真的没收到信息啊？但又会不会是在忙，不方便回复我？这种石沉大海的感觉真是不好，好想打电话给你！但真是怕打扰到你呀！唉！怎么办？算了！还是再忍一忍吧，最后发个信息试试吧！过一会儿再不回复就不管那么多了，直接打电话给你！食堂的饼不错，你吃不吃？

续表

时间	故事情节	含义解读
9:40 am	女（饿死了，更生气，拿起手机回复）：呵呵 内心期待他买了饼送上来，说：别生气啦！乖，吃吧！	女：现在还不知道我生气，还在想是不是我没看到信息。真是笨死了！ 你在食堂买饼啊！我好饿！给我买个饼吃吧！但是让你用一个饼把我打发了，就太便宜你了。看在饼的份上，就给你回个信息吧！回点什么呢？嗯……想到自己吃完饼后心满意足的形象，挺害羞的，呵呵！就回复个“呵呵”给你吧！快把饼给我拿来！
10:00 am	男：呵呵啥？咋了？我回教室了。	男：听到消息铃声，终于长长舒了一口气。终于有信息来了！“呵呵”？什么意思？是要吃饼，还是不吃饼？吃？还是不吃？吃？不吃？…… 应该是不吃吧！你要是想吃就会直接说吧！都是男女朋友关系了，有什么想法应该会直言不讳的吧！不过，今天我问你问题，要么不回复，要么就回复个“呵呵”！挺奇怪的！什么意思？ 呀！要上课了，得赶紧回教室！
	女（咬牙切齿，更坚定了不回）。	女：啊！！！竟然不懂我一个吃货的内心！可恶！可恶！唉！不想理你了！
11:20 am	男：中午一起吃不？	男：该吃中午饭了。上午你似乎挺忙的，不知道有没有时间一起吃饭。问一下吧！如果一起吃饭，我一定要问问你回复个“呵呵”是什么意思。
	女（咋还没发现我生气？是猪吗？再提示一下他。拿起手机回复）：呵呵。	女：你怎么还没有发现我生气呢？气死我了！给你点提示吧——我收到你信息了，但就是不想和你说话。
	男：咋了？老是呵呵。呵呵呵呵呵。	男：怎么回事？怎么老是“呵呵”？让我猜谜语吗？在跟我玩游戏吗？问你话就好好回答吗！搞这种把戏不无聊吗？哼！你“呵呵”，我也“呵呵”。“呵呵呵呵呵呵”唉！真是无聊！
	女（满脸黑线，憋屈 ing，拿起手机回）：不咋，呵呵。	女：你以为我很无聊吗？你察觉不到我生气了吗？想知道我怎么了，我偏不告诉你，看你到什么时候才能明白！我就是不停地“呵呵”，气死你！
	男：T_T，那我跟他们吃了。你自己好好吃哈。	男：你有事就说嘛！你不说，我怎么帮你解决呢？我很关心你啊！还在跟我玩这无聊的捉迷藏把戏。既然你不想说，就不说吧！你不告诉我，应该是你自己能解决，不需要我帮助吧。算了，估计也不是什么大事。我忙我自己的事了，后面我们再交流。
	女（看一眼短信，彻底被气死，手机扔包里）。	女：我都这样了，你还是完全体会不到我的心情。只知道和你的“狐朋狗友”在一起。一点都不关心我。以后别再找我啦！哼！
1:00 pm	女（爬床睡觉，看一眼手机，没消息。愤怒值加倍。午睡）。	女：中午没有和你一起吃饭，感觉少了点什么。有点想你了。你想我了吗？看看手机。没消息。看来你一点都不想我。这不公平！不开心！
4:00 pm	男：我跟他们打球去了，吃饭你自己吃哈。	男：今天你好像心情不好，挺烦我的。我就给你一点空间处理自己的糟糕情绪吧。晚上再和你联系。
	女（大怒）。	女：晚饭又让我一个人去吃！你这是什么男朋友啊？生气！生气！生气！

续表

时间	故事情节	含义解读
6:00 pm	女（吃完饭，看一眼手机，没信息。愤怒值加倍）。	女：没有你在，饭菜味同嚼蜡。就知道自己逍遥，不知道我的孤寂。你一点都不关心我。生气！生气！生气！
7:00 pm	女（开始自习，看一眼手机，没信息。愤怒值加倍）。	女：以前都是和你一起上自习的。现在只能一个人了，好凄凉啊！你到现在还不来消息，真是没心没肺的家伙！生气！生气！生气！
8:00 pm	女（自习中，看一眼手机，没信息。愤怒值加倍）。	女：好久没看手机了，说不定你已经发来信息了呢！啊？还是没有？你是要气死我啊？
9:00 pm	男：媳妇儿，在干啥呢？	男：亲爱的，一天没见了，心里空落落的。一直很想你，想和你联系，但又怕给你添乱。内心很纠结。现在实在忍不住了，发个信息给你，你现在好点儿了吗？
	女（准备爆发）：呵呵。	女：微微冷笑，你终于想起来还有个女朋友啊！竟然现在才想到我？真是气死我了！（喜悦之情稍纵即逝，怒火马上要喷薄而出，口诛笔伐拉开序幕！）
	男：又呵呵。呵呵一天了。这是咋了？	男：诶？好奇怪啊！怎么到现在还是“呵呵”？到底怎么回事啊？有什么困扰跟我说啊！你只有告诉我了，我才能帮你解决啊！
	女：我能咋？	女：说了有用吗？你很在乎我吗？我觉得你根本不关心我！
	男：（T_T）生气了？	男：你是不是生我气了？我是不是哪里惹到你了？似乎只有这样才能解释你这一天的表现。 如果是的话，你一定很不开心。你一个人承受，我也很痛苦。跟我说说吧，我想帮你分担忧愁，帮你解决问题。你不跟我说让我觉得自己很没用。我的内心在哭泣。
	女：没生气。	女：现在才发现啊！我真是醉了！气了一天，现在连生气的力气都没有了！懒得理你！
	男：生气了生气了，我错了。	男：这语气！综合考虑这一天的表现，绝对是生气了！我到底哪里惹到你了呢？想啊想啊……想不到啊！管不了那么多了，肯定是我哪里做错了，惹到你了。先承认错误，让你感觉好一点再说具体怎么回事吧！
	女：你哪里错了？	女：知道错了？那我就问问你，看你知不知道哪里做错了。
	男：（T_T）呃。	男：感觉自己是错了，但想了很久，想不出来！真是不好意思！
	女：你都不知道，你承认啥错误？	女：你这所谓的知错，不是在敷衍我吗？我被你气得还不够吗？还要用谎言再伤害我吗？
	男：你不是突然生气了吗？哄一下。	男：我想了很久，始终想不出你是怎么生气的。只觉得你气得莫名其妙。不管怎样，我只想尽快化解你的愤怒。先示个弱，或许会让你感觉好些！却弄巧成拙了！但我出发点是为你好啊！
	女：什么叫突然生气？我都气一天了！！！哄我？我才不需要哄！	女：你觉得我无理取闹吗？我可没有。我都生气一天了。想想原因在哪里吧！我生气可不是为了让你哄我的。我有那么幼稚吗？我很成熟的，好不好？离了你我照样也能过得很好。

续表

时间	故事情节	含义解读
9:00 pm	男：……	男：啊？气了一天了！什么时候开始的啊？到底怎么回事啊？又不需要我了！知道吗？我最不喜欢这种感觉了。 唉，我该怎么办呢？怎么才能让她不生我气呢？ 看到她不开心，自己却不知道该怎么办，感觉自己好没用！该怎么回复呢？回个省略号，表达我五味杂陈的思绪吧！
	女：点点点，啥意思？	女：哼！哼！哼！无言以对了吧！乘胜追击！把你打趴下！
	男：呃……	男：你问我省略号啥意思，我说不清楚啊！我还在思考，让我再想想，再理一下思路，组织一下语言！
	女：呃啥意思？	女：继续追！围追堵截的感觉真不错！报复的感觉真好！
	男：因为啥生气？	男：不能被你牵着鼻子走，自己专注于理清思路。当下的境况都是因为你生我的气造成的。你为什么会生气呢？实在是分析不出来。投降！投降！你直接告诉我吧！
	女：你说因为啥？	女：你想了这么久，还没想到我为啥生气啊！我们可是所谓的“灵魂伴侣”啊！这么明显的原因你都想不到啊！把心里话都说清楚，那多没意思！就是不告诉你！你这个笨蛋！
	男：我不知道才问你啊！	男：天哪！我如果知道，我会问你吗？你以为我愿意问你吗？问你显得我多笨、多没用啊！
	女：你不知道？！你不知道就算了，不想说了。	女：都这么大个人了，这么浅显的道理都不懂？唉，懒得解释了，折腾一天了，心累！
	男：……	男：问题很简单吗？我怎么觉得这么复杂？好吧，就算我愚笨，我虚心向你求教，你怎么这么没有耐心啊！普通朋友都会耐心解答我求教的一些问题。你作为我最亲近的人，怎么对我如此没有耐心呢？又不理我了！我已经内心空落落一天了，你又要把我弃之不顾，你还真是够狠心的！有问题，咱们就解决问题嘛！动不动就不理人，这问题怎么解决啊？谈个恋爱，怎么这么心累呢？

看了上面表格中对男女言语背后的所思所想的深度挖掘之后，你是不是觉得人是如此复杂的一种动物。有时候，简单的一句话，甚至什么话也没说，竟然隐藏了那么丰富的内涵。如果恋爱中的男女不能读懂这里面所隐藏的意思，自然就会发生很多误会，产生很多负面情绪，进而对彼此之间的关系造成不利影响。故事中的女生之所以生气，主要跟下面两个因素有关。

（一）男生不懂女生的话外之音

男女在思考问题的角度上是有重大差别的。故事中女生之所以生气，很重要的一个原因，就是男生站在男生的角度来理解女生的行为，自然会产生很多错误理解。女生的想法被误解，愤怒自是不可避免的。

首先，在故事中的男生看来，女友让自己早点休息，是对自己的管控，就像小时候爸妈约束自己行为时所做的一样。而现在自己是成人了，不想被约束。

其次，男生希望自己在女友心中的形象是强有力的。而女友的关心，很容易被男生理解为女友对自己的轻视（因为在男生看来，只有弱小的人，才需要被关心）。

最后，在男生看来，只有当自己遇到难以解决的困难时，才会找别人帮忙。当自己不需要别人帮助的时候，自己是不会去寻求帮助的。别人不请自来的帮助，是对自己能力的瞧不起。所以，男生本能地会对他人的主动关怀表示抗拒。同理，他们认为当自己想要帮助别人的时候，如果别人愿意接受，自己才会去帮助。当别人没有表态，通常意味着不需要帮助，自己自然也就不会去帮助。所以，当男生问女友需不需要给她带个饼的时候，女友模糊的回应，就被解读为不需要帮助的含义了，于是，男生就没有给女友买饼。

其实，很多时候，比如当女生说："都几点了？"女生想要表达的，是对男生身体健康的关心，是爱的体现。然而，男生总是习惯站在男性的角度来思考问题，终究是很难体会到女友的这种关心的。女生对男友的关爱不仅被忽视，还被看作是添乱，自然愤怒不已。

（二）女生高估男生对自己需求的敏感性

女生对于恋爱这样的亲密关系，总是倾向于通过频繁互动来感受其良好状态。而且，和男友有关的各种事情，女生都想知道得清清楚楚。如果能够很好控制对方的活动，则是更好的。这种倾向造就了女生在人际交往中极高的敏感性。

在那些需要与人有大量沟通协作的工作中，女人都能够处理得更细致，考虑得更周全。当然，正所谓"成也萧何，败也萧何"。女人的敏感也使得更容易受周围人的影响。当女生对身边的其他人有了很高期望的时候，其他人的一些言语、动作、表情等细微行为，都可能使女生受到影响，产生较多的情绪波动。所以，彼此都很敏感的女生和女生之间，在进行一般交往的时候，相较男生之间，会出现更多的矛盾冲突。而当女生和男生有一般交往的时候，由于异性之间的相互吸引，和男生相对的不敏感，则矛盾要少一些。这就是常说的"男女搭配，干活不累"的道理。然而，当女生和男生恋爱了，建立亲密关系之后，就非常希望这个和自己最亲密的人，能够做到非常了解自己。很多话，就算自己不说，对方依然能够懂自己。希望男友关心呵护自己，在自己有一些需要的时候，能够自觉主动地满足自己。女生会以自己心中的完美标准来要求男友。而男生，正如上文所述，同样也容易以男性的思维来理解女生，会认为女生也像男生一样思考问题和进行表达，而不太会站在女生的角度来尝试让自己成为女生心中的那个人。所以，更多时候，男生无法达到女生心中的完美标准。如果女生不清楚这个事实，自然就容易高估男生对自己需求的敏感性，经常会对男生感到失望。

正如故事中所呈现的，虽然，最开始是男生希望早点开始和室友打游戏，无视女友对自己的关心。如果这个事情，发生在男生之间，是基本不会有什么问题的，顶多让人轻微的不高兴，却是很快就会烟消云散的。但当这个事情发生在和女友交往的时候，就激起了女生后续一系列的愤怒、不满和失望情绪，而且随着时间的推移，情绪不断发酵，强度不断攀升。整个过程中，男生都对女生的情绪缺乏必要的敏锐感知，女生根据自己的标准来要求男生，得到的却是连续的失望和愤怒。所以，女生对男生敏感性的高估，是导致自己生气的另一重要原因。

技术指导

面对恋人糟糕的情绪，你该怎么办？

上文中，我们论述了故事中男女之间冲突产生的大致原因，相信读者对事情有了一个比较清晰的认识了吧。故事到了最后，女生依然对男友充满愤怒、不满。男生经历了女友莫名其妙，却又讳莫如深的发脾气，也产生了对女友的愤怒和不满。最终以男女双方都感到心累而收场。如果这样的事情发生很多次，却依然没有得到改观的话，分手的结局似乎难以避免。事实上，很多情侣也正是因为类似的原因分手的，让人深感惋惜。

我们也许会想：

如果女生把自己的所思所想清楚地表达给男生，或许男生就能够接收到女生所发出的信息……

如果男生多看一些讲解女生心理和行为特点的书，男生就不会显得那么“愚笨”，而能够更懂女生的心……

如果双方在交往过程中，出现类似冲突，能够以一种理性的，而非情绪化的方式来应对，或许彼此之间的类似矛盾会越来越少，融洽相处的程度会越来越高，分手的可能就越来越小……

未了的冲突、分手的危机，总是让我们揪起的心难以放下。我们总希望故事有个美满的结局，这样我们才能在看完故事之后，缓缓地吐一口气，心满意足并微笑着合上书。

然而，现实就是现实。从经济学的角度来说，恋爱或者婚姻中的每个人，选择和谁恋爱或者结为夫妻，都是结合已获得的各方面信息，权衡利弊得失之后，做出的对自己最有利的选择。当发现对自己不利的情况出现的时候，他们会重新对这一关系进行评估并做出决策。有时候，耐心调整是最佳的方案。有时候，直接换一个对象未必不是最佳选择。这就是人性的现实。对此，大家可能觉得婚恋男女的功利和残酷。但同时，你也要知道，正是有了这种机制的存在，才促使男男女女都在努力成为更好的自己。正是这种机制的存在，人类社会才不断向前发展。从这个角度来说，人的功利性又是非常必要的。

当然，我相信每个人遇到这种情况，都是不会轻易选择换人的，总是先尝试解决、尝试自己去适应，实在不行了才会选择换人。毕竟换了人之后，还要重新建立关系，甚至要在新一段关系中面对和处理相同的问题。

接下来，我们就来探讨一下，当我们对彼此的关系还有信心，愿意努力解决两人之间存在的问题的情况下，如何调整自己，如何改变对方，来修复已出现的裂痕，使感情朝着越来越稳固的方向发展。

不管你是男生还是女生，面对恋人糟糕的情绪，你该怎么办？

（一）释放情绪

当恋人的反应让你不爽的时候，你可能很自然地就冲他发脾气了。如果发完脾气，气还是没消或者冲突可能升级的时候，一定要暂时克制住。不要让情绪冲昏了头脑，做出太过伤害对方的事情。或是离开冲突情境，用听听音乐、看看电影、做做运动等方式来转移一下注意力，或者找聊得来的朋友、家人或者心理咨询师倾诉一下等，使用你惯常释放情绪的方式来让自己被激发出来的负面情绪得以安全释放。在这个情绪激烈的阶段，你的头脑当中会出现各种极端可怕的念头（每个人都是这样，这是很正常的）。你需要依靠头脑中残存的些许理性，控制自己的身体不要被这些可怕的念头指引，做出事后悔恨不已的事情。这个阶段暂时先不要思考问题该怎么解决，因为强烈情绪的存在会让你的理性失去功效。勉强尝试只会激发更多的负面情绪，让矛盾进一步升级，状况进一步恶化。所以，在这个时期，不妨在安全的范围内，由着自己宣泄情绪，将问题暂时搁置。

（二）反思

如果第一步做得好的话，情绪会慢慢从激荡变为平静。平静了之后，你需要做的是思考这一切是怎么发生的。他的哪句话让自己生气？为什么自己会那么生气？试着去猜测一下，他为什么会那么说话？也许你会觉得他很愚笨，也许你会觉得他故意找茬，也许你会觉得他不喜欢你了……这个思考的过程，常常会让你好不容易平复的情绪，又再起波澜。如果又被激起波澜了，只能说明自己的情绪并没有释放完全。那么，这又是一个进一步深度释放情绪的过程。在这个过程中，始终要保持好方向，明确自己现在做的这些，是为了解决问题，而不是去指责、抱怨，发泄愤怒。等这部分情绪也平复了之后，你就能从更积极的角度看待发生的冲突，也能够对同一事件有更多角度的解读。

“也许他只是缺乏谈恋爱的经验，所以不太懂得这些谈话技巧。他的这种愚笨表现说明他很稚嫩，好好地调教一番不是更容易使其成为自己的理想伴侣吗？”

“也许他今天心情不好，无处发泄，而发泄在自己身上。虽然自己很无辜，但这不正好说明他对自己的信任，觉得在自己这里表露本性很安全才这么做的吗？”

“双方的关系好像出现了危机，这虽然是一个危险的信号，但同时不也是一个改进彼此相处方式的契机吗？谁的感情是完全一帆风顺的呢？”

“或许他说那些话的背后另有隐情，也许自己的想法确实是不正确的呢？”

“也许他只是用一种他特有的、奇怪的方式表达对我的爱呢？也许他故意这么做，来展现他奇怪的幽默呢？”

“在这个过程中，自己是不是太敏感了？是不是太急躁了？有哪些地方，是自己做得不恰当的呢？”

有了上面的对事件更多可能性的思考，相信自己已经做好通过建设性的沟通方式来解决问题的准备了。

（三）破冰

经过前两阶段的调整，自己大致已经做好解决问题的准备了。但有效的交流，必须以双方都调整好自己的状态为前提。自己这边是调整好了，但对方是否也调整好，就不得而知了。所以，我们需要先通过一些方法来试探一下。比如留个纸条或者发个短信关心一下对方，例如：“天气凉了，注意添加衣物哦！”“该吃饭了，不要饿到喽！”“该吃饭了，想吃什么？我给你做。”“时间不早了，早点休息哦！”看看对方的反应。在确定对方看到信息的情况下，如果对方不回你的信息，说明还在气头上，需要再等待一下。

此时，我们一定要沉得住气，可以间隔一小段时间再努力几次。只要对方有了回应，就往往说明对方的情绪已经平复了很多，可以做进一步的努力。比如约着吃个饭、散个步之类的。在吃饭散步的过程中，逐渐拉近彼此的距离。一旦对方从冰冷的态度开始变得又有了情绪，开始埋怨、哭泣，发泄悲伤愤怒情绪的时候，说明已经离情绪的消退不远了。这个时候，任何言语其实都是苍白无力的。而我们的肢体语言，在这个阶段会变得格外有效。一个深深的拥抱、一个动情的亲吻，可以加速融化被负面情绪封冻的心灵之门。

（四）达成谅解

经过第三个阶段各自情绪的快速释放，双方都会达到一个平静的心理状态。接下来，两个人就可以开始细致交流一下之前所发生冲突的具体细节了。先详细了解一下，问题是怎么发生的。然后，说一下自己做的不恰当的地方，并承认错误，向对方道歉。并询问对方，当其说出那些让自己生气的话，做出那些让自己生气的行为的时候是怎么想的。并告诉对方，当其那么说、那么做的时候，自己心里的感受。

双方通过这样的沟通，最终达到相互谅解。

（五）未雨绸缪，避免历史在未来重演

消除彼此的误解之后，双方需要思考一下，为了在未来避免发生类似的矛盾冲突，双方应该采取哪些措施。比如可以告诉对方，当其想表达一种意思的时候，恰当的做法是什么，不恰当的做法是什么。当不小心做了不恰当行为之后，怎样的补救方式是合适的，以及对方该做出什么样的举动来提醒自己，及时制止自己的不恰当行为。以此来减少未来重复同样矛盾的可能性。

正确地使用这五个步骤，往往能够不断降低双方之间冲突发生的频次，使得双方都能够采用新的、更为恰当的交往方式，逐渐达到较好的交往状态。

然而，需要注意的是“江山易改，禀性难移”。男女各自的很多特点有着深刻的先天和后天因素。所以，改变非一朝一夕所能完成的。有时候稍不注意，双方就会再次犯同样的错误。所以，耐心和信心是必须具备的。对于那些我们自己和他人身上实在难以改变的特点，有时候，学会接纳它们的存在，也是未尝不可的选择。

延伸阅读

怎样识别他人的情绪？

美剧《别对我说谎》在中国热播，大部分的中国人通过这部片子，第一次知道了“微表情”这个词，并对“微表情”表现出很大的兴趣。

有些人察言观色捕捉情绪的能力似乎是天生的，或者说并非有意识训练的，是靠自己生活经历获得的，比如片中黑人女助手从小的生存环境造就了她敏锐的洞察力。长期生活在酗酒父亲的阴影之下，若要生存或者保护好自己，必须要具备一些察言观色的能力。我们生活中也会碰到的一些“会看眼色”“会来事儿”的人，一方面是他们的头脑比较灵活，另一方面是他们具备察言观色的能力。

当然，还有一部分人，属于后知后觉，对周围的事物、人和言语都比较随意，或者更多的关注自我。这种类型的人，大部分时间活在自己的世界里，缺乏敏锐的观察周围的能力。人的性格无所谓好坏，但在当今大多数人的世界里，我们还是要面对家庭、上司、同事、同学、朋友、恋人等一系列外部元素，不是每个人都是艺术家。这时候，你的“不谙世事”，多少会给你带来困扰。明明上司的脸是“阴阴的”，你还要跟他汇报棘手的事情，明明对方在撒谎戏弄你，你还天真的被骗得团团转，明明朋友已经生气了，你还在那里吧啦吧啦讲道理。当然，简单的人有简单的活法。

不过，通过看《别对我说谎》，不去较真于剧情的非生活化元素，起码，我们接触到了一些我们平时不太关注的领域，比如微表情，测谎等，而我们发现，其实体察别人的想法，有时候也可以通过后天训练来完成。要想成为一个起码不愚钝的人，需要具备以下能力：

首先，了解微表情。主人公 Lightman 为了研究微表情，曾经在非洲土著部落生活了好几年。而真正意义上的微表情，有时候是非常难捕捉的，不得不借助于一些高科技产品来实现。当然有一些微表情，比如轻蔑的表情、得意然后立马收敛的表情，通过训练是可以捕捉到的。这时候我们要把脸部器官变化的意义大体上烂熟于胸，比如摸鼻子，瘪嘴巴，眉毛上挑、下垂代表的含义。当然微表情也涵盖了身体语言，包括脸部器官、呼吸、语音语调、手势、姿势等。更重要的是要把身体语言的表达结合到生活当中。比如我去办公室看见大 Boss 出来，他看我一眼后立马移开视线，这是他强势的表现。如果前台看我一眼就移开视线，说明我不是她的“菜”。

其次，还要了解人的心理状态，如愤怒、蔑视、高兴、郁闷、恐惧等，人的情绪通过面部表情、身体语言及语音语调、字迹、行为方式等表现出来，而我们首先要明白对方的情绪感受是什么，你能否用准确的词语描述出来？找一张纸写出来，看看你能写出多少种情绪名词。这是观察微表情的基础。

最后，也是最重要的、需要长期训练的，是你的观察能力。你从自己世界中走出来的最好方式，就是认真细致地去观察你周围的世界，只要坚持，就一定会有收获。记得我上高中时候的一位同学，一次偶然的机会看到他写的随笔，文章的题目叫“碎痕”，写的是每天上学爬的楼梯，有的楼梯有了碎痕，碎痕的形状、污渍、变化，让他联想到很多事情，有了很多不一般的感受……当我们无心去观察这个充满神奇的世界时，就少了很多幸福和快乐的体验！

识别他人情绪，观察和总结能力非常重要。

延伸阅读 2

情绪 ABC 理论

情绪 ABC 理论是由美国心理学家阿尔伯特 • 艾利斯（Albert Ellis）创建的。这个理论认为触发事件 A 是引发情绪和行为后果 C 的间接原因，直接原因是由个体对触发事件 A 的认知和评价而产生的信念 B，即认为负面的情绪或行为后果 C 大多是由不合理的信念 B 造成的。

意识到不合理的信念并且改变其不合理性将有助于情绪的控制。同一个触发事件，不同的信念与解释（B1 和 B2），会得到不同的结果（C1 和 C2）。

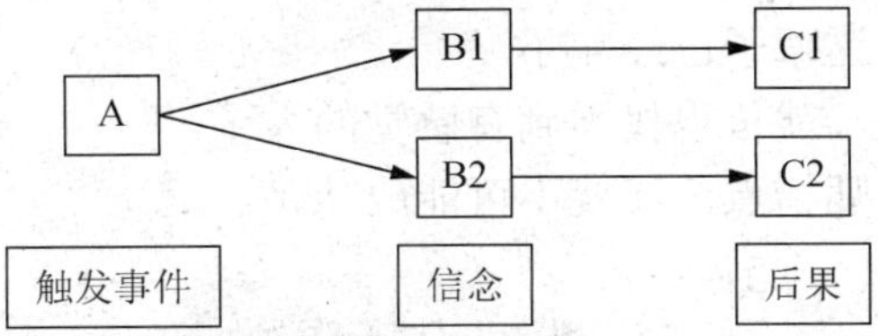

触发事件 A：娜娜和小青说好一起去逛街。两人约定第二天早上九点在地铁口碰面。第二天早上，娜娜提前五分钟到地铁口，等了半个小时，都不见小青的踪影，打电话也一直关机。

信念 B1：娜娜想，她根本没把我们的约定放在心上，根本不重视我。

后果 C1：于是娜娜生气地回家了，决定从此不再和小青来往（友谊的小船说翻就翻）。

信念 B2：娜娜想，小青是不是发生什么事情了？

后果 C2：于是，娜娜赶紧给小青身边的朋友打电话，得知小青父亲生病了，慌慌张张坐车回家，竟忘了带手机……

同样的事，发生在不同的人身上，因为他们不同的信念系统而带来不同的后果。

某大学宿舍不幸被盗，大志和元彬都损失现金近 500 元。大志觉得："怎么坏事都让我摊上了，太倒霉了。"后悔没有把钱存到饭卡里，一连几天都闷闷不乐，做什么事都没有心情。而元彬则没心没肺地说："嗨，反正丢了也找不回来了，大不了下半个月节约点。"该干啥还干啥，学习、生活几乎没有受到影响。

看来，决定人们情绪反应的因素并非是发生的事件，而是对所发生的事件的态度和解释，如果我们用负面的态度和不合理的信念来看待这些事件，得到的后果就是为自己的情绪设定了负面定位，很难有轻松、愉快的时候。

不合理的信念有三个重要特征：

（1）绝对化的要求，例如：

“你应该对我好。”

“我必须超过他！”

“坏人就该被严惩。”

（2）以偏概全，例如：

“我没有通过考试，真的很笨！”

“他居然没有勇气玩过山车，太无能了！”

“他如果连礼物都舍不得给我买，就不是真的爱我。”

（3）灾难化，例如：

“我考研没过，这辈子已经完了。”

“如果和他分手，就再也找不到有感觉的人了。”

“如果得不到名师指点，我就不可能成功。”

心理小活动

★ 我的缺点有好处

适用人数：3 人以上（其中有 1 名活动领导者）。

活动步骤：

（1）领导者将所有的活动参与者分成 A、B 两组。

（2）A 组自愿站出一个人，并说出自己身上真实存在的缺点。

（3）B 组需要一个人站起来说出这个缺点的好处在哪里。

（4）由 A 组之前说出缺点的个体和活动领导者共同决定 B 组的回答是否有道理。如果认为没有道理，则 B 组重新回答。B 组共有 3 次机会。3 次机会用完之后，或者 5 分钟之内未能圆满回答的话，则 B 组被扣一分。如果 B 组的回答被认为言之有理，则角色轮换，由 B 组站出一个人说缺点，A 组回答缺点的好处。以此类推。

（5）最后，哪一个小组被扣的分数少，则哪个小组获胜。（之前说过的缺点，后面的人再说缺点的时候不能重复。重复说相同缺点的无效。1 分钟之内说不出缺点的小组将被扣一分。）

（6）讨论：看来缺点并非一无是处，我们应该如何面对自己身上的缺点呢？

思考题

回忆你和父母、同学、朋友互动时，他们的语言和非语言信息传递的情绪反应是怎样的？他们都有哪些情绪反应？试着写下来。

第八章　自　控　力

主题故事

一个大学生的自述：不知道自己怎么了

在我考上大学以前，老妈管得很紧，基本没有什么玩游戏的条件，但是那会儿已经从游戏中发现了很大的乐趣。假期偷偷到网吧玩游戏，被老妈发现过几次，每次都是十分严厉、苦口婆心地批评教育。我于是"痛改前非"，决心考上大学，让老妈如愿以偿。同时还有一个让我十分动心的原因——老妈说："只要考上大学，随便你怎么玩！"

终于，我让老妈如愿以偿了。踏入大学的校门，最初的新鲜过后，我很快发现生活变得有点没着没落了：没有人管我干什么，也没有人告诉我该干什么，甚至我在高中时期的一点点优越感都已不复存在。我在教室里、寝室里都是可有可无的人，唯有在游戏中，才能让我感觉到自己的存在，感觉到刺激。

我一头扎进去，停不下来地不断重复，很快就可以秒杀 80%的玩家了，这种高于他人的感觉，在现实中很难找到，于是我废寝忘食地试图加强这种快感。学校的网速和我的电脑配置跟不上，我只好外出上网，有时候包夜，课都上不了，即使去上课，也是在课堂上"补觉"。

渐渐的，游戏本身带来的乐趣一点点让位于对成功的渴求，这种"成就感"有时又会被失败的失落感取代。慢慢地，成功被当作一种必须，失败会让我怒不可遏，我的情绪就在"成功"的兴奋和"失败"的愤怒中起起伏伏。

挂科和补考于我，几乎是每学期的常态。我没有兴趣参加学校的任何活动，也没有精力与同学交往，跟他们在一起我会觉得很不自在。我在游戏中交到很多朋友，我们的关系很单纯，没有利害冲突，但我也会在局势不佳时臭骂他们。渐渐地，我开始感觉心烦意乱，有时上网到深夜两三点钟，也不能入睡，在床上翻来覆去到五点多，又起床上网。

其实我刚上大学的时候，只想用两年的时间玩，留两年的时间学习，后来才发现根本停不下来。偶然听到同学在讨论准备考研，或是找地方实习的时候，我感觉心里一惊——怎么转眼就要大四了？但很快就又投入游戏的世界里，避免思考那些现实的问题。

说我浪费时间也好，逃避也好，我都无力改变什么，只知道自己有太多的不满。到底对什么不满，我说不上来。有一段时间每天晚上睡觉前都有深深的负罪感，主要是对父母的，这种感觉太折磨人了。但不知道从什么时候起，我连负罪感也没有了。我感觉自己的内心似乎是空的，尽管生活着，却如同行尸走肉，每天都不开心。游戏能让我激动的时间短到转瞬即逝，不知道自己怎么了。

理论分析

为什么沉迷于喜欢做的事，却又如此痛苦？

读完这个故事，我们能深深地感受到该大学生的痛苦和迷惘。那么，这一切是怎么发生的呢？有哪些因素对这一结果起着推波助澜的作用呢？

（一）娱乐本是正常的事情

追求快乐、逃避痛苦，是人类行为的根本驱动力。娱乐活动，带给人们快乐，减轻疲劳和痛苦的同时，能够带来成长和进步。从出生起，人类个体在基本生理和安全的需要得到满足之后，就会睁大眼睛来观察周围的整个世界。大人如果总是把婴儿的活动范围局限在室内，婴儿就会烦躁不已。人类对于未知的、新鲜的事物的了解，从出生之后，就有着强烈的好奇心和需求。我们也会发现，当个体活动范围增大之后进入幼儿期和儿童期，他们对各类玩具和游戏活动乐此不疲。在游戏中，他们渐渐学会沟通的技巧和对规则的理解。青少年时期的个体，会在电脑游戏、流行音乐、绘画和体育运动之类的活动中体验着控制感、荣誉感和成就感，并学会团队合作和学习的技巧，甚至选择这些活动作为自己终生的职业理想。成年人和中老年人在工作之余，都会通过自己喜欢的音乐、舞蹈、影视节目等各类休闲娱乐活动来放松自己，获得乐趣。

综上所述，每一个年龄段的个体，都有用来追求快乐的娱乐活动。这些活动满足个体很多需求的同时，也给人带来了收获，帮人取得了进步。这种现象在其他高级动物中也都随处可见。小猫在玩弄线球的过程中练习捕鼠技巧，也是类似的道理。娱乐，作为一种现象，其存在是有价值的、合理的，是印刻在动物本能中的一个特性。当个体的这种本能需求没有得到很好满足的时候，自然就会出现各种问题。

（二）竞争是持续一生的过程

在生存的过程中，每一个体都和同类有竞争关系。这种竞争关系持续到生命的终止。正是这种竞争，激发每个个体不断努力，不断进步和发展，最终使物种在残酷的自然选择中避免遭遇淘汰的命运。人类自然也不例外。然而，适度就好，过犹不及。面对激烈的社会竞争，很多父母在养育子女的过程中，表现得极为焦虑。他们常常简单地以为，通过减少或剥夺子女的娱乐活动，尽可能多地让子女把时间用来学习那些有助于在竞争中取得优势的知识，就能够在竞争中脱颖而出。殊不知，这么做得到的结果和最初的设想往往南辕北辙。因为，人类个体之间的竞争，不是“一场百米赛跑”，而是“一场马拉松”，是持续一生，甚至波及几代人的事情。短期的“用力过猛”，只会留下创伤，埋下失败的种子，或者让子女恐惧并逃避竞争。

（三）发展是一个曲折上升的过程

故事中的主人公在青少年时期，初次接触电脑游戏之后，迅速产生浓厚兴趣，沉迷其中。只要这种活动的程度处于合理的范围就没有问题。作为家长，只要合理引导，为子女订立“恰当的边界”，在必要的时候，提醒其“踩一下刹车”就好了。就算过度沉迷了，子女也能够自觉地调整到恰当的水平，在娱乐的同时，兼顾好生活的其他方面。在人的一生中，这类事情，个体还要经历很多次。个体有了这个经验，就能够在以后的类似事件面前轻松应对。当然，调整需要一定的时间。处理过程也常常会有“症状的反复”或“发展的倒退”，出现学习成绩下滑或其他一些问题也是在所难免的，但终究是能调整好的。

（四）焦虑家长的错误应对，让事情的发展南辕北辙

家长在面对这个问题的时候，往往表现得十分焦虑和恐慌，并通过自己的“威逼利诱”对其眼中的“问题行为”进行“围追堵截”。在“围追堵截”的过程中，除了少数个体“拼命抵抗”之外，大多数子女“缴械投降”，或者以父母提出的优厚条件作为交换，让实现个人的发展成了完成父母吩咐下来的任务；或者丧失自己的斗志，成为父母的“牵线木偶”。无论如何，“缴械投降”的结果就是：如果哪一天父母没有告诉子女需要做什么，子女就无所适从，找不到前进的方向和失去对自己的控制了。主题故事中的主人公就是这样，没有了家人的指引和控制，就无法像成人一样承担起自己应有的责任，而是像小孩一样，没有节制地在游戏中娱乐自己、逃避责任，在大学里就什么也做不成了。因为他早已被父母错误的教育方式所暗示——学习不是自己的事情，是父母安排的任务。当任务完成之后，又没有新任务布置下来的时候，就随心所欲自由发挥了。没有成熟的思考，没有计划，对事情不能很好坚持，对行为难以约束，完全被动物的趋利避害的本能所控制，失去理性对个体行为的调控。这样的个体，在未来的发展中也难以取得成就，成为“啃老族”，永远难以独立应对生活的挑战。

“拼命抵抗”型子女的发展状况也常常令人担忧。他们的叛逆、固执和较高的攻击性，让热心的父母失去了耐心，让好心的父母伤透了心。亲子关系的恶化，让子女在发展过程中，孤军奋战，难以获得有效的来自家庭的支持，他们在这个艰难的社会环境中容易陷入迷惘、愤怒、怨恨的情绪泥沼中，各方面发展屡屡遭遇困难和失败，很难取得成功。

（五）问题与结果交互作用，让解决过程困难重重

俗话说："冰冻三尺，非一日之寒。"任何一个心理问题的出现，都有着长久的历史因素。而且各因素之间发生交互作用，让问题变得更为复杂，解决起来难度更大。问题不解决，就会不断产生新的问题。新问题的出现，往往使个体的处境进一步恶化，造成对问题的解决更加乏力。于是，问题和结果相互作用，以恶性循环的形态演变，使问题的解决变得愈加遥遥无期。故事中的主人公在进入大学之后，先是过去被压抑的对娱乐的需求，在相对宽松的、缺乏约束的大学环境中，得到报复性反弹。这种反弹随之影响大学的学习、人际交往等方面出现问题。当问题出现之初，该学生并没有及时地干预解决，而是任由自己沉浸于游戏带来的欢乐之中，直到问题越积越多，涉及范围越来越广了之后，他才试图进行解决。但自控力的缺乏，使其很快被轻松易得的游戏诱惑，难以坚定地直面自己的问题。再加上缺乏有效地解决问题的策略和技巧，以及专业人员的帮助，就算努力解决也收效甚微，最终不了了之。该学生的体验，从负罪演变成麻木，失去生活和生命所带来的愉悦和欣喜。

自控力：个体摆脱恶性循环的重要素质

在上面的分析中，我们可以感受到一个人性格的发展，以及对事物的认识，与其成长经历、家庭教养方式等因素有着密不可分的关系。这些因素都是外在的、不可控的因素。但运用理性的力量，科学的手段来调整自己、控制自己不合理的观念和行为，消除外界因素带来的负面影响，对于一个成年人来说，却是可以做到的，是基本可控的，也是一种对自己当下和未来负责任的一种做法。而在这个过程中，个体的自控力就显得非常关键。那么，什么是自控力呢？

美国心理学会关于自控力的定义包含以下五个方面：

（1）延迟满足的能力，即为了达到长期的目标，而能够抵御眼前的诱惑的能力；

（2）能够推翻那些无用甚至有害的想法、感觉和冲动的能力；

（3）在行动的时候，采用一种更为冷静的认知系统，而不是一种冲动的情绪系统的能力；

（4）能够有意识地给自我设定规则，并努力遵守；

（5）一种有限的、可能被损耗的资源。

通俗地讲，自控力是控制自己注意、欲望、情绪的能力，即控制自己关注什么、想要什么、表达什么情绪的能力。意志力强弱是两个自我较量的结果，可以理解为两个脑内的“小人”：“恶魔小人”要我们及时行乐，释放欲望，“天使小人”让我们根据长远利益考虑，学会控制欲望。以下是几个与自控力密切相关的因素，可以帮你更好地理解这一概念。

（一）自控力与成长环境有关

棉花糖研究的发起者、心理学家沃尔特·米切尔（Water Mischel）认为，不同的个体之间确实存在自控力方面的差异，但自控力的高低与基因关系并不大，它更是后天作用的结果。例如，他发现，家境贫穷的孩子可能会自控力更弱，他认为这是因为他们的生长环境中，并没有那么多让他们练习“延迟满足”的情境（延迟之后可能就再也没有了，他们必须抓住眼前的东西），而如果没有这样反复的练习和实践，就不可能习得很好的自控力。那些从小比较富足的孩子，有很多机会被训练自控力，包括从小参加一些培训班、家长有意识地引导等。慢慢地，对这些孩子来说，自控力好像成了第二天性。

（二）自控力与动机类型有关

美国心理学会指出自控力对个体来说是一种有限的、会被损耗的资源。一般来说，连续拒绝了几个诱惑之后，我们自我控制的能力就会出现显著下降。但不同的人，损耗自控力的速度是不同的。马克·穆拉文（Mark Muraven）的研究发现，那些被自己内在的目标和需求驱动的人比较不容易损耗自控力。而那些认为自己是被迫在进行自我控制的人，以及那些出于讨好和满足他人需求去行动的人更容易耗尽自控力。也就是说，如果你在做一件你非常渴望的事，你的自控力比较不容易被损耗，你可以持续地对抗各种各样的诱惑。而如果你是出于外界的压力而做一件事，你的自控力就会不堪一击。

（三）不相信自由意志的人更无法自控

对“自由意志”的信仰影响着人们的自控。自由意志，指的是作为人，我们有行为选择的自由，我们的行为是由自己的意志带来的。也就是说，不相信自由意志的人，根本不认为人可以控制或改变自己的行为，更不用说自控了。

凯瑟琳·沃斯（Kathleen Vohs）和乔纳森·斯库勒（Jonathan Schooler）在2002年为此做了一个实验。他们将被试者随机分成两组，其中一组人阅读关于论证“自由意志只不过是人的美好幻想”的相关文章，而另一组人则阅读带有中立观点的文章。

在后来的测验中，他们发现前者更有可能在测验中作弊（仅仅通过阅读文章，使得他们对自由意志的怀疑上升了一些，就影响了实验结果），同时前者也更可能从信封中拿走那些本就不属于他们的钱。之后，他们对“职场表现与对自由意志的信仰”的相关性研究也发现，相信自由意志的人在工作中更守时，也更遵守职业规范。

他们认为这主要是因为，不相信自由意志的人普遍认为自己的行为反应主要由先天、生物、环境因素决定，自己并不对自己的行为有掌控权，因而也就无须为自己的任何行为负责。他们也就更容易不顾后果地放任自己的冲动反应，也更不可能做到自律。

（四）自控力与情绪有关

研究发现，不快乐的人自控力会比较差，因为不快乐的人对自己的未来没有那么多期望，也不在乎未来会有更差的结果——他们会想，“那又怎样”。因此，这些会想“那又怎样”的不快乐的人，更容易做出一些只是眼下一时爽，却会有长期损害的事情。一个不快乐的人，可能会因为觉得“反正没有未来可言”，而在现在做出很多有风险性的举动，酗酒、疯狂购物、暴饮暴食、对待另一半不能控制自己的情绪爆发等。而这些行为，会进一步加深他们对未来不抱希望的信念。研究者认为，产生这样的恶性循环是因为，他们选择用更多的堕落行为来应对羞耻感、绝望感、失控感，这是最快速、最不辛苦就能改善自己心情的办法。

（五）对重要程度的认知，会影响自控水平

Critcher 和 Ferguson 的研究发现，人们对实现目标的方式的重要性认知，会影响个体在实现目标过程中的自控行为。主观上是否认为“这个方式对于实现自己的目标很重要”，决定了人们能否在十分困难的情况下（如面对很多外在诱惑时），也仍然可以做到自控、坚持贯彻执行。

例如，当一个人想要减肥，而他又认为健身是减肥成功的最重要的方式时，他就会更积极主动地投入健身的过程中，并努力使自己专注于健身，并最终实现减肥的目标。也就是说，重点不在于我们喜欢用什么方式，而是我们认为“什么是达成目标最重要的方式”。你要深信你此刻选择的方式，对实现你的目标有至关重要的作用，那你就能做到自控。

技术指导

自控力差是什么体验？

你对下面这组漫画感同身受吗？如果有类似的情况，就看看下面的内容，学习一下如何提高自己的自控力吧。

（a）

（b）

（c）

（d）

（e）

（f）

如果你发现自己的自控力很差，别急着苛责自己，自我批评对于提高自控力并没有帮助。先关心自己的情绪：你是不是不快乐，对未来没有期许？再关心你要做的事是不是出自你的内心：这是我真正想做的事吗？还需要给自己鼓劲儿：我比我想象中更有潜力。在这三点之后，再尝试提高你的自控力才是值得考虑的事情。

如何才能提高自控力呢？

（一）要接受残酷现实

自知之明是自控的前提。我们首先要接受那些令人不愉快的现实：比如我只是一个平凡的人，没有超群的智慧也没有好到爆的运气，唯有勤勤恳恳方能稍有收获。放弃“励志”书籍“一夜成为百万富翁”，或“几个动作就可以轻松减肥”等毫无作用的宣传。真正实现目标的方法，永远只有痛苦持久的自控。

正视现实的另一个好处，是不给自己放纵的机会。比如连着熬夜或者将工作堆到最后一周仓促完成等。现实虽然残酷，却令人谦卑。当你正视真相，才能产生改变的勇气。

（二）你的大脑并不代表你

战胜大脑非常困难，但一旦战胜了特别具有快感。在日常生活中，我们要积极搜集属于自己的证据，比如什么时候最容易屈服于诱惑，以及在和自己的意志力角逐时会说些什么，哪种说法可以奏效。要找到和你的大脑作战的秘密武器。这种武器因人而异，有人习惯找人监督自己，有人喜欢设置奖励。可以尝试《把时间当作朋友》一书中作者推荐的方法：在懒惰时对自己说，现在是你的大脑想这样做，并不是你想要这样做，不要让它得逞。

意识往往会带来惰性和放纵情绪，但是潜意识却非常清楚什么是我们该做的事。所以心理学认为，当人的潜意识征服了意识，两者达成一致时，人才会实现真正的心理健康。战胜薄弱的意识，停止做大脑的奴隶，你就迈出了提高自控力的关键一步。

（三）将困难任务拆分

意识上准备好后，很多人会因为执行不当而功亏一篑。压力是自控力的死敌。我们之所以很难完成许多工作和计划，就是因为它给我们带来了太大的压力。因此，你可以循序渐进，想办法拆分工作来减少压力，这是确保长久执行的好方法。

（四）注意饮食

这点会被很多人忽略，却是保持自控力的关键。古语说“祸从口出”，其实“祸也从口入”。根据营养学家的推荐，低糖低脂饮食，也就是瘦肉、蛋白、坚果、豆类、粗纤维谷类、水果、蔬菜等没有大量脂肪的食物，都会让你的血糖和血脂保持稳定。而血糖和血脂的稳定，会提高意志力所需的糖分利用率，从而提升人的自控能力。

高度自控者大多都有健康的饮食习惯。饮食对健康的影响远超过健身和起居时间，它是打造活力外表，高质量生活的基础。当你往自己身体里随意塞入高热量的垃圾食品，不按时吃饭，营养失衡时，身体系统必然会出现问题，根本无须妄谈自控。更糟的是，失控的饮食习惯会让你在做其他事情时也变得很随便。

如果我们能够坚持按时三餐，注意营养搭配。身体会自动开启清洁程序，进入良性循环，并体现在情绪上，让你逐渐成为体态轻盈、心情愉悦的人。

其实道理往往很朴素，但我们多数人都很难做到，因为人性热衷及时行乐。延迟满足很“反人性”，少有人愿意用眼前巨大的痛苦，换取日后较少的痛苦和较长的幸福。我们擅长的是抓住眼前短暂的幸福而不管未来的代价。但是，自控力强的人会放眼未来，勇于承担当下的责任。他们一生可以完成其他人几辈子都做不到的事情，他们的生活高效、轻松，时刻充满自信和掌控感。别人眼里的苦行僧，拥有的却是人生终极的自由。

延伸阅读

棉花糖实验

40 年前，斯坦福大学心理学家米切尔做了一个考验儿童耐心和意志力的棉花糖实验。十几年后，研究者发现那些通过实验的孩子成年后更加成功。多年来，心理学家一直认为智力是预测人生成败的最重要因素。但米切尔认为智力其实受制于自我控制力，“我们无法控制这个世界，但我们可以控制自己如何去看待这个世界。”“如果你能应对当前炙热的情绪，那么就能把时间用于准备 SAT 考试，而不是看电视。同样的，你还能存下更多的钱，准备养老。这不仅是一个关于棉花糖的实验。”米切尔说。

20 世纪 60 年代末，卡罗琳·威茨还是一名 4 岁的小女孩，她被邀请到斯坦福大学比恩幼儿园的一间游戏房。房间比橱柜大不了多少，里面摆放着一张桌子、一把椅子。有人叫卡罗琳坐在椅子上，从桌子上的盘子里挑一块零食，盘子里装着棉花糖、曲奇饼和脆饼干。卡罗琳挑了一块棉花糖。虽然现在已经 44 岁，卡罗琳仍然对这种软绵绵的甜食没有抗拒力。一名研究者对卡罗琳说，她可以选择现在就吃一块棉花糖，或者等他出去一会儿，当他回来后，她可以得到两块棉花糖。在他出去期间，如果她等得不耐烦，可以摇桌子上的铃，他会立刻返回，那么她可以立刻得到一块棉花糖，但必须放弃第二块。说完，他离开了房间。

虽然卡罗琳对这次实验并没有清晰记忆，做实验的科学家也拒绝透露关于实验的信息，但她有强烈的感觉，自己当时选择了等待，从而吃到了两块棉花糖。“我很擅长等待，”卡罗琳说，“给我一项挑战或一个任务，那我一定会找到方法去完成它，即便意味着放弃我最喜欢的食物。”她的母亲凯伦·索廷诺更加肯定：“还是小孩时，卡罗琳就很有耐心。我肯定她选择了等待。”

比卡罗琳年长一岁的哥哥克雷格也参加了同一个实验。他完全没有表现出妹妹的坚韧。他对那个实验倒是记忆犹新：“在某个时刻，我突然想到房间里只有我一个人，谁会知道我究竟拿了多少糖果？”克雷格说他还参加了另一个类似实验。不过诱惑物换成了玩具。有人告诉他，如果等待就可以拿到两个玩具。但他偷偷地打开了桌子。“我把里面的玩具都清空了。”他说，“我拿走了一切。在那之后，老师告诫我说再也不要进实验房间。”

这些实验的录像非常有趣。在短暂等待期间，孩子们的表现千奇百怪。有的用手盖住眼睛，转过身，故意不去看桌上的盘子。还有的不安地踢桌子，或拉扯自己的小辫子。一个留着小分头的男孩，小心翼翼地扫视了周围一眼，确定没有人在看他，于是伸手从盘子里拿出一块奥利奥饼干，掰开后舔掉中间的白色奶油，然后再把饼干合起来，放回盘子，脸上露出得意的笑容。

多数孩子像克雷格一样。他们无法抗拒眼前的诱惑，连短短 3 分钟也等待不下去。“有几个孩子，不假思索，立刻就吃掉了棉花糖。”主持这次实验的斯坦福大学心理学教授沃尔特・米切尔说：“他们根本没有考虑过等待。多数孩子会猛盯着棉花糖，大约 30 秒钟后觉得等不下去了，于是摇铃。”只有约 30% 的孩子，像卡罗琳一样，成功等到实验者返回，有时候甚至要等上 15 分钟。这些愿意等待的孩子找到了一种抵抗诱惑的方法。

分析调查结果后，米切尔发现，那些不擅长等待的孩子似乎更容易有行为问题，无论是在学校或家里都如此。他们的 SAT 成绩较差，不擅长应对压力环境，有注意力不集中的问题，交不到朋友。能够等待 15 分钟的孩子比只能等待 30 秒钟的孩子的 SAT 成绩平均高出 210 分。

卡罗琳・威茨是擅长等待者的典型。她从斯坦福大学毕业，在普林斯顿获得社会心理学博士学位，现任普及桑大学心理学助教。克雷格移居洛杉矶，在娱乐行业做过各种各样的工作，现正帮助他人编写一个电影剧本。“当然，我希望自己是个更有耐心的人。”克雷格说，“回过头去看，确实有些时候，如果更有耐心，也许我能做出更好的职业选择。”

米切尔和他的同事继续跟踪棉花糖实验的对象直到他们进入而立之年。加利福尼亚大学伯克利分校的心理学助教奥兹勒姆・阿杜克发现，那些不擅长等待的孩子，成年后更容易体重超标，沾染毒品。但是，仅仅依靠实验对象自己的报告也许还不够强有力的说服力。他解释说：“人们愿意告诉你的和他们的真实作为之间或多或少存在一些差距。”因此，米切尔开始邀请一群参加比恩幼儿园棉花糖实验的人回到斯坦福接受脑部 fMRI（功能性磁共振成像）扫描。卡罗琳说她计划接受扫描。科学家们希望发现负责情绪控制，让人们能够推迟享受的脑区域。他们还进行了各种遗传实验，寻找影响人等待棉花糖时间的遗传特征。如果米切尔和他的研究小组取得成功，他们将勾勒出自我控制的脑神经线路。

心理小测试

★ 自制力测试

下列各题中，每题有 5 个备选答案，根据你的实际情况，选择一个最适合你的答案：A 为很符合自己的情况；B 为比较符合自己的情况；C 为介于符合与不符合之间；D 为不大符合自己的情况；E 为很不符合自己的情况。

测试题：

1. 我很喜欢长跑、远足、爬山等体育运动，但并不是因为我的身体条件适合这些项目，而是因为这些运动能够锻炼我的体质和毅力。

2. 我给自己制订的计划，常常因为主观原因不能如期完成。

3. 一般来说，我每天都按时起床，不睡懒觉。

4. 我的作息没有什么规律性，经常随自己的情绪和兴致而变换。

5. 我信奉“凡事不干则已，干则必成”的信条，并身体力行。

6. 我认为做事情不必太认真，做得成就做，做不成便罢。

7. 我做一件事情的积极性，主要取决于这件事情的重要性，即该不该做，而不在于对这件事情的兴趣，即想不想做。

8. 有时我躺在床上，下决心第二天要干一件重要事情，但到第二天这种劲头又消失了。

9. 在工作和娱乐发生冲突的时候，即使这种娱乐很有吸引力，我也会马上决定去工作。

10. 我常因读一本引人入胜的小说或看一出精彩的话剧而忘记时间。

11. 我下决心办成的事情（如练长跑），不论遇到什么困难（如腰酸腿疼），都会坚持下去。

12. 我在学习和工作中遇到了困难，首先想到的就是问问别人有什么办法。

13. 我能长时间做一件事情，即使它枯燥无味。

14. 我的兴趣多变，做事时常常是“这山望着那山高”。

15. 我决定做一件事时，说干就干，绝不拖延或者落空。

16. 我办事喜欢挑容易的先做，难做的能拖则拖，实在不能拖时，就抓紧时间匆匆做完，所以别人不大放心让我干难度大的工作。

17. 对于别人的意见，我从不盲从，总喜欢分析、鉴别一下。

18. 凡是比我能干的人，我不大怀疑他们的看法。

19. 我喜欢遇事自己拿主意，当然也不排斥听取别人的建议。

20. 生活中遇到复杂情况时，我常常举棋不定，拿不定主意。

21. 我不怕做我从来没有做过的事情，也不怕一个人独立负责重要的工作，我认为这是对自己很好的锻炼。

22. 我生来胆怯，没有十二分把握的事情，我从来不敢去做。

23. 我和同事、朋友、家人相处时，很有克制能力，从不无缘无故发脾气。

24. 在和别人争吵时，我有时虽明知自己不对，却忍不住要说些过头的话，甚至骂对方几句。

25. 我希望做一个坚强的、有毅力的人，因为我深信“有志者事竟成”。

26. 我相信机遇，很多事实证明，机遇的作用有时大大超过个人的努力。

分数计算：

单数题号：A 记 5 分，B 记 4 分，C 记 3 分，D 记 2 分，E 记 1 分。

双数题号：A 记 1 分，B 记 2 分，C 记 3 分，D 记 4 分，E 记 5 分。

各题得分相加，统计总分。

结果分析：

111 分以上：自制力很强。

91～110 分：自制力比较强。

71～90 分：自制力一般。

51～70 分：自制力比较弱。

50 分以下：自制力很薄弱。

心理小活动

★ 自控力训练

首先，对自己进行深入剖析，增强“我想要”的力量并且更加深入了解自己。挑选一个你目前正在面临的意志力的挑战。想一想，更难的事情是什么？为什么它如此艰难？认清两个自我，描述出这两种相抗衡的想法——冲动的自我想要什么？理智的自我想要什么？

其次，通过两个意志力实验来增强自控力。

（1）选择一天，记录自己的意志力选择。把自己做的决定记录下来，哪些是有利的？哪些会消磨你的意志？

（2）进行 5 分钟冥想实验：①原地不动坐好；②闭上眼睛，将注意力集中在“呼”“吸”上；③感受呼吸，开始走神的时候，重新集中注意力，并找出自己走神的原因。

如果冥想的时候觉得很糟糕，没有关系，实际上，感觉越“糟糕”，它在现实生活中的运用作用就越明显，最关键的是你能在走神的时候意识到这一点。刚开始进行冥想训练时，每天锻炼 5 分钟就可以，习惯之后，可以试着将时间延长到 10～15 分钟，当然不是必须延长，每天都有一段固定的时间冥想，总比一天强迫自己冥想 30 分钟要好。

思考题

★ 一位大学新生的烦恼

上了大学之后，我每天除了玩手机就是玩电脑，明明有很多事情挤压着要做，脑子却很乱，一直拖延，开学两个月都没有听过课，上课也是看视频，感觉荒废了大学生活。每次看到什么“鸡汤”心里都会很触动然后激励自己，但是永远都做不到，制订了计划也完不成。我特别害怕，但是我从小就是这样的，高中也是，就连快高考时也是混日子不学习，运气好考上了一个一本医学院，但是感觉同学们都很刻苦，而我懒散惯了，现在心里很矛盾、很难受但还是没有什么改变。求教。

思考：学习本章后，你将如何解答这位新生的烦恼呢？

第九章　今天，你“拖延”了吗

主题故事

拖延的两个实例

实例一： 今天晚上我终于下决心要开始做我的创意方案了。于是我在饭后很快进入书房，打开电脑。但开始工作之前，我想做一些准备。毕竟，这个工作很耗费精力，需要的时间会很长，我得先把状态调整好。

我决定先听一会音乐。觉得古典音乐并不符合我眼前的心境，换成流行音乐。听流行音乐时，我为自己泡了一杯咖啡，吃了一些小点心，新口味巧克力派的味道“好到爆”，超出了我的想象。身体调整好了，但心情似乎还没调整到位！干脆去洗一个澡吧，让自己放松一下，洗完之后擦了一遍爽肤水，三遍爽肤露。但还是觉得这个氛围还不太对。给自己泡上一壶香香的菊花茶，当茶香在书房袅袅升起，终于在这一刻心如止水了。

然后，我看着那个打开的 Word 文档，睡着了……

实例二： 一个朋友第一次给他的客户打电话，犹豫着，徘徊着，设想不下 10 种的可能：电话打过去，客户在开会，电话开的静音；客户昨晚应酬到很晚，还在休息，手机在客厅；客户正在骂他的手下，大发雷霆，根本不接电话；客户正在陪上级领导视察工作，是他的秘书接听的电话；客户把手机忘家里了，是他的夫人或儿子接的电话；客户绞尽脑汁在琢磨工作计划，听到电话铃响很不耐烦；客户正在接待他的客户，说话不方便……

就这样，他整整想了一个下午，想好了各种情况的心理准备和应对的策略，然后，卷起袖子，往手心里吐口唾沫，哆嗦着抓起电话，按下那几个“腹”述无数次的号码键……结果——电话占线。他如释重负地放下电话，嘴角还有一丝微笑。

理论分析

“拖延症”究竟是什么？

上面两个实例中主人公的表现，你是不是感到似曾相识。很多人会觉得这就是一种拖延症。其实这种行为特征，谈不上什么“症”，只不过是按照当今社会的主流标准进行评判的话，会觉得很有问题罢了。所谓的“拖延症”，就是你明知道这件事该干，但是你就是拖着不干，而拖着不干的同时，心中还有强烈的焦虑感和负罪感。做事拖拉、内心焦虑和有负罪感，这三条凑齐，基本上就算是“拖延症”了。在探讨拖延之前，有必要确定的是拖延不等于懒惰。虽然行为表现上，两者极为相似，但内心体验有巨大差别。懒惰的人内心是轻松、享受的。而拖延的人内心是焦虑不安、愧疚不已的。卡尔加里大学商业教授皮尔斯·斯蒂尔在一次调查中发现，65%的被调查的学生在开始着手准备学期论文之前，希望避免拖延，他们深知拖延会使得自己在学业上的表现更差。

既然拖延让人如此难受，为什么人们还是会常常拖延呢？想必拖延在带来痛苦的同时，肯定还是让人收获了不少的好处。美国德保罗大学的心理学教授约瑟夫·费拉里调查发现，拖延症者们知道自己需要尽快开始工作，但总是拖延，他们会去做一些有趣的事情来逃避工作，也可能是一些平时讨厌的事情，如洗衣服、打扫卫生、修窗户等。看似简单的拖延症的背后，其实隐藏着复杂的心理学原因。

（一）拖延，在进化上是有价值的

人类任何一种特征的存在，基本上都有进化的价值。拖延，自然也不例外。微信公众号“东东枪”在一篇文章中举的例子特别形象。

几百万年前的一个深更半夜，俩原始人躲在山洞里，听见外头有东西嗷嗷叫。没听过，不知道是什么。急脾气的那个说：“啥玩意儿啊？我出去瞅瞅。”拖延症那个说：“瞅啥啊？再等等。”急脾气的不听劝，出山洞去瞅，不巧，是大老虎！……享年一十五岁。

我们的拖延得以在当今社会中广泛存在，大概就是这种自然选择的结果。这种行为特性虽然可能使我们在做事情上效率比较低，取得的成就也不是很大，但同时也让我们免于应对很多难以控制的、未知的风险，间接增加了我们生存和繁衍的机会。最终，拖延的行为特征，在自然选择的过程中，被“剩”了下来，并印刻在基因中，代代相传，保留至今。从这个角度来说，当今人类具有拖延的行为特点，有着深刻的生物学基础。

（二）拖延与事务的难度和跨度成正相关

拖延行为，历来都有。当今时代，人们的生活和工作方式已经发生了翻天覆地的变化。而这些新的生活方式的部分特点，可能正是加剧人们拖延行为的重要因素。

1. 那些难度较高的事务，容易成为被拖延的对象

在职业领域中，像农民、流水线工人、司机等从事简单的、机械的、重复性劳动的群体，对工作的拖延情况是比较少的。相反，在那些对创造性要求较

高、难度和复杂度较大的领域中工作的人，则有着大量的拖延行为。例如，常常在交稿截止时间之前匆匆赶完稿件的作家，常常在上课的前一天晚上才备好课的教师，以及本章开头故事中的对于方案策划拖延的公司职员，他们都是陷入工作拖延的主要群体——都是在截止日期之前，才硬着头皮完成“那件事情”。而在时间比较充裕的情况下，都会先去做一些更简单、更容易的事情。

贪易畏难，是人的本性。一上来就“啃硬骨头”，是有风险的。一方面，“啃硬骨头”要耗费大量的精力，如果自己已经很饿了，如果有肉，肯定要先吃肉，否则，可能骨头没有啃下来，自己先饿死了。只有在没有其他东西可以吃的情况下，个体才会迫不得已去啃硬骨头。就算自己不是很饿，啃硬骨头总会耗费自己大量精力，让自己损失能量储备。而如果太专注于啃硬骨头，忽视相对简便易得的肉不吃，很有可能得到的结果是，等自己啃了硬骨头后，回头再来吃肉的时候，肉已经被其他人吃完了。所以，“啃硬骨头”的个体很容易被那些相对容易易得的东西吸引，难以专注地完成那份艰巨的任务。此外，“啃硬骨头”面临失败的风险。一方面，硬骨头可能会损伤自己的牙齿，进而影响身体健康；另一方面，万一“啃了”很久都没有把“硬骨头啃下来”，则会影响自己在群体中的形象和地位，给个人利益带来负面影响。

2. 那些需要耗费大量时间才能完成的事情，容易被拖延

如果一件事情从开始到结束，持续的时间非常长，则人们很容易将注意力转向那些能够带来及时反馈的事情上去。

按照行为主义的观点，任何一种行为，只有被强化了，才能够持续发生。而强化，意味着，个体在做出一种行为之后，情况发生了变化。而且这种变化只有是显著的，才能够驱动个体不断努力地坚持做下去。

而当今社会有太多的事情，并不会给个体及时带来明显的收益。例如，一位大学生坚持看完一本长篇巨著，并不会立即让他在人际交往或者考试中得到显著好处。一位作家以最快速度超负荷工作完成一部文学作品，并不会很快使自己的名誉和财富得到提升。没有这些强化，人们就会对那遥遥无期的目标失去兴趣，而变得“今朝有酒今朝醉”，及时行乐了，甚至到最后，已经忘记自己最初设定的目标了。

（三）拖延行为的出现，个体的心理因素也在起作用

1. 拖延，常常被自我评价低、挫折承受力差的人用作为失败辩护的借口

“嗨，你上次考试怎么样？”“别提了，我一直没复习，最后一晚才勉强翻了下书。”这样的对话听起来是否很耳熟？对于过分在意别人看法，自我评价低的拖延者而言，他们常常希望他人认为自己只是不够努力，而不是没有能力。

听起来如此“阿Q”的借口，却是很多对成功缺乏信心、害怕失败打击的拖延者内心深处真实的想法。《拖延心理学》的作者，来自美国加利福尼亚大学的心理学博士简·博克和莱诺拉·袁在书中指出，拖延成为自我安慰的方式，让自己相信自己的能力要大于其表现，而其他人也很容易认同这样的一种借口。

2. 拖延，有时候是因为个体内心抵触要做的事

为了获得自己想要的东西，很多时候，人们不得不做一些自己不愿意做的事情。当一件事情被当成一种强加于自己身上的事情的时候，没有人会喜欢。个体会倾向于拖延、逃避。比如一个被父母“劝说”去考公务员的朋友，总是不能进行有效的考前学习。

此外，有些事情，我们以为自己是喜欢做的，想要做的，但其实这些都是幻象。我们的理智有时候是被蒙蔽的，而我们的潜意识却对这一切看得清清楚楚。在这种情况下，主要由潜意识力量驱动的个体就会不自觉地对这类事情表现出拖延行为。

3. 拖延者，有对完美的过分追求

追求完美可能造成拖延。对有些拖延者而言，平庸是无法忍受的，他们希望每一件事都做得非常出色。通常直到最后期限来临的前一刻，完美主义者都沉浸在无边的细节和准备中无法自拔。直到火烧眉毛了，他们才硬着头皮开始行动。这让他们终于有了放弃完美的勇气，一口气冲到终点线。只可惜，质量很难保证。所以，完美主义只是一种想象，而非现实。现实中，没有人能够完美，这导致许多人陷入了拖延的泥沼。

技术指导

拖延的应对

虽然，拖延有拖延存在的价值，但在当今这个社会协作越来越精细，人的工作内容越来越复杂，需要处理的事情越来越多。拖延，终究还是会给个体和社会带来不少的麻烦。那么，怎样来应对拖延这种行为呢？下面是几个方面的建议，可以参考一下。

（一）拖延一点，有好处

你可能会觉得，不是给建议吗？怎么又变成了好像让我们接受拖延，不用做出改变，继续拖延就好了呢？是的。在前面的分析中，我们知道拖延有其生物学价值。人类本来就不是我们想象当中的那般完美和伟大，就是一个喜欢拖延的物种。既然从本性上让人类从拖延变成勤快是几乎不可能的，那就接受拖

延的本性吧。这种认知上的转变，难道不能算作一种改变和应对吗？正如古语所云“有心栽花花不开，无心插柳柳成荫”，虽然我们想要做好的事情被一拖再拖，但那些我们无心中做的事情，可能给我们带来意想不到的惊喜。

美国斯坦福大学的哲学教授约翰·佩里提出的“结构性拖延法”，就是这样一种观点和经验。他经常和学生们聊天，以此来逃避为出版社写稿件。虽然这让出版社极为不满，却意外地得到广大学生的好评，并因此收获了很多荣誉。只要转变我们对事情的认知，拖延带来的内疚、自责和焦虑感不就消失不见了吗？拖延也就解决了。始终要提醒自己：拖延的危害不是对事情的负面影响，而是对我们心理的折磨摧残，进而反过来带来事情的进一步恶化。而观念上的这种调整，就会打破这一恶性循环，削弱拖延行为带来的负面影响。

（二）拖延起到“酝酿”的作用

电影《让子弹飞》的名称和一些情节，传递出来了一种态度，那就是：很多事，不要急，做了之后，就会播下一颗种子，随着时间的推移，种子会生根发芽，长成我们预期的目标——参天大树。就像射出一颗子弹之后，子弹总是要飞一会儿，才会击中目标一样，我们需要的只是耐心等待。

就像语文考试之前，老师经常会跟我们说：“拿到卷子之后，先看一下作文题目，再从最开始的题目开始做起。”这就是恰当利用拖延所带来的“酝酿”作用。表面看起来，我们是把作文搁置了，但正是这种搁置，让我们能够在潜意识中思考这个题目的作文该怎么写。最终反而提高了做题的效率和对时间的利用率。

所以，这第二个应对方式，也是对拖延行为产生一种观念上的转变，焦虑和自责可能也就会减少很多。

（三）随着时代的变革和发展，拖延问题迎刃而解

拖延之所以成为一个焦点问题，跟社会发展密不可分。当然，随着社会的进一步发展，也许现在的这类问题会渐渐消失也不是没有可能。当前，拖延的主要原因，是人们在做着超出能力范围、没有兴趣或者是时间跨度太长的事情。如果有一天，人类社会进入了一个新阶段，人们每天做着自己力所能及、喜欢做的事情，那么，拖延也许就不再是一个问题了。所以，这一条依然是对观念的一种调节思路。希望你能够仔细品味，对拖延形成更深刻的认识，从而减少自己因之产生的情绪困扰。

（四）借用群体的力量，减少个体的拖延

一个人单独做事的时候，很容易被各种更有趣、更轻松的事情所吸引，从而将本来计划做的事情搁置一边，事后又后悔不已，出现拖延伴随的一系列问题。但是，假如我们把这件事情放在群体中去完成。在群体中，为了维持自己一个良好的形象，个体往往会更加努力，更加专注地将事情高效率地完成。社会心理学的很多实验都证实了这种“群体促进效应”的存在。高中生一起上晚自习，大学生在图书馆阅读，公司统一加班，就起到了“群体促进”的作用。

所以，把自己放在一个有着共同目标，并肩作战的团队里面，是一个有效监督自己，避免自己被拖延行为所牵绊的一个很好的策略。

（五）心理成熟的人会少一些拖延

观念上的调整，可以让我们减少拖延行为激发出来的情绪困扰。但人毕竟是有惰性的，是趋利避害的。而有些事情，如果一味按照本性的驱动来处理，则人会变得一事无成。很多人明明知道恰当的解决问题的方法，却从不坚持去做，而是经常向别人诉苦：《“我就是懒，我就是自控力低，我就是现在解决不了这个问题，怎么办？”罗辑思维》节目主播罗振宇的回应，让人觉得简直是“掷地有声”。他说：“没有什么怎么办的问题，这个世界上什么都会变，但有一样东西不会变，那就是成功的人和不成功的人，对自己满意的人和一生对自己不满意的人，这个结构比例不会变。如果你真的克服不了，你就是个不成功的人而已嘛，那也没什么奇怪的。”

这些人就是拒绝成熟地思考问题和承担起自己应有的责任，始终想要躲在幼稚的面具下，把事情推给别人。所以，我们应该不断反思、学习和提高自己的心理成熟度。尽可能地发挥好自己理性的调节作用，掌控好自己，不要轻易被本能的力量完全控制。

延伸阅读

假如今天是我生命中的最后一天

奥格·曼狄诺

假如今天是我生命中的最后一天。

我将如何利用这最后、最宝贵的一天呢？首先，我要把一天的时间珍藏好，不让一分一秒的时间滴漏。我不为昨日的不幸叹息，过去的已够不幸，不要再搭上今日的运道。时光会倒流吗？太阳会西升东落吗？我能抚平昨日的创伤吗？我能比昨天更年轻吗？一句出口的恶言，一记挥出的拳头，一切造成的伤痛，能收回吗？不能！过去的永远过去了，我不再去想它。

假如今天是我生命中的最后一天。

我该怎么办？忘记昨天，也不痴想明天。明天是一个未知数，为什么要把今天的精力浪费在未知的事上？想着明天的种种，今天的时光也白白流失了。企盼今早的太阳再次升起，太阳已经落山。走在今天的路上，能做明天的事吗？

我能把明天的金币放进今天的口袋吗？明日瓜熟，今日能蒂落吗？明日的死亡能给今天的欢乐蒙上阴影吗？我能杞人忧天吗？明天与昨天一样被我埋葬，我不再想它。

假如今天是我生命中的最后一天。

这是我仅有的一天，是现实的永恒。我像被赦免死刑的囚犯，用喜悦的泪水拥抱新生的太阳。我举起双手，感谢这无与伦比的一天。当我想到昨天和我一起迎接日出的朋友，今天已不复存在时，我为自己的幸运，感谢天主。我是无比幸运的人，今天的时光是额外的奖赏。许多强者都先我而去，为什么我得到这额外的一天？是不是因为他们已大功告成，而我尚在旅途跋涉？如果是这样，这是不是成就我一次机会，让我成全？造物主的安排是否别具匠心？今天是不是我超越自己的机会？

假如今天是我生命中的最后一天。

生命只有一次，而也不过是时间的积累。我若让今天的时光白白流失，就等于毁掉人生的最后一页。因此，我珍惜今天的一分一秒，因为他们将一去不复返。我无法把今天存入银行，明天再来取用。时间像风一样可捕捉。每一分一秒，我要用双手捧住，用爱心抚摸，因为他们如此宝贵。垂死的人用毕生的钱财都无法换得一口气。我无法计算时间的价值，它们是无价之宝！

假如今天是我生命中的最后一天。

我憎恨那些浪费时间的行为，我要摧毁拖延的习性。我要以真诚埋葬怀疑，用信心驱赶恐惧。我不听闲话，不游手好闲，不与不务正业的人来往。我终于醒悟：懒惰，无异于从我所爱之人手中窃取食物和衣裳。我不是贼，我有爱心，今天是我最后的机会，我要证明我的爱心。

假如今天是我生命中的最后一天。

今日事今日毕。今天我要趁孩子还小的时候，多加爱护，明天他们将离开而去，我也会离开。今天我要深情地拥抱我的妻子，给她甜蜜的吻，明天她会离去。今天我要帮助落难的朋友，明天他不再求援，我也听不到他的哀求。我要乐于奉献，因为明天我也无法给予，也没有人来接受了。

假如今天是我生命中的最后一天。

如果这是我的末日，那么它就是最美好的日子。我要把每分每秒化为甘露，一口一口，细细品尝，满怀感激。我要每一分钟都有价值。我要加倍努力，直到精疲力竭，即使这样，我还要继续努力，今天的每一分钟都胜过明天的每一小时，最后的也是最好的。

假如今天是我生命中的最后一天。

如果不是的话，我要跪倒在天主面前，深深地感谢！

心理小测试

★ 拖延程度测试

下面这个小测验，包括一系列真假判断题，可以帮你确定自己当前的拖延程度，也可以帮你搞清楚，需要采取哪些步骤来执行你的“战拖计划”。

找一个放松舒适的环境来做这个小测验，这样你就能客观地思考每一个问题的答案。做完这份问卷之后，你就能判断出自己是一个拖延者还是一个创造者，你也可以确定自己是习惯性拖延者，还是普通的偶尔拖延者。

准备好了吗？那我们就开始吧！

1. 我会立刻回电话。 □是 □否
2. 我做决定很迅速、很及时。 □是 □否
3. 我从来不会因为信用卡还款过期或者账单到期未交而支付滞纳金。 □是 □否
4. 我会提前找个时间，尽快把圣诞节或生日需要的东西都买好。 □是 □否
5. 吃完饭，我会很快洗好餐具，不会把它们堆在水槽中不管。 □是 □否
6. 我不会推迟我需要做的事情。 □是 □否
7. 账单来了我会尽快付清。 □是 □否
8. 我不会错过音乐会和体育比赛，因为我总会记着提前买票。 □是 □否
9. 需要做重复性工作时（如市场前景分析、市场调查和常规的业务活动），我不会因为害怕可预见的痛苦而逃避它们。 □是 □否
10. 我会定期预约做口腔和身体检查，并且会如期赴约。 □是 □否
11. 出门旅行时，我会提前到达机场，从不会迟到，也从没错过航班。 □是 □否
12. 我可以很轻松地把车停进车库，没有太多的杂物妨碍。 □是 □否
13. 我的工作场所整洁有序，工作起来非常舒适，有利于做出成绩。 □是 □否
14. 我会把要做的事列出来，完成一件以后就及时、轻松、准确地把它从清单上画掉。 □是 □否
15. 我很善于规划自己的日程安排，尽量减少重复工作。 □是 □否

16. 我会迅速地回答问题，不会为了一个答案思前想后。 □是 □否

17. 我很少会重复别人问我的提问字眼，而直接回答对方。□是 □否

18. 在回答问题时，我很少会用“嗯”“啊”等口头禅开始我的答案。 □是 □否

19. 买东西前我会细心准备，很少会忘记要买的东西。 □是 □否

20. 出差或者度假前我会把一切行李都打包好。 □是 □否

21. 我会定期洗衣服，从来不会把衣服存得堆成了“山”才想起来洗。 □是 □否

22. 我总能按时完成任务，且经常在截止时间之前很久就把任务完成。 □是 □否

23. 我家特别干净整洁、井然有序。 □是 □否

24. 我不会往衣橱里放太多的东西。 □是 □否

25. 晚上有活动时，出门前的最后一分钟我很少还需要做什么事情。 □是 □否

26. 我很少在日常生活事宜上出现问题。 □是 □否

27. 我很少觉得情绪上不堪重负。 □是 □否

28. 我通常会保证车子加满油。我开车时很少会出现快没油的状况。 □是 □否

29. 我会定期倒垃圾，不会让垃圾堆积成山。 □是 □否

30. 我每周至少会花3～4小时的时间坚持做锻炼。 □是 □否

31. 我不会放着一堆电子邮件不整理回复。 □是 □否

32. 我很擅长迅速回复邮件和网上留言。 □是 □否

33. 闹钟响的时候，我会马上起床，开始崭新的一天，积极地为创造新价值做好准备。 □是 □否

34. 在准备聚会、比赛、研讨会等活动的时候，我会提前做好计划。 □是 □否

35. 我的冰箱总是摆放有序、一尘不染，很少会有坏掉的食物。 □是 □否

36. 我会制订切实可行的目标，而且我经常能够实现它们。□是 □否

37. 我在睡觉前会把所有应该做的事情都做好。 □是 □否

38. 我会定期核对，处理好自己的财务状况。 □是 □否

39. 我知道我自己每个月的财务开销是多少。 □是 □否

分值计算：

每回答一个“否”计1分，每回答一个“是”不计分。然后把所有题目的

分数加起来，得到总分。

结果解释：

24 分以上：你是一个习惯性拖延者，拖延使你在生活中的许多领域都陷入了瘫痪。

14～23 分：你的拖延靠近习惯性拖延的边缘，你需要一次彻底的调整，尽可能摆脱杂乱和拖拉。

6～13 分：你是一个轻度到中度的拖延者，需要一些微调，但是你已经走在成为一个康复中的拖延者的路上。

5 分以下：你是一个非常有创造力的人，拖延在你的生活中只是一个很小的问题。但是，改进的空间总还是有的。

心理小活动

★ 辩论会：拖延的功与过

关于拖延行为，有两种声音。一种认为，不拖延的时候，能做更多的事情，而且效果较好，推崇在工作、生活中都要有计划，并按计划坚定执行；另一种观点认为，拖延到最后时刻的时候，做事情效率更高，能在短时间内开展多重任务，时间利用得更充分。

你赞成哪一种观点呢？和你的伙伴们开展一场辩论赛吧！

通过辩论，你会对这个问题有意想不到的收获。

思考题

★ 把脉拖延症

是否所有的拖延行为都是消极、负面的呢？《把脉拖延症：是速战速决的快乐感，还是消极情绪的恶性循环》中，专家认为，对于不同的拖延行为，要有所区分。

有一种拖延行为不影响工作质量，只是由于每天工作的重复性引发的心理倦怠。例如一个人认为自己 3 天之内可以完成工作任务，所以在离期限还有 7 天的时候一点也不着急，直到最后只剩 3 天了才开始工作。这种适度的、可掌控的紧迫感和焦虑促发斗志，让他觉得自己只有在压力状态下才有做事情的状态，而他最后工作完成情况也不错。长此以往，就可能强化了自己适合在短期高压状态下工作的心态，并且对以后的行为不断进行自我暗示，盼望着截止期限之前速战速决的快乐感，由此形成鼓励型拖延。

还有一种拖延行为影响工作质量并带来了负面情绪，可能引发自我否定、自我贬低，伴生出焦虑症、抑郁症等心理疾病。例如一个人由于抗拒或恐惧等消极情绪，工作卡在一个左右为难的选择点上，拖着不做，导致工作进度滞后，可是又无法抽身，于是原先的消极情绪不断加重，直至最后不能再拖了，只好硬着头皮上，草草了事。这样敷衍了事，影响工作质量，由此遭遇领导批评、客户指责等负面情绪的投射。在这种情况下，这个人面对下一份工作时，难免再次产生抗拒或恐惧等消极情绪。由此，陷入恶性循环，引发逃避型拖延。

思考：

（1）你在日常生活中出现的拖延行为是鼓励型还是逃避型？还是两种都有呢？请把自己的拖延行为一一罗列，并将其分类。

（2）如何应对逃避型拖延带来的消极影响？

第十章　同理心：有效沟通的基本条件

主题故事

难忘的谈话

在我的记忆里有一段特别难忘的谈话。那是 1965 年的事，我当时读高中，美式足球几乎是我生活的全部。在我的生命中，没有任何事比双臂抱着橄榄球奔跑时来得快乐。

但我是个“普通”的学生，学业成绩介于“B”与“C”之间。尽管我的学业成绩不佳，但我得到一些还不错的学校所提供的美式足球奖学金。当学业辅导员拨电话给我，要我到办公室找他时，我正在考虑是要加入大学美式足球队还是半职业队。

马丁先生很和气，但也很拘谨。他说：“我看到你在报告里勾勒的远景，注意到你已经得到美式足球奖学金。你想读大学吗，阿瑟？”

“我还不太确定。”我说。

他认真的凝视吸引了我的注意力。他说：“我必须诚实地告诉你，我无法确定你是不是读大学的料。”马丁接着告诉我，如果没有踢美式足球，我大概连大学也进不了。他提醒我，我的成绩很普通。他认为我很有可能被大学退学，因为这对我所就读的高中会有不好的评价。结束谈话时，他建议我考虑其他选择，包括军队。他说：“在部队里，你会有成长的机会，了解你自己，发现你生命中想要做的事情。”

那天晚上，当我父亲下班回到家，我告诉他我与辅导员谈话的事。“所以，阿瑟，”父亲停顿一下，点燃雪茄后说，“你可不可以更清楚地告诉我他说了些什么？”

“他认为我不应该去念大学。他认为我会毕不了业。”

“他只是这么说吗？”

“他说我的成绩很普通。他说我擅长踢美式足球，但这可能是我唯一能进大学的理由。他认为我应该考虑从军。”

父亲注视着我一会儿，静静地评估我的心情。“那么，”他抽一口雪茄，呼出一口烟，然后说，“何不告诉我你的想法？”

“也许我不是读大学的料，就像马丁先生所说的。”我没有告诉父亲，当马丁先生评估我的能力时，其实我觉得非常困惑、沮丧。

我父亲等待着，注视着我。

"我实在不清楚。"我重复说道，"他是辅导员——我想他应该了解。"

父亲捺熄雪茄，对我微笑。在这微笑里，我看到这世界上全部的爱。他说："我知道你不是个杰出的学者，阿瑟。但是我不知道这位没有从小看你长大、对你的生活不了解的男人，为什么告诉你不应该念大学。我想听听他的理由。让我们去听听他怎么说。"

隔天，父亲和我坐在马丁先生的办公室。父亲注视着挂在书桌后面墙上裱了框的大学学位证书，然后很有礼貌地要求马丁先生重复前一天对我说过的话。马丁先生说了好长一段时间，谈到我的成绩普通、缺乏动机，之后又解释他的工作是判断哪一个学生能够从大学毕业、哪一个应该考虑其他选择。他注意到我父亲全神贯注地倾听、不时地点头，看起来好像非常认同他，这似乎又鼓励他继续往下说。他对运动和课外活动有些负面评价，一再重复他跟我提到的许多运动员，特别是玩美式足球的人，影响了我们学校的名声。

父亲倾身向前，双手交握好像在祈祷一般地说："先生，请告诉我，你高中时参加过任何运动吗？你指导过任何球队吗？"

马丁先生的答案是从鼻子哼出气来，带着被逗得有些高兴的惊讶说："我对运动没有兴趣，我的兴趣是在学术方面。"在接下来的十分钟里，他谈到他自己的人生与教育的哲学。

当他说完时，父亲问了他在每一次重要谈话时都会问的问题："你想要说的事情都说完了吗？"

马丁先生回答："是。"他自认为该注意的都注意到了。

父亲以非常平静的声音说："嗯，先生，我发现你是受到良好教育的人。从你墙上的学位证书，我知道你从大学毕业，甚至还有硕士学位。"

马丁先生微笑，为他的成就感到骄傲。

父亲继续说："喔，这是我对你的学位的看法，不过像你这样的人——很明显看不到像阿瑟这样有天赋的小孩的潜能——也能得到硕士学位，我确信我的小孩也没问题。谢谢你花时间和我们说这些。"他站起来，对马丁先生伸出手，很坚定地握手，跟他告别。

理论分析

同理的倾听

在上面这场难忘的对话中，我们发现父亲不管是对孩子阿瑟还是对辅导员马丁，都较好地运用了同理倾听的方式。他用真诚和专注获得了阿瑟的信任，让他愿意将在学校发生的事情原原本本地说出来，同时敏锐地捕捉到孩子的沮丧与困惑，并让孩子感受到父亲对自己的理解与爱。在学校，与马丁先生沟通的过程中，父亲的肢体动作、神态表情以及语言措辞等，都向马丁先生传递出"愿闻其详"的信号，从而使他愿意将自己的想法与意见充分表达，而在此过程中，父亲也在进一步观察、评估对方——这位老师是什么样的人？他是不是已经预设好了议题？他是真正关心阿瑟，把他当成独特的个体，还是认为所有的球队队员都一样？在了解清楚马丁先生的想法与意见后，虽然不认同，但父亲表现出来的是接纳的态度，同时真诚地表达了自己的观点，既达到了沟通的目的，又不失礼貌与风度。

故事中的这位父亲，就是用同理的倾听，达到了良好的沟通效果。在人际交往中，沟通无处不在。理解他人，能够帮助我们更顺畅地交流。而同理倾听，就是一项重要的技巧。让别人有机会清楚、完整地说明理由，并表达出想法和感觉，尽可能地理解对方的目标、动机、意图、恐惧、梦想和欲望，运用这些信息仔细评估。

为了准确判断他人的特质与动机，你需要调整自己的观点，学习接纳别人的想法。当你进入别人的经验世界，以对方的眼光看世界，仿佛你就是对方本人，这时你就是发挥了同理心。同理心需要我们先抛开自己的理论与价值判断，重新开始。全心全意地倾听，让我们进入别人的想法与感觉，然后依据实际体验到的事实修正我们的观点。在人际交往中，同理的倾听必然能帮助我们更好地理解对方，从而使沟通更顺畅。

一个人如果能够很好地使用同理的倾听，我们常说这个人具有同理心。那么，究竟什么是同理心呢？同理心，又叫换位思考、共情，是指站在对方立场设身处地思考的一种方式，即在人际交往过程中，能够体会他人的情绪和想法、理解他人的立场和感受，并站在他人的角度思考和处理问题。主要体现在情绪自控、换位思考、倾听能力及表达尊重等与情商相关的方面。

同理心是暂时认同他人体验的一种过程，也是一个发生于人际关系的过程，是倾听、了解并对他人感觉发生共鸣的过程。因此，认真倾听，并有所反应是同理心的基本要求。

（一）倾听

倾听，并不是单纯的聆听，而是在沟通过程中，与对方有良好的目光接触，保持开放的身体姿态，全神贯注地聆听对方传递出的言语信息（包括说话的内容、速度和语调等），观察对方的非言语信息（包括肢体动作、面部表情等），并在这个过程中，一边接收信息，一边从对方的角度出发，细细品味、体会对方所传递出的思维逻辑和情绪感受。避免在这个过程中，左顾右盼、目光游离，或者做其他事。同时，不要用自己的标准来评判对方的想法和行为。不要以为自己的感受就是对方的感受。要始终明白人与人是不一样的。每个人都是一个有着独特生活经历、独特思维方式和情绪情感的独立个体。站在对方的立场进行理解和感受，不断拉近自己与对方想法和感受的符合度，才算是同理式的倾听。

（二）对话中要有所反应

没有人喜欢自己说了很多话，传递了很多信息和感受之后，对方仍无动于衷，没有丝毫反应。因此，在对方说话的过程中，倾听者及时给予如“嗯、是的、对、我能理解、明白”等言语上的回应。或者通过点头、微笑或适当的面部表情来进行肢体动作上的回应。这些都会让对方觉得其表达一直被积极地倾听和认真地对待。这样，对方才有动力继续讲下去。同时，针对对方表达中的一些不清楚的、有疑问的地方进行提问，也会让对方觉得被重视，并能感受到倾听者在极其仔细地倾听自己的诉说。通过对疑问的解答，也能够帮助表达者更好地理清楚事件的来龙去脉等，所以，在对话中，倾听者积极地回应，是极为重要的。

技术指导

如何培养同理心？

同理心并非与生俱来，都是通过后天学习得来的。所以，不管你自认为自己的同理心多么差，都没有关系。通过后天的练习，你的同理心都能得到一定程度的提升。以下几个方面的建议，能够对培养自己的同理心有所帮助。

（一）把焦点放在别人的需求上

同理心在促进有效沟通中所起到的作用之所以重要，是因为拥有同理心的个体在倾听、思考、感受和回应的过程中，始终把对方的需求作为自己考虑的首要问题。这么做的结果就是对方能够在表达的过程中，感受到自己的需求得到了倾听者的理解和尊重，这样，他们就会接纳倾听者，与倾听者建立良好的关系。在此基础上，表达者在后续的沟通中，就更能够反思自己身上存在的问题，并更容易采纳倾听者所给出的合理建议。

（二）不要轻易做未经慎重思考的价值批判

每个人在价值观方面都会有或多或少的不同。有些时候，沟通双方存在巨大的价值观差异。那么，在这种价值观发生剧烈碰撞的交流中。作为同理的倾听者，在接收信息的过程中，要认真询问对方对事件的看法和感受。

虽然自己会自动对对方所说的事情进行价值判断，但要始终保持警惕，清楚意识到这些都是自己的评价。不能将自己的评判，想当然地理解为对方的价值判断，并表达出来。因为，如果那么做的话，对方会觉得“道不同不相为谋”，已经没有继续交流下去的必要了，沟通也就被“画上了句号”。所以，不要轻易做出评判。如果真要做出价值判断，也是要表达出多角度、多立场下对事件的各种看法。这样，才会让对方更好地思考不同看法，理解和尊重不同人之间对同一事件的不同感受，进而对事件有更清晰的认识。

（三）在沟通初期，不要过分专注于解决问题

如果你面对对方的时候，一心只想解决问题，对方就体会不到你对他的理解和尊重。这个时候，情绪在没有得到合理宣泄的时候就被压制了，却会干扰问题解决的理性思考过程，甚至在情绪迸发的时候，做出更多的不理性行为。那么，事情的发展就会离问题解决越来越远。所以，在沟通的初期，过分关注问题的理性解决，而没有注意对方的情绪感受，你就会错过和他产生同理心的机会。没有同理心的沟通，会让问题解决变得低效，也会让双方感到沮丧。问题诉说者体会到的是不被理解和接纳。倾听者和帮助者体会到的是对方的不理性、冲动，以及面对改变时的巨大阻力。

（四）开放式询问和恰当的"反映"

可以利用开放式的问题，试着向对方提一些促进说故事的问题。例如：

"你说你是失败者，这是什么意思呢？"

"你没被邀请参加婚礼舞会，可以说说你的感受吗？"

"你告诉她你的感受的时候，她说了什么？"

这样问不会批判或挑战对方所表达的观点，相反地，会促使对方继续扩充他们的叙述，以便我们更好地理解他们。

另一个能更深一层地促进同理心的理解的是"反映"的技巧。这种技巧首先被心理学家 Carl Rogers 提倡，成为心理咨询中表达同理性理解的一个方式。反映，即将对方的想法或感受，以反射（非重复）的方式再说给对方听，以澄清其所说的话。例如："听起来像是你没得到加薪，所以感到很失望"，"看起来像是你犯错的时候，你觉得被别人负面地批判"。这类做法不仅帮助对方扩充其表达的内容和感受，也体现出其所传递的想法、事件的内容和感受被我们所接收到。就算我们的内容和情感"反映"和对方本来打算传递的信息不一致，这样的做法也是一种纠正自己的认知，提醒对方调整其表达方式的有效途径。通过这种技巧，对话的双方能够更好地达到相互理解。

（五）适当地使用自我披露

不仔细倾听的一个重要表现，就是花很多时间说自己的事。如果别人很少有机会谈论他们自己，并且认为你对自己比对他们更有兴趣，那么，他们就相对不会很开放地跟你分享其主观世界。

尽管如此，自我披露，若和叙述有关联，又不过量的话，是可以对同理性沟通提供有力支持的。自我披露自己的经历，可以强调自己对对方感受的深刻体会，并不是表层的敷衍或伪装的理解。同时，自我披露也是一种鼓励对方说出那些难以启齿的经历和自认为不会被接受的想法和感受的重要技巧。恰当的自我披露能点缀与加强个体的同理心。

（六）在自己和对方的主观世界之间，保持适当的距离

亚里士多德曾告诫人们，在有关情感上的事物中，要在过量与缺乏之间寻找“中庸之道”。道德上的美德，如勇气，避开了胆怯与冲动这两个极端；友善，避开了无礼与奉承这两个极端；自律，避开了麻木和自我放纵这两个极端。相同地，作为一个道德上的美德，同理心也可以被视为两个极端之间的平衡：离对方主观世界既不太远，也不太近。

假设你刚经历了一次失恋，而你的一位朋友和你处于相似的境地。如果你开始将你朋友的叙述视为自己的叙述，又开始把自己的悲痛情绪投射到他的叙述上，你朋友的主观世界就变成了你自己的主观世界，你已经不再能够有建设性地理解你朋友的处境，因为他的处境已经成为你的处境。你就会迷失在那个世界中，并且和你朋友一起淹没在悲伤、抑郁等负面情绪之中。反之，如果你面对你朋友的处境，以一句“克服它、面对它吧”来作为回应，同样也无法让你和这位朋友建立紧密的心理联系，离对方的主观世界太远，会让对方感到你对其的冷漠态度，自然使你在帮助他这件事情上不可能有所作为。

所以，如果你把注意力集中在自己生命中的问题上，你不太可能与对方的主观世界接近，让你对对方的问题感到真切的理解。另外，如果你太过投入于对方的主观世界，有可能会模糊了你和对方之间的界线。因此，跟对方的主观世界产生有帮助的共鸣，要避开这两个极端。

（七）多加练习

每个人的思想和行为，都很容易被自己的情绪牵动。当自己不能够及时地认清自己的心理状态时，就很容易被本能的习惯性反应主导，在帮助他人解决心理困扰的时候，难以做到有效的同理性沟通。而只有勤加练习，有坚定的毅力，使同理心成为我们沟通的一种习惯，才能有效及时地帮助别人。

所以，当任何一位朋友、家人、伴侣、同事、客户或者其他和你有关系的人，只是想向你倾诉的时候，你就可以应用这几条培养同理心的建议。通过这些应用，不断反思、调整、完善，终究有一天，你会成为大家心理困扰的有效解决者。

延伸阅读

用对方法，安慰才有效

龚佑霖

“你知道吗？我的指导教授又把我的论文给退回来了……”她一面说，一面露出了难过的表情，仿佛整个世界都随着她的嘴角，垮了下来。“我已经改过好几百遍了！他就是不能满意！”

“噢！别难过了啦！高兴一点，往好处想，至少这让你的论文能够变得更好呀！”他听完之后，毫不犹豫地脱口而出，试图让气氛缓和下来。

“你不懂啦！你根本就不懂我有多难过，说的好像事不关己似的！你知不知道我有多难过啊！”她早已厌倦了他这种事不关己的安慰方式。这一次，丝毫没有犹豫就说出了口，内心却是十分受伤与空虚。不被了解的感受，犹如一片漫天的乌云，遮蔽了她小小的心灵。

心理学家 John Gottman 将人们安慰他人的方式分为两种，一种叫作情绪消除，另一种叫作情绪指导。他最早是在婴幼儿的研究上，发现了这两种模式的差异。采取情绪消除模式的父母，总是希望能通过转移注意力的方式，让孩子忘了遇到的挫折与愤怒。对他们而言，孩子的生气就是攻击性的表现，悲伤就是自怨自艾，而恐惧则是懦弱的展现。他们总是会跟孩子说：“别担心，我想是你误会他的意思了。”“没关系，遇到挫折再爬起来就没事了。”“不要生气，想开点，多往正面想，这个世界会更美好。”而情绪指导模式的父母，则会把孩子的生气、恐惧、悲伤，当作是一种和孩子建立联结的机会，帮助孩子了解这些感受。Gottman 在他的《爱的博弈》一书中，举了一个情绪指导型父亲的例子：“当我的孩子被欺负时，我会停下手边的工作，去了解发生了什么事情。我会努力理解他的感受与原因，然后和他站在一起。”

根据 Gottman 早期一篇针对三四岁孩子的研究发现，指导型父母教育出来的孩子，在五年之后，学业表现得比消除型父母教育出来的孩子更好，和同龄的人关系更好，身体更健康，行为问题更少。但是，采取情绪消除型的父母，远比情绪指导型的父母要多。当然，情绪指导和情绪消除的使用，并不是“非此即彼”的，而像一个连续的光谱，只是有一些孩子的父母比较常使用情绪指导，有些比较常使用情绪消除。

在 Gottman 对伴侣的情绪研究当中，他使用了“情绪协调”这个词，取代了情绪指导这一个词，因为成年人和亲子关系不同，我们并非单向去指导对方，但事实上，使用的技巧是一样的。根据 Gottman 和他的研究生 Dan Yoshimoto

的研究发现，成年人身上，采用情绪指导和情绪消除的比例，和父母对待孩童的比例差不多。但是当采用情绪消除的人，说出了：“噢！亲爱的！别伤心了，别哭了，高兴一点，往好处想！”其实会让听的人觉得，对方传递的意思是“我不想在这时候听你说这些，自个儿到一边难过去吧！”

过去许多研究发现，在他人脆弱时给予的支持，并不一定会让别人变得比较好，甚至有可能变得更差，可能是因为他们采取了错误的方式，来安慰身旁的人吧。

不过，这并不是说，采用情绪消除来安慰别人的人，就是在敷衍他人，事实上，他们也很希望能够安慰对方，希望对方过得更好。只是，他们没有想到这样做的时候，其实不是最好的方式罢了。也许是因为他们一直以来，就是这样被教育长大的。

那么，为什么情绪指导比情绪消除，有更好的效果呢？我想，那是因为情绪指导里面，加入了“同理心”这个元素。《脆弱的力量》一书的作者 Brené Brown，用了一个片长不到三分钟，很可爱的一部影片，清楚地说明了一切。我们常常在讲同情心跟同理心有何不同，其实他们的区别很简单，前者使我们失去联结，而后者使我们建立了联结。他的演讲当中提到了 Teresa Wiseman 的研究，Wiseman 将同理心分成四个部分：接受观点、不加评论、看出他人的情绪、尝试与他人交流。

而其中接受观点的意思是，接受别人的观点是他们认知到的事实。这并不是说一定谁对谁错，假如你处在对方的状况下，假如你的所有成长背景也都跟他一样，那么你也很有可能会和他有相同的观点。而且你的观点也不一定是比较合理的；就算是比较合理的，在此时说出来也毫无益处，因为当对方处于负面情绪时，就算认知到了自己的矛盾，也不会因此变得比较好。而不加评论也是类似的意思，在一个人处于负面情绪时，他需要的不是你告诉他应该怎么做，事实上该怎么做我们大多也都知道了。我们需要的是，一个人能够懂我们、站在我们身边，让我们更有力量走下去而已。所以我会建议你，除非是对方问你，不然不要给建议；如果你真的很想给建议，那么也请你先问对方需不需要建议。

Brené Brown 在他的影片最后，用了这样一句话作结：“每当我们遇到这些让人难过的事情时，我们都企图做些什么，让事情感觉好转一点；但当我和你分享一件非常难过的事情时，我宁愿你告诉我，虽然我不知道现在该说些什么，但我很谢谢你愿意跟我说这些；因为事实是，回应很少会让事情好转，而真正能使事情好转的是我和你之间的联结。”

心理小测试

★ 同理心测试

本测验是由英国和美国的社会心理学家根据做过的实验，得出的一个研究成果。虽然是依据欧美人的表现编制的，其想法与中国人可能会有所不同，测试会有所偏差，但是人类的情感在更高的抽象层次上具有相通性，所以，测试结果基本上是可信的，下面就开始吧！

以下有 18 道题，每题根据自己的理解，选择一个选项。题中有些说法也许令人费解，那是测试的一部分，按自己的理解回答即可。

1. 一群自愿参加社会心理学家进行的有关电击治疗效果的实验。实验开始之前，他们之中有人感到不安，有人比较镇定。实验开始前 10 分钟，那些坐立不安的人会采取的行动是（　　）。

A. 希望实验开始之前到隔壁房间等候

B. 希望和同样感到不安的人一起等候

C. 希望和镇定的人一起等候

D. 既不想自己独处，也不想和别人一起等候

2. 美国某个研究团体正在进行一项研究，想知道团体工作时，其中的外来分子对民主化的工作方式和权利主导型的工作方式，反弹力较大的是（　　）。

A. 权力主导型的工作方式

B. 民主化的工作方式

3. 美国的社会科学工作者研究选举活动期间有选举权者的行动。他们想知道，有选举权者把注意力放在支持的政党的宣传上，还是他党的宣传上。有选举权的人行动是（　　）。

A. 注意所有政党的宣传

B. 主要注意他党的宣传

C. 特别注意自己支持的政党的宣传

4. 第一次碰面就非常讨厌这个人，如果再碰到他会（　　）。

A. 让关系改变

B. 本质不变

C. 更讨厌他

5. 社会心理学者想知道使人受影响的最有效的方法，因此召集一群人举办一场让人有印象的演讲，说明为了提升工作效率，“速读”的重要性。一方

面又聚集另一些人，和他们讨论有效率的“速读”带来什么效果。然后社会科学工作者比较结果，看哪一种方法更适合速读。(　　)

A. 参加演讲的人愿意出席“速读”讲习会，但参加讨论的人少

B. 讨论的方式比较好，这群人也愿意参加“速读”讲习会

C. 看不出有何差别。不论是演讲或讨论，都有一定的人数参加“速读”讲习会

6. 美国某个研究团体，和大学教授、一般民众、罪犯谈话，并介绍他们，然后将这些完全相同内容的录音带放给不同的人听。给听众最大影响的是(　　)。

A. 大学教授

B. 一般民众

C. 罪犯

7. 某个美国社会心理学家观察一个团体里的成员。团体评价最低的人在打自己擅长的保龄球时，水平慢慢超过评价最高的人。这时候团体中的成员反应如何？(　　)

A. 评价低的人很高兴自己受到肯定，能够稳固在团体中的地位

B. 评价低者的成功受到批判性的排斥。评价低者必须降低保龄球的分数，回到原来的工作排名，接受嘲弄、讽刺的折磨

8. 美国某个社会科学工作者想知道心情对观众有多大的影响。他要求被实验者画出正在沼泽地里玩的年轻人的背景，同时使用催眠术，让被实验者感到不安或幸福。在这两种心情影响下，他们会画出什么样的图呢？(　　)

A. 幸福的心情：幸福的画面。令人联想到那是夏天，那就是人生；在户外工作；真实的生活——种树，看着树长大。不安的心情：他们会不会受伤？应该有人知道如何应付灾难现场的，老人和他们在一起才对，水究竟有多深呢

B. 不安的心情不会影响作画，他们能够很客观地描绘

9. 社会科学工作者想知道熟悉与未知之间，哪一个能让人感兴趣，因此，让买新车的人和长年开同型车的人略翻一下杂志。谁会仔细看和自己的车同型的汽车广告呢？(　　)

A. 买新车的人中，看自己新买汽车的广告比看其他厂牌的汽车广告多28%；本来就有车的人，看现有汽车广告的比看其他厂牌的汽车广告的只多4%

B. 本来就有车的人，看现有汽车广告的比看其他厂牌的汽车广告的多28%；买新车的人中，看自己新买汽车的广告比看其他厂牌的汽车广告多4%

C. 二者是一样的，看其他厂牌的汽车广告都比看自己拥有的汽车广告多11%

10. 英国心理学家以“为什么青少年不能开车”为题，对青少年展开十分钟的演讲。但在演讲前先将青少年分成两组，一组知道题目，一组什么也不知

道。哪一组比较会受演讲内容的影响？（　　）

A. 知道内容的那组

B. 什么都不知道的那组

C. 两组都受到强烈的影响

11. 英国心理学家让人看一群人的脸部画像。有几张让他们看过 20 次以上，其他的只让他们看 2 次。哪一边会获得善意的评价？（　　）

A. 比较少看的那一边

B. 看的次数多的那一边

C. 没有差别

12. 英国的心理学家对儿童进行下列实验。先在房间里布置几个好玩的玩具，再把儿童分两组。一组让他们直接进去玩耍；另一组在可以看到房内布置的窗口一会儿之后才进去。哪一组会把玩具弄坏？（　　）

A. 两组都一样

B. 马上进房间的小孩破坏力较强

C. 在外等候的小孩破坏力较强

13. 美国的心理学家，让愤怒和心平气和的被实验者看拳击比赛的电影和没有攻击镜头的温和电影。看完之后，谁的反应最激烈？（　　）

A. 看拳击电影的愤怒者

B. 看温馨电影的愤怒者

C. 看拳击电影的平静者

D. 看温馨电影的平静者

14. 请被实验者尝尝某种液体是否有苦味。社会科学工作者已将带有苦味的物质用水稀释，有 70%的人说苦，30%的人说没有味道。然后把尝不出味的 9 个人，和感觉很苦的一个人聚在一起，请尝出苦味的人说说那种苦的味道。结果，这 10 个人的感觉会有什么变化？（　　）

A. 感觉苦的人，他毫不动摇地肯定，影响了其他人。第二次试饮时，那 9 个人也觉得苦

B. 9 个人不受影响

C. 感觉有苦味的人受其他 9 个人的影响，第二次试饮时也不觉得苦了

15. 处于不安状态和没有处于不安状态的人，谁会对陌生人感到强烈的不安？（　　）

A. 两者没有差别

B. 处于不安状态的人

C. 没有处于不安状态的人

16. 英国的社会心理学家对看《007》电影和歌舞剧的观众，做攻击性倾向的调查。何者会表现出较强的攻击性？（　　）

A. 看《007》电影之前的观众

B. 看完《007》电影的观众

C. 看歌舞剧之前的观众

D. 看完歌舞剧的观众

E. 无法确认他们的差别

17. 美国的社会科学工作者要求初中生、高中生、大学生、社会人士（均受同等教育）判断几项陈述是否正确。4 周后，再要求他们对相同的陈述做判断，但这次却先告诉他们“你们的判断和大多数人不同”。这个补充说明会带来什么影响？（　　）

A. 64%的初、高中生，55%的大学生，40%的社会人士更改他们的意见

B. 64%的社会人士，55%的大学生，40%的初、高中生更改他们的意见

C. 每组中都只有少部分人更改他们的意见

18. 社会科学家想知道在讨论会中，使集体意见一致的人是不发言的沉默者还是参加讨论者，谁较容易受团体意见的影响？（　　）

A. 沉默者

B. 发言者

C. 无差别

分数计算：

标准答案为 1～5：BACBB；2～10：ABAAB；11～15：BCBAB；16～18：BAB。

每题一分，在下面的表格里找出自己的年龄，然后看对应的得分，你就可以知道自己的同理心如何。

14～16 岁	17～21 岁	22～30 岁	31 岁以上	同理心
11～18 分	14～18 分	17～18 分	15～18 分	非常强
10 分	12～13 分	15～16 分	13～14 分	强
8～9 分	10～11 分	11～14 分	9～12 分	尚可
6～7 分	6～9 分	9～10 分	7～8 分	稍低
0～5 分	0～5 分	0～8 分	0～6 分	很弱

分数解释：

同理心非常强，说明你的社会共鸣能力十分出色。能站在他人的立场想象当时的情况、当事人的反应。

同理心强，说明你有非常发达的社会共鸣能力，对社会状况的判断正确，

亦能察觉别人所采取的行动。

同理心尚可，说明你的社会共鸣能力处于平均水平。

同理心稍低，说明你不常为他人设身处地的着想，很难正确预见他人的行动。

同理心很弱，说明你很少正确判断社会状况，站在他人立场、得知别人采取行动的能力稍差。你有必要改善你的共鸣能力，多与人交往对你有帮助。

心理小活动

★ 同理心层次练习

同理心有四个层次。

（1）第一层次：聆听者漠视内容和感受。这是同理心的最低层次，其实根本不算是同理心。这个层次的聆听者不但不注意分享者的语言和行为的表达，根本不注意也不表示他听到了什么。他会漠视、争辩、否定、评估、判断分享者所说的话。

（2）第二层次：聆听者对分享者表达的内容，会换用另一种说法，但是对感觉却视而不见。只对分享者说话的内容和问题有所反应，但会忽略分享者的真实感受。这种聆听者对别人的表面感觉可能表示某种程度的知道，但表达的方式会减弱感受的意义。总之，属于第二层次的聆听者回答的，多半是比较不相关的部分，也就是谈话的内容。

（3）第三层次：对内容和感受都有改换说法的回答。属于这一层次的聆听者会对分享者的感觉有所反应，故他的改换说法是可以和对方起交替作用的，因为他们俩其实是在重复对方的话。我们想要练成的就是这种改换说法的能力。他所做的表达会让人觉得自己的感受有了知音。他不减少，但也不增加分享者所表达的内容，这是最基本的要求，反应者对表达出来的内容和感受有所回应。

（4）第四层次：能够收集所有的信号，然后以另一种说法回答。属于这种层次的聆听者对分享者的感受了解得比他自己还要深入。他能够领悟所有的音调、字眼、表情、说话速度、姿态等。他会作一番整理，找出感受，然后传送回去。他真的能帮助分享者更了解自己的感受，帮助他能表达更深的感觉和真意，而且还继续演进。总之，第四层次的聆听者所说的话，能表现出他对表达的人有更深的了解。他能做更多的反应，对分享者没有说的话，对他所说的内容与含义以外的背景有所回答。无言之声就是在这层次出现的。收听的人可以用另一种说法回答任何事物，如字句、行动、语调、表情、沉默、矛盾等，他能将听到的事组合成另外一套完整的说法，然后再传送回去。

通过下面几个情景的练习，并在生活中加以运用，可以慢慢地提升自己的同理心水平。

情景一：“唉！我什么事都做不成。我拼命地干，而且好像在鞭策自己埋头苦干，结果还是一无所获。我似乎……一事无成。已经白混了两个月了。”

第一级的同理心回答：“嘿！今天真有意思！你知不知道世界杯比赛中，德国队输了？”这种回答显示他根本没有听。

第二级的回答是：“我也发现你什么事都没有做成。”这种回答显示他听到了内容，可是对感觉一无反应。

第三级的同理心回答是：“你一定很烦，因为你觉得一事无成。”这种回答表示他对内容和感受都接收到了。

第四级的回答是：“你一定觉得有很大的压力，你觉得自己好像是注定了要失败似的，而且立刻对那种压力有所反应，你把这种压力压在自己身上等于是自找麻烦，而且让自己觉得不如人。”最后这种回答意图给所表达的感觉增加某种成分，而且更深入地显示说话人所表达的感受。

情景二：“嘿！我刚刚去看过医生，他说我还要再住院开刀，我的老天啊！我实在不想再住院了。我真担心医生也不知道是什么毛病。天晓得！上次就被整得够惨了，我实在吓得要死。”

回答：“你好像很灰心，看了那种报告一定很心烦。还要再开刀你一定觉得既害怕又忧虑。”

（1）你认为这个回答对应哪一个同理心等级？请说明判断的理由。

（2）你认为有价值的回答应该是什么样的，并且如何才能有所改进？

情景三：“哼！昨天在教室里他对我说那种话，我真是气得要死，我真想揍他几拳。”

回答：“噢！我想你和他一定起了冲突。”

（1）你认为这个回答对应哪一个同理心等级？请说明判断的理由。

（2）你认为有价值的回答应该是什么样的，并且如何才能有所改进？

情景四：“你怎么啦？那么安静地坐在那里一言不发，我口都要说干了，你却无动于衷，而且好像还有点不耐烦，你根本不关心我，我想，没有人关心我。”

用第四层次的同理心写下你的回应。

____

____

思考题

★ 网络攻击发起时，同理心去哪儿了？

2016 年 9 月 16 日，乔任梁突然去世的消息轰动娱乐圈。在消息得到警方和经纪公司确认后，郭德纲、任泉、井柏然、薛之谦等明星纷纷发微博悼念。而和乔任梁有过合作的演员陈乔恩和赵丽颖因为没有第一时间悼念乔任梁，遭到部分网友的网络攻击，被推上“热搜”。

“作为 Kimi 的好朋友，你知道他的死讯了吗？徐璐都已经发微博了，你不想说点什么吗？”持有此论调的部分网友，纷纷涌上陈乔恩最新一条微博下，评论批判陈乔恩不顾往日的友情，竟然没有发微博悼念。随后被证实，陈乔恩只是没有在微博上用文字表达出自己的感受，实际上，朋友去世的那几天，她一直是非常难受的，而夹杂着指责、批评的道德绑架对她而言更是雪上加霜。

在匿名的网络环境里，在舆论制造的高潮中，一个人也许很容易“愤怒”，通过键盘敲出的义愤填膺的文字也许也是他真实想法的表达，但越是在这样的环境里，越不能丢掉独立思考的能力。试想，一个人，失去了好朋友，悲痛欲绝，她又怎么会有多的心思，拿起手机，敲打出几行文字，向众网友展示自己与逝者的真感情。如果真的跳下道德制高点，设身处地地站在当事人的角度，试着去理解对方的感受，大概就不会那么随意地参与一起网络攻击了吧。

思考：遇到类似的网络攻击（或者现实生活中的舆论攻击）时，想一想对方的处境，问一问自己的同理心，然后你会说出什么话语，做出什么行为呢？

第十一章　人际交往中的理解与沟通

主题故事

我这人说话直，你别介意

场景一：周末和许久不见的朋友出去逛街，在 H&M 看到一条很漂亮的长裙，我一眼就看中了，拿下来准备去试衣间试试看。衣服刚拿到手，和朋友一起来的女生来一句："我这人说话直，你别介意啊。"我心里顿时咯噔一下，觉得前方高冷，会有让我不爽的事情发生。还没等我反应过来，她就来了下一句："这裙子适合高个子比较瘦的女生，你太矮了有点胖，估计穿不上，不适合你，别试了。"你们能想象当时我心里的火焰是几个颜色的吗？我忍住没有爆发，瞥了她一眼，静静拿着衣服走进试衣间，继续试。

出来之后，和朋友该说说，该笑笑，这个女生的话一概不接。朋友感觉到了气氛的尴尬，趁着中午吃饭，把我拉到厕所，跟我道歉说："她就那样，说话比较直，不会拐弯，你别介意，其实人还是很好的，比那些说话拐几个弯的人强多了。"

我冷笑一下说："对不起，我和她不熟，我很介意，我就是听着不爽。"

解析：我们从小就学过魏征和李世民的故事，它一直教育我们"忠言逆耳利于行"。结果很多人的脑海中会固化为这些对你好的话，可能会比较直戳人心，让你不舒服。它让你脑海中有这样一个设定：对你好的话一般都不好听。

那么如果我反推一下，好听的话是不是一定都是对你不好的，口蜜腹剑呢？

当然不是，这些年，有太多夸我的人，难道都是要捧杀我？我可没有古代女主那么刀光剑影的生活，人家就是比较真诚地赞美一下我的小优点而已。

小时候感冒吃药，就爱吃带着糖衣的，对于甘草片等一到嘴巴里就很苦的药，我都是躲得远远的。那么带糖衣的和不带糖衣的药效有差别吗？没有，反而甜一点的，我会更加主动去吃，病好得快点。

上学的时候，每次暑假作业我基本都是在开学前一天赶通宵，因为假期玩疯了都没写。我的姑姑就在我身边，看着我写，然后损我："让你玩啊，这下舒服了吧！刚放假的时候就让你写，就是不听！"这话听了简直想摔笔和她"干一架"。

我妈妈就在一边说："别着急，慢慢写，别写错了。下次记住了啊，一放假每天写一点，就不这么着急了。"

同样的意思，妈妈的话就让我安心下来，好好地写下去了。

忠言不一定要逆耳，良药不一定非要苦口。如果有更好的说辞，让人更舒服更易接受，就不必特意剑走偏锋、言辞犀利、语带讥讽。

心中通透明白的人，能理智地对待这些话语。但大多数的我们，没有那么坚强的心，这些带刺的，标榜着“自己直爽”的真诚话，我们听不进去。

“条条大路通罗马”，你为什么非要选择一条最让对方不舒服的路去走呢？难道真是为了对方好，而不是为了让自己显得更加与众不同？

场景二：刚上班的时候，项目组有一个女生，可能是学历比较高的原因，总觉得自己在老家的小公司屈就了，言谈之中带着高人一等的感觉，看到什么不顺眼或者觉得不公平的事儿，就会直言不讳，让人措手不及。

有一次公司副总的一个亲戚来就职，谁知这小姑娘被分配给她带。人事经理刚走，她就当着大家的面直接给小姑娘来了一句：“我这人说话直，你别介意，我不会因为你是副总的亲戚就优待你，该怎么来就怎么来，谁也不特殊对待。”

小姑娘委屈得要哭了，可生生忍了回去。

解析：如果你是这个刚入职的小姑娘，你说这话怎么还回去？要是说：“不用，不用，大家怎样我怎样。搞得好像自己本来打算被优待似的。”要是问她：“你这话什么意思啊？”还真像是仗着是副总亲戚就欺负人的感觉。

一句话，给人逼上死胡同，可怜这么清秀的小姑娘，刚来就要面对这么尴尬的场面。

回家和我妈妈说完之后，她说：“这个学历高的女生，在这家公司不会走得太高太远。”

我问：“为什么？”

妈妈答：“你没听说过，一个人的谈话让别人舒服的程度，决定她这个人的高度吗？老话说得好——逢人见面三分笑，遇事自然有关照。她即便对这个小姑娘不满，何必当着大家的面明言，这不是给人留口实吗？这样的人不是性子太直，而是傻。旁人看多了，都知道她是个‘荤素不忌’，不分场合给人难看的主，谁还敢和她走近？保不齐哪天也看你不顺眼给你来一句，当场让你下不来台。这样不会笼络人心的人，慢慢地，就会被人孤立，还能指望在这家公司干多久呢？”

无论是对陌生人，还是熟人或者朋友，言谈都要注意场合。交流最期待的，无非是解决问题，带来新的思想，传递快乐，简言之，希望对方给予的是正面的能量。

而当你不管不顾，不考虑对方处境，直接甩出冷冰冰或直戳人心的话时，就别期望会收到什么好的反馈，哪怕你觉得是为他好。

大多数时候标榜自己说话直的人，只是不愿意花心思考虑对方的感受。这样的做法好似道德绑架，道德压制。许多电视剧里经常出现的情景，如某个人不分缘由，先来一句：“请你一定要原谅我，不然我就跪着不起来了。”真是“叫人为难死了”，不答应吧，感觉像是在欺负人，不讲人情；答应了吧，不知道后面会有什么话或什么不好的事在等着。

这样的人，不是做事坦荡，而是自私。既然你都不愿意为了别人费点功夫说话委婉一点，别人何必要因为你所谓的“直”，强忍不舒服的现实呢？

此外，我发现大部分标榜自己说话很“直”的人，都是“直直”地对待下属或者同事。在对待上司的时候，可没见到有什么很“直”的语言，一个个都是辞藻谨慎、带着恭敬，礼貌得很。这样的人，他们的“直”，是有选择的。那些在他们心中不太重要或者能得罪得起的人，就是所谓的承受他们“直”脾气的人群。

场景三：我实习结束的时候，给当时带我的实习主任送了一份小礼物，感谢他在实习期间对我的照顾和指导。结果在最后离别的餐会时，主任提起我送的小礼物，说很感动，要敬我一杯，我连忙站起来。这时听到身边一个同样实习的女生小声说：“哎呀，人家就是会来事儿，看我就不行，干不了这个，没办法啊，谁让我不懂人情世故，做不来虚情假意的场面应酬。”

我当时火冒三丈，差点要和她吵架，想想这是聚会，就忍住了。

解析：许多人喜欢打着自己清新不媚俗的标签，把说话直等同于真诚和直爽，这真是一个天大的错误。真诚的前提是真心实意为别人着想，为别人着想就会尽最大努力做到让别人舒服，避免让对方为难。而直爽可不代表着不懂礼貌没有修养，不可偷换概念。

人自从出生，就在不停地学习，说话也是。从一个简单的音符，到后来的长篇大论。没有什么“我这人就这样”的说法，只是你不愿意改变而已。

你愿意怎么样是你的事，没人逼你改变。但如果因为你的不愿意改变而让别人也要和你一样，那就是你的错了。

人都要为自己的行为承担后果，所以，别让他人承受你的“直”，那是你自以为正确的说话方式，和他人无关。

如果再有人对我说：“我这人说话太直，你不要介意。”我会说：“不好意思，我很介意。”

理论分析

有种情商低，叫“心直口快”

经常有人带着巨大的优越感和“无辜脸”说“我很直”“我人好”“我想什么说什么”。他们秉承着强大的道德自信和伦理自负，昂首挺胸地走在人生大道上。

但是，“铁”和“血”的事实证明，他们在社会中“姥姥不亲、舅舅不爱”，四处碰壁、人见人烦。他们是聚会气氛的“狙击手”，工作团队的“纤维瘤”，聊天话题的“终结者”，恋爱情场的“鬼见愁”。

为什么？难道“人品好”不应该获得尊重和重用？“好人”不该有好报？这个世界怎么了？难道这终究是一个黑暗虚伪的世界？答案很简单：这个世界

不是不能容忍真诚正直，它只是容不下没教养。

那些宣扬自己直爽率真的人，其实是拿着人品的底线当作正义的旗帜，在与人交往中耀武扬威，把自己的无知粗鄙和自私懒惰捆绑销售，冠冕堂皇地一再声明："我人好。"

真诚、正直、坦荡，都有一个核心，就是"真"，说真话、办真事、求真知。"真"强调的是对待事物的态度，这种态度的表现方式和践行方法，有时候是要根据相应的社会规则和人性"短板"来因地制宜。这种因地制宜本身是一种能力——在保证"真"妥善践行的前提下，让自己生活得更好，让别人心情舒畅，让社会和谐欢乐的技巧。

"做人求真"只是一个做好人的底线。但是求真的过程中和别人发生互动，能否让别人也开心接受，能否让周边欢乐共赢，乃至让社会和谐进步，则需要本事。一个善于与人沟通的人，就是要在天赋的基础上，一点一滴不断打磨和积累，使自己慢慢成长起来。毕竟，你怎么想是一回事，你怎么表达是另一回事。你给别人造成什么影响是一回事，别人对你的反应又是另一回事。

"心直口快"首先是能力问题。这种特点的个体不能够妥善处理个体和社会的关系，在复杂的人性和人情面前不能匹配起码的成熟。智力起点低也好，家庭教育差也好，社会经验少也好，总之，情商过度低下、粗俗无礼的人很容易将个性中最基本又微弱的真诚无限放大，将他们锈迹斑斑的灵魂展现给文明个体。当文明个体对他们呈现出排斥姿态的时候，他们就会极度苦闷和愤慨。

"心直口快"其次是品质问题。不顾他人感受而"心直口快"，终究是一种对他人和社会的不负责任。只顾自己表达意见，忽略其他人的想法和感受，为了坚持自己的意见，而不惜以别人伤心难过和团队处理问题效率低为代价——这叫自私！虽然得知自己掌握真理，但是知道自己会造成负面影响，不花精力构建出一个更具有策略性和技巧性的解决方案，而只是放纵自己简单粗暴地处理问题，对于个人这是精神懒惰，对于社会这叫责任缺失。

所以，你每次恶语伤人或呆头惹事之后，就算把自己标榜得再纯粹，你也不能否认你就是一个能力不足、品质欠缺的弱者。你不应该在人家问"你看我的宝宝可爱不可爱"的时候回答："让这个猴离我远点。"你也不应该在人家婚姻求祝福的时候祝酒说："下次结婚我就不来了。"你更不应该在人家失败的时候安慰人家："你这么笨就别坚持了。"

总之，不管你多"实在"，多"纯真"，如果不具备基本的社交能力和表达技巧，就很难在人际交往中保持顺畅的沟通。要知道，比起你表达的内容，人家有时候更在乎你的态度。

技术指导

同理的"听"与"说"：提高沟通效果的法宝

通过上面的几个故事场景和对应的一些理论分析，我们会发现，在与人沟通交流的过程中，不断提高自己的沟通能力是非常重要的。所谓提高沟通能力，无非是两个方面：一是提高"听"的能力，即提高理解别人的能力；二是提高"说"的能力，即提高自己的表达能力，也就是增加别人理解自己的可能性。

（一）提高"听"的能力

春秋战国时期，有个叫俞伯牙的人，精通音律，琴艺高超，是当时著名的琴师。一夜，俞伯牙乘船游览。面对清风明月，思绪万千，旋即抚起琴弦，琴声悠扬，渐入佳境。忽听岸上有人叫绝。伯牙闻声走出船来，只见一个樵夫站在岸边，当即请樵夫上船，兴致勃勃地为其鸣奏。伯牙弹起赞美高山的曲调，樵夫说道："真好！雄伟而庄严，好像高耸入云的泰山一样！"当他弹奏表现奔腾澎湃的波涛时，樵夫又说："真好！宽广浩荡，好像看见滚滚的流水，无边的大海一般！"伯牙兴奋极了，激动地说："知音！你真是我的知音。"这个樵夫就是钟子期。这就是历史上高山流水的佳话。

其实这种心意相通正是沟通所要达到的效果，我们说的用耳朵听、用眼睛听、用心聆听就是要听出话里的"弦外之音"。具体怎么去听呢？

1. "听"人

"听"说者是一个什么样的人，处在一个什么样的境地，要表达什么样的信息，想达到什么样的目的。

例如一个失恋者找你诉苦。同样是失恋，如果他是一个内向、消极的人，这失恋可能对他来说就是刻骨铭心的痛；如果他是个外向、乐观的人，这失恋则只是暂时的苦恼。同样是一个人，他在职场得意时的情场失意，远不如职场、情场双双遭遇失败来的痛苦。失恋这件事，有的人想表达的是自己的留恋、不舍和哀伤；有的人想表达的是自己的愤怒和不满。有的人诉说是为了寻求安慰和理解；有的人诉说是为了发泄和平衡。因此，不同条件下的人，我们要注意区别对待。

2. "听"话

不同的句式表达不同的话外音。如"我希望……"表示对目前不甚满意；"你应该……"表示隐含的指责；"我觉得……"是对观点的不赞同；"好像……"是想告诉你其实他也不确定；"随便"的潜台词是你怎么样我也不满意；"我将来会……"其实是表达他现在根本不会；"如果……"意思是现在已经放弃了。

3. “听”音

不同的语气表达不同的情绪。“还好。”“还好！”“还好？”简单的一句话，不同的语气给人的感觉截然不同。

语速不同，情绪也不同。一般来讲，愉快的时候，心跳、呼吸减缓，语速适中；激动、愤怒的时候，心跳加速，语速也加快；悲伤的时候，语气低沉，语速最慢。

语调不同，情绪也不一样。开心、愉悦的时候，说话抑扬顿挫，一般以平调结束，给人如沐春风的感觉；激动、愤怒的时候，一般都是升调，声音短促，给人不怒而威的感觉；悲伤、抑郁的时候，一般都是降调结尾，给人带来无力和压抑的感觉。

当然，在与人沟通时，不仅要会听，即听人、听话、听音，还要会看，即看脸色、看表情、看姿势，看与听的能力很好地结合起来，我们的人际感受性就会大大提高，对信息的接收能力就更强。至于“看”的相关要点，与“听”大致类似，不再赘述。

（二）提高“说”的能力

1. 说朋友式的话

人都有交朋友的需要。朋友之间最基本的是平等、尊重、真诚和包容。把他人当成朋友，这样沟通更轻松。

2. 说关心的话

我们都希望有归属、有依靠、引导与被引导，而这样的东西怎样来？这就需要我们本着互利的原则，多去关心他人，帮助他人，以“利”相交。

3. 说温暖的话

温暖的话像冬日里午后的阳光一样，让人无法拒绝。爱与被爱是人和动物所共有的美好品质。常言说：“恶语伤人六月寒，良言一句三冬暖。”说的就是这个道理。一个微笑，一个动作，一句谢谢，足以融化一颗冰冷的心。

4. 说给人信心的话

就像小树一样，人都是向上成长的，一时的退缩、逃避、放纵、堕落是因为暂时难以抵挡人生的风雨，这种时候，更需要扶持和陪伴。阳光般温暖的关怀和陪伴，给人安全感，给人战胜困难、赢得成功的信心。

5. 说理解的话

理解就是站在别人的角度，换位思考，对别人的感受和处境感同身受。在沟通中，我们常常会被自己的情绪所支配。特别是当对方的话语让我们感觉到厌烦、不悦甚至刺痛的时候，当对方的所作所为不符合我们的价值观和原则时，我们就很容易把自己的情绪加入想表达的话语中。语气里会带着指责、抱怨、厌烦甚至嘲讽、鄙夷，这样我们常常会好心办坏事。我们以为的帮助的话，在对方听来，却是一种责备和惩罚，而没有理解和信任。你都不理解人家，人家凭什么尊重你，又为什么听你的呢？

6. 说好听的话

赞美是快速让人产生好感，拉近人与人之间距离的好方法。特别是在男女交往上，一句适时、中肯的赞美，往往能起到意想不到的效果。会说话的人让别人如沐春风，不会说话的人让别人避之不及。《三国演义》中，诸葛亮和庞统在这方面的表现可以说是一对绝好的例子。

7. 说现在的话

不论是口语还是书面语，都有其时态。只有当下时态才能最大限度地发挥沟通的效果。说现在的话，意味着我在积极地关注此时此刻的你，而不是纠结你的过去，审视你的未来。因为谁都知道，过去已过去，未来还没有到来。不当的“回顾过去”或“探讨未来”容易把话题岔开，忽视当下的彼此，容易导致沟通效率下降或沟通效果不良。

8. 说别人的话

重复和反馈的技巧在人际沟通中相当重要。两者的共同点都是把别人叙述的内容原汁原味地反映出来，或用自己的话把接收到的信息整理出来告诉对方。说别人的话，意味着告诉别人：“我在听你讲，你说到这了。”这样既赢得了别人的信任，又能激发别人继续说的欲望。

9. 自信地说话

自信是一个人的立足之本。一个人没有自信就很难赢得别人的尊重，没有尊重又哪里来的平等。而一旦沟通中没有了平等，那将是一个让人相当难以接受的过程。沟通效率自然会变得极低。

10. 思考着说话

有的人说话，该说的和不该说的、能说的和不能说的话，完全不考虑场合，不加以修饰，一股脑地说出去。自己说得嘴爽，别人听得辛苦，这是沟通的大忌。所以，中庸之道说，过犹不及。“见人说人话，见鬼说鬼话”“逢人只说三分话，不可全掏一片心”“话不可说绝，力不可用尽”，这些沟通技巧方面的古语，值得细细体味。

人际沟通的原则

在人际交往过程中，一些重要的原则是必须要遵守的，否则就会对关系造成破坏性影响。

（一）相互性原则

人际关系的基础是彼此之间的相互重视与支持。任何人都不会无缘无故地接纳他人。我们喜欢那些喜欢我们的人，疏远那些疏远我们的人。人与人之间的喜欢与不喜欢都是相互的。所以，人际关系的黄金法则就是，你希望别人怎样对待你，你就怎样对待别人。同理，你怎样对待别人，别人就倾向于怎样对待你。

（二）交换性原则

古语有云："天下熙熙，皆为利来。天下攘攘，皆为利往。"从社会学的角度，人际交往也是一种社会交换过程。个体期待人际交往对自己是有价值的，在交往的过程中需要"得大于失"，至少也要"得等于失"。如果一方一味地付出，另一方只顾索取，那么关系就会趋向萎缩，最终分道扬镳。人际关系发展受人们对自己在交往过程中所获价值的判断的影响。

（三）自我价值保护的原则

自我价值保护是一种自我支持的心理倾向，目的是防止自我价值受到贬低和否定。由于自我价值依赖于他人的评价，所以个体对他人的评价较为敏感。对肯定自我价值的人，个人对其认同和接纳，并反过来予以肯定和支持；而对否定自我价值的人则予以疏离，甚至激发自己用攻击的方式来对自我价值进行保护。

（四）平等原则

交往双方的社会角色、地位、影响力等方面往往是不对等的。这会本能地产生等级倾向、地位差别。一旦产生这种差别，沟通起来就不容易做到各抒己见、畅所欲言，沟通效果会大打折扣。但是，如果从人性的角度出发，认为人人平等，只是分工不同，很好做到这一点的话，会让对方感到安全、放松与尊重。这时候，我们即使与那些看起来"门不当、户不对"的人也能建立起良好的人际关系。

延伸阅读

在理解他人的基础上表达自己

同理心能够帮助我们更好地理解他人，在此基础上，如果能恰如其分地表达自己，那么在人际交往中，我们与他人的交流将更顺畅。

（一）表达愤怒

美国心理学家雅克·希拉尔说：“愤怒是一种内心不快的反应，它是由感到不公和无法接受的挫折引起的。”无论是一触即发，还是一味隐忍，愤怒都是坏情绪的红色警报。“愤怒告诉我们，别人对我们使了坏，或者我们内心的愿望无法满足，”心理学家艾耶·古罗·勒内说，“我们必须要倾听自己的愤怒，因为它能帮助我们保持个性的完整。”

很多时候，我们不但拒绝承受别人的愤怒，也不想表达自己的愤怒。其实，只要方法恰当，愤怒也可以表达出来。一味隐忍可能会让愤怒更加强烈地爆发，关键是找到一个平衡点。毫无疑问，认清自己的需要，学会表达愤怒，就是和他人建立更健康的关系。

“怒火的背后总是隐藏着痛苦，”心理治疗师包罗·奥斯特认为，“不分青红皂白地乱发脾气也是愚蠢的。”必须学会把失望的这种能量向外发泄。当愤怒来临时，试试下面的“发怒三部曲”。

1. 分散注意

当突如其来的愤怒袭上心头，言辞冲撞歇斯底里只能让局面变得更糟。此时最关键的是保持冷静。这不太容易，但你可以试试：默念数字 1 到 10；去一个无人的地方大声喊叫；摔打枕头、撕纸片等，转移注意力；给好朋友打电话倾诉一番。只有克制对刺激物的瞬间情绪反应，你才能进入下面更理性的环节。

2. 厘清思绪

有时候只是一件无足轻重的小事，就能让你变得气急败坏，怒不可遏。到底是什么点燃了你心中的怒火？试着问问自己这些问题——是你感到受伤害吗？别人是有意还是无心？你肯定自己没有弄错吗？是不是你太敏感的原因？情况真的严重到让你暴跳如雷吗？有没有不发怒却能解决问题的方式？你大吼大叫到底是想达到什么目的？让对方望而生畏，还是希望和他沟通？……如果在盛怒之下，你根本无法回答这些问题。但是，在压制了最开始的强烈愤怒之后，你应当试图回答这些疑问。只有这样，你才能知道接下来该做什么才是对自己有利的。

3. 表达不满

一旦觉得已经控制了情绪，你就可以表达自己的感受了。但请注意，要真诚，也不要降低自己的原则。心理学家托马斯·高登为我们推荐了一个方法：说出自己的感受，但是不能站在别人的立场。和对方说哪些行为让你感到不满：“当你……”；说出自己的感受：“我觉得……”；和对方分享你的期望：“我希望能这样，因为……”；表达你现在的需要并说明原因：“我现在需要……是因为……”，等等。

不要忘记你的目的是重新找到关系中的平衡。不要滔滔不绝，不容对方说话，也不要在对方面前让步。只有找到修整你们关系的方法，才能真正达到目的，让每个人都保留自己的完整性。“表达愤怒的好处远远不止是出了口恶气”，奥斯特说：“它的可贵之处是重建自己和自己，自己和别人的关系。”所以，好好地、小小地发一次怒，会让我们找回和谐。

（二）表达歉意

我们都和身边重要的人发生过争吵误解，但这些并不一定会对我们之间的关系造成伤害。实际上争吵误解最终是加深了感情还是加剧了仇恨，主要取决于我们如何解决关系中的分歧。

忽略未愈合的伤痛就像堵塞物一样，阻止了情感的正常交流。有些人根本说不出“对不起”这三个字，有些人虽然口头上会道歉，但发现道歉没什么用，有时还会激化矛盾。这是因为道歉的话其实没有真正说到点上。

想要成功地道歉，我们要尊重他人经历事件的视角和感受（即在对方的感受中发生了什么事，而不是固执地说自己认为的，如“我明明不是这个意思”等。第一步务必要先去了解对方的所思所感），还要认识到我们为何冒犯了他人（即对方在意的点是什么）。表达歉意时要表示我们的所见和所想，也要表示对对方观念感受的照顾。

以下五个步骤能够帮助我们成功道歉。

（1）双方冷静下来，然后询问对方，你的做法给他带来什么感受。

（2）保持头脑清醒，仔细听对方的话。站在对方的角度想问题。

（3）从对方的角度来总结他的话，说明你听了而且理解了他的意思，也让对方可以更清楚自己的想法，而且避免对方重复说明自己的意思。

（4）为你的行为找一个真实体贴的理由，包括反省你的做法。不能指责对方，即使存在对方的问题，也不应该在现在提起。

（5）积极想一个解决方法来防止再发生类似事情。

（三）表达需要

我们要练习表达我们的需要，很有力量地去表达出我们的立场，去决定一场谈话该往哪里进行。这种力量在于：第一，我们确信自己的需要是有道理的；第二，我们确定对方的需要也是有道理的，只是我们现在还不太了解而已。

我们需要做的事情是，要尝试去发现怎么形成一个决议。例如，很多时候，我们要学会提出具体请求，具体的请求就是我们能不能很具体地说出一件事情。例如，一个女生说："你从来不爱我，我需要你好好爱我。"或者一个男生说："我就是想要自由。"大家可以体会一下，这些是不是具体的话？

有些很大的词，如公平、正义、自由等，是可以被任何阶级、任何人使用的，所以你在沟通中只使用这些词其实没有任何意义。你会很惊讶地发现，双方好像都站在正义的一边，但是他们谈的内容都是空泛的。例如一位男士说："你从来不给我自由，在所有时候你都不给我！"女士会说："我太给你自由了，所有时候我都允许你出去，我发高烧了，都允许你出去，你还想要什么？"

他们都在谈自由，问到男士："你想要什么自由？"他会说："我特别希望当我提出我想出去玩的时候，她的脸是开心的。虽然我出去玩了，但当我想到家里有个愁眉不展的爱人时，我心里就紧绷着，我感到受到了束缚一样。我希望我有一个情绪的自由，我希望能够从她的脸色中摆脱出来，我希望能喘口气，因为我太难受了，我为什么要束缚在她的情绪里？我很气愤，我对自己也很气愤！"这时候，男士说的自由和女士所说的自由完全是两码事。这就是一个具体化。

很多时候，我们需要把自己的需求非常具体地提出来。提的方式可以是：

"我需要你，对于我来说，……很重要""我希望你一进家，就能跟我打个招呼，这对我非常重要，让我感觉到我是被尊重的"。

如果你有能力，可以跟对方更深层面地交流，你可以这样说：

"我非常担心。你对我的不尊重，你的很多行为让我想起小时候我的父母。我爸爸曾经很粗暴地对待我妈妈，理都不理地就走进他的书房。门'砰'的一下关上，当时我觉得很紧张！我希望你感觉到这个家是温暖的，因为我特别害怕遇到这种事情……"

这就是一个很好的交流和沟通，非常恰如其分地向对方表达了自己的需要。

心理小测试

★ 人际交往能力测试

该自测量表中共包括 30 道题，请按照自己的符合程度进行打分，最后统计总得分。

评分标准：完全符合为 5 分，基本符合为 4 分，难于判断为 3 分，基本不符合为 2 分，完全不符合为 1 分。

1. 我去朋友家做客。首先要问有没有不熟悉的人出席，如有，我的热情度就明显下降。

2. 我看见陌生人常常觉得无话可说。

3. 在陌生的异性面前，我常感到手足无措。

4. 我不喜欢在大庭广众之下讲话。

5. 我的文字表达能力远比口头表达能力强。

6. 在公共场合讲话，我不敢看听众的眼睛。

7. 我不喜欢广交朋友。

8. 我要好的朋友很少。

9. 我只喜欢与我谈得拢的人接近。

10. 到一个新环境，我可以接连几天不讲话。

11. 如果没有熟人在场，我感到很难找到彼此交谈的话题。

12. 如果在“主持会议”与“做会议记录”这两项工作中挑选一项，我肯定挑选后者。

13. 参加一次新的集会，我不会结识多少人。

14. 别人请求我帮忙而我无法满足对方要求时，我常常感到很难对人开口。

15. 不是不得已，我绝不求助于人，这倒不是我个性好强，而是感到很难对人开口。

16. 我很少主动到同学、朋友家串门。

17. 我不习惯和别人聊天。

18. 领导、老师在场时，我显得特别紧张。

19. 我不善于说服人，尽管有时我觉得自己很有道理。

20. 有人对我不友好时，我常常找不到适当的对策。

21. 我不知道怎样和嫉妒我的人相处。

22. 我同别人的友谊发展，多数是别人采取主动态度。

23. 我最怕在社交场合中碰到尴尬的事。

24. 我不善于赞美别人，感到很难把话说得亲切自然。

25. 别人“话中带刺”揶揄我，除了生气外，我别无他法。

26. 我最怕做接待工作，同陌生人打交道。

27. 参加聚会，我总是坐在熟人旁边。

28. 我的朋友都是与我年龄相仿的。

29. 我几乎没有异性朋友。

30. 我不喜欢与地位比我高的人交往，我感到这种交往很拘束，很不自由。

结果解释：

1. 总分>120 分：你的社交能力存在很大问题，你不太善于交往和不喜欢社交，社交对你来说是件痛苦或害怕的事。你在社交场合，习惯于退却、逃避，你对自己的社交能力没有信心，你还没学会如何与别人尤其是陌生人打交道。为此，你要走出自我封闭的圈子，尝试去与人交往，不怕失败和尴尬，你会发现人际交往带给你的许多乐趣和益处。

2．总分在 91～120 之间：你的社交能力还有待于进一步提高，你对人际交往比较拘谨。但你是可以交往的，如果你更大胆些，更多地注意培养自己的社交能力，那么你将会从社交活动中获得更大的快乐和成功。

3．总分在 70～90 之间：你的社交能力尚可。

4．总分<70 分：你是一个善于社交的人，你喜欢交往，能从社交中获得快乐和收获。与不同的人相处，你能较快地适应环境。

心理小活动

★ 蒙眼作画

人人都认为睁着眼睛画画比闭着眼要画得好，因为看得见。当你闭上眼睛，将一个人画画的过程变成两个人合作的模式，会是什么感觉呢？你能否清晰地表达你的所见？又能否准确地理解表达者的语言和意图呢？

目标：

（1）使参与者明白单向交流方式与双向交流方式可以取得不同效果。

（2）使参与者学会从不同的角度去感受人与人之间的交流，学会换位思考。

过程：

（1）材料准备：简笔画、眼罩、A4 纸、笔。

（2）两个人为一组，一人描述简笔画的内容，指导另一个人作画，指导的过程中，只能用语言描述，不能与搭档有肢体接触；另一个人带上眼罩，根据同组搭档的指导，用笔在纸上作画，在此过程中，不可以讨论、问问题。作品完成后，让学员摘下眼罩欣赏自己的大作。第一轮完成后，同组成员可互换角色进行第二轮。

讨论：

（1）为什么蒙上眼睛，所完成的画并不是如自己所期望的那样？

（2）同组搭档如何交流才能使蒙眼作画的任务更容易完成？

（3）互换角色后，你有什么感受？

（4）由此，你联想到生活中哪些类似的情景？这次活动对你在人际交往过程中，理解他人和表达自己有什么启发？

思考题

★ 情境问答一：当父母对自己期望过高时，怎么办？

本次数学考试，李岩尽了自己的努力取得了 95 分，这个分数在班中也是较高的了。他满心欢喜地回到家。见到父亲，把试卷递给他看，父亲看了试卷，板起脸说："你有什么好高兴的？你的标准应该是 100 分。"李岩的情绪一落千丈……

思考：如果你是李岩，你该如何与父亲沟通？

★ 情境问答二：当父母发生矛盾和冲突时，怎么办？

左明的父亲是一家公司的负责人，工作忙，应酬多。母亲是一名编辑，在工作上也很出色。一天晚上快十二点了，一阵吵闹声把已经熟睡的左明吵醒了。原来是父亲因为应酬，晚回家了，他一进门妈妈就开始唠叨，双方起了争执。左明站在自己的房门口，想了一想，走到父母跟前……

思考：如果你是左明，你将如果处理眼前的场面？

★ 情境问答三：当自己的朋友遭到别人背后议论时，怎么办？

小强是学校科技小组的成员，他心灵手巧，设计制作的航模经常在比赛中获奖。而在一次劳技课上，他并没有完全按照老师的设计方案去做，而是别出心裁进行了设计，结果在试飞中，他失败了，同学们议论纷纷……面对同学们的议论，小强心里难过极了，这一切，都被小强的好朋友楠楠看在眼中。午饭时，楠楠端着餐盒找到小强……

思考：如果你是楠楠，你会怎么做呢？

第十二章　爱的艺术：婚恋中的男女有别

主题故事

一位女生对初恋男友的"吐槽"

有一次和朋友聊天，聊到各自的情感经历，我就跟他们说了一下我初恋的那些事……

我的初恋，是交往过的男朋友里对我最好的一个，直到现在我也还是这样认为。

当年异地恋，去他那里的火车凌晨到，他会在半夜两点炖好一锅汤，然后从家里跑步到火车站接我，回到家之后，汤还是热的，刚赶上喝。

他是一个脾气好、肯迁就、体贴周到、无微不至的人（长得也不错）。

这么好的人是怎么和他分手的呢？所有人都不明白。

然后我就举了两个例子。

情境一：当时他有一套房子，但没装修。他自己是做建筑质检的，所以我们经常会讨论怎么装修房子。通常这种对话都是很温馨的吧。

我："我想把我的房间刷成蓝色的。"

他："没有人会把房子刷成蓝色的。"

我："……什么叫没有人？"

他："就是从概率上说，这不可能。"

我："……姑且不说有没有这回事，别人的概率关我什么事？就算是刷成黑色的房间又怎样？"

如果以上还算是浪漫派和理性派的区别，那么下面这个……

情境二：他要被派到日本三年，当时我头发刚到肩膀的长度，他很遗憾地说看不到我长发的样子了（他是长发控）。

作为一个恋爱中的女生，平常再理性、再不喜欢肉麻，离别之际当然也是会柔情蜜意一番的，所以我说："那我就三年不剪头发，等你回来。"

各位看官，看到这里，你们想一想平常野蛮得要命、此时此刻却以难得的温柔说着要为你留三年长发等你回来的女朋友，设身处地，心怎么也会柔软一下吧！

知道他说什么吗？

"没有人能三年不剪头发。"

听后我很“抓狂”，气氛一瞬间就从甜蜜变得凛冽了。

我（瞪）：“你怎么知道我不能三年不剪头发？”

他（好脾气）：“我没有说你，我的意思是，从概率上讲，没有人可以做到。”

我（被彻底激怒）：“那我还非要三年不剪头发，留给你看！”

各位看官，有没有被我的气势震慑？是的，我就是这样的“汉子”！

然后，知道他又说了什么吗？

“人不是为别人的话而活着的。”

我：“……”

这句话彻底把我“击中”了，在我脑海久久盘旋，挥之不去。我有一种不知道到底是跟什么生物在对话的感觉，我的直觉告诉我这句话绝对是不对的，可听上去又好对，简直百口莫辩，满身“槽点”却又无懈可击，哪怕时至今日也是一样——我仍然不知道到底怎么去回这样一句对又不对的话，也无法理解到底是怎样的一种逻辑让他说出这句话来的。

最后，我想说，举完例子，尤其是第二个例子之后，所有的朋友都从不理解表示了理解，有的还对我致以了深切的同情。（之后，这变成朋友中一个长盛不衰的“段子”，每次提到都笑场，引来各种人的膜拜）

冰冻三尺，非一日之寒。和他分手后我从来没有后悔过，哪怕他也许是这辈子对我最好的一个人。

一开头就说明初恋是多么好的人——除了无法沟通外几乎是完美的——就是想证明，这种特点对爱情的杀伤力是多么大。否则我干吗放弃一个长得帅，有房子、工作，做事都“靠谱”，还对我那么好的大好男青年？

需要强调的是，我上面提及的，只是例子。

是非常典型、窥斑见豹的例子。

或许很多人可以做到只凭“今天吃什么”“散散步去吧”这样的基本对话就能过一辈子，但那肯定不是我。

我有精神世界的需要，不比物质要求低，甚而，物质要求低一点点都可以。当我想到将来还要这样和他过好几十年，就觉得天昏地暗，日月无光。

而且出现这种状况，让我一直质疑他到底喜欢我什么。我觉得对他来说，任何一个女人都可以啊。不就是能陪伴过日子吗？我又不算贤惠，换一个人也许更幸福呢！

概率重要，还是女朋友重要？

对错重要，还是女朋友重要？

辩论的输赢重要，还是女朋友重要？

如果实在是觉得女朋友比不上概率、比不上对错、比不上心中的真理和辩论的输赢的话，那我只能说——请放人家一条生路吧，真理会陪伴你一辈子。

理论分析

男女有别

男人和女人都由细胞组织构成，除此之外，千差万别。难怪美国心理学博士约翰·格雷所著的《男人来自火星，女人来自金星》畅销全球，看来“男女有别”的现象并非中国独有。据说，格雷博士花了七年的时间，调查了 25000 人，写出这本书，可见对于男女之间差异的研究是一件非常繁复、极不容易的事情。

男性和女性的不同，诸如生理构造的不同，后天环境的不同，各因素交互作用导致的不同，这些不用说都知道。男女差异最直接的体现是，他们有着不同的思维方式，对事物的理解也有全然不同的视角，却不自知。男性总是认为对方“怎么连这么简单的道理都不懂”。女性则认为男性“这么明白的事情都不知道”，这种状况导致有效的沟通不能顺畅地进行。现代人的恋爱和婚姻都因此变得困难重重。

故事中的女生向男生表达“想要把房间刷成蓝色”，以及“愿意为男友留三年的头发”的时候，实际上是女生向男生表达情感、加强关系的行为。但这种女性思维被男生按照男性思维来解读，那就是“女生不太肯定自己对房间刷成蓝色是否合理，来向自己寻求专业意见”，“女生打算三年不剪头发，询问男生对此的看法”。既然是来寻求自己的建议，那就一定要客观、理性，要帮其看清事物的真相，以消除女生心中的困扰。而男生的所有回应都被女生按照女性思维解读为“我的喜好不重要”“我的感受不重要”，约等于“我不重要”，虽然理性知道，他“是交往过的男朋友里对我最好的一个”。

对男女差异的不了解导致了最终分手的结局。

“男人与女人来自不同的星球”，当然是畅销书作者为了吸引读者眼球的说法。因为我们都是地球人。但格雷博士在这本书中对男女差异的细致入微的分析却对我们的生活有很好的借鉴意义。

（一）价值观的不同，是最大的不同

男人重视力量、能力、效率和成就。他们习惯于自己解决问题，通过展示自己的能力和成就来定义自我价值。女人重视情感、交流、美感和关系。她们关注自己的感觉，通过沟通和关系诠释自我价值，只有沟通和关系才使她们感到安全。

男人遇到困难时，不会轻易求助，只有当他确实需要时，他才会用自己的方式寻求帮助。任何主动的帮助和意见，在男人看来就是对自己能力的怀疑。而女人表达关爱的方式之一，就是热切地提出意见，提供帮助，反而让男人感觉很受挫。其实，男人只需要鼓励，就可以做得很好。

当女人说出她的问题的时候，男人以为她需要答案。可是，男人很快发现对方并没有接受自己提供的答案，会感到不被信任。但其实女性寻求的是情感上的理解和支持，而不是解决问题的答案。男人常常只要倾听就好。

（二）尊重彼此不同的压力应对方式

男人遇到压力时，会变得心事重重，沉默寡言。他会躲进自己的“洞穴”，独自思考。当女人遇到压力时，会有较大的情绪波动，她会向信任的人倾诉，这是女人应付压力的本能反应。

女人会在男人处于压力状态时，感觉到疏远和漠视。但如果试图将他从状态中拉出来，只会让他茫然无措。给他足够的时间和空间，会让他感觉到信任和理解。

男人在面对女人的压力状态时，也无须自责或徒劳地提供帮助，只要用心地陪伴和倾听，包容她的抱怨，就能让她感觉到支持和理解。

（三）对爱的基本需要不同

男人对爱的基本需要是信任、接受、感激、赞美、肯定和鼓励；女人对爱的基本需要是关心、了解、尊重、忠诚、认同和安慰。

当男人失败的时候，他需要的是信任，而不是安慰。安慰只会让他觉得难过和无用，甚至愤怒。当女人失败的时候，她需要的是安慰而不是信任。信任只会让她觉得孤立和无助。

了解彼此对爱的基本需要，给予对方需要的爱，否则会事倍功半，甚至导致感情破裂。

（四）激励的方式不同

男人在感觉自己被需要时容易受到鼓舞；女人则在感觉自己被珍爱时才会被激发。

对男人来说，被需求才是存在的价值所在。直接告诉他，你对他的需求，并心怀感激，会让男人充满自信，乐此不疲。

对女人来说，被重视和珍惜的程度是自己的价值所在。任何忽视的举动都会让女人不安和难过，关心和体贴能让女人赴汤蹈火。

（五）语言表达的方式不同

女人说：“你从来没有爱过我。”

男人说：“什么叫‘从来没有’？”于是一场争执在所难免。

为了强调她的感觉，女人说话时喜欢用“从来不”“一点儿也不”“总是”

等略带夸大的词，她希望对方了解她的感觉而不是抠字眼。

对女人的最大挑战就是当男人不说话时，她能正确理解他的沉默，并给予支持。

（六）情感周期不同

男人既有亲密的需求，又有独立的需求，决定了他们与女人的关系有亲近和疏远的循环。他们的热情就像橡皮筋一样，需要积蓄力量。要求他一直保持热情，会让他的力量最终消失殆尽。

女人的情感就像波浪一样，随时都有起伏。当她在波峰时，她会快乐地付出和接受爱，当她在谷底的时候，陪伴和安慰可以让她尽快触底反弹。

（七）感情计分方式不同

男人注重实际价值，女人重视爱的表现。

男人认为，送一辆小轿车或一支玫瑰花代表不同的分量，他相信物质能使爱情弥坚；而在女人心里，每个礼物都只代表一次爱的表达，她们需要经常知道自己是被爱的那个。

所以男人不必为礼物的贵重挖空心思，花一些时间为她做一些小事，一样可以让她感觉到你对她的重视。女人的感激是对男人最好的回馈。

男女有别当然不仅于此，聪明的你一定不断会有新的发现。

技术指导

恋爱中的情商提升

恋爱是人生中一道亮丽的风景，恋爱的滋味只有亲身体验过的人才知道。据说，恋爱中的人智商几乎为零，情商却可以得到大幅提高。了解“男女有别”只是第一步，爱的艺术远比我们想象的要高深得多，提高恋爱中的情商，让恋爱的时光更加美好吧！

（一）“找到”自己

“找到”自己，才会有真正的自知和自信，不至于在恋爱中迷失方向，失去自我。在恋爱开始的时候，难免心醉神迷，为对方做什么都可以，似乎情不自禁。有的人因为恋爱而成长，逐渐发展出更好的自己，例如一个不善家务的女生因为恋爱成为厨艺大师，而一个动手能力差的男生因为恋爱变成修理高手。而有的人却在这种一味地取悦对方中，扭曲了自己，甚至失去了自己为人处事的原则。一个习惯早睡早起的女生，恋上了一个喜欢夜生活的男生，如果不能“找到”自己，这段恋爱注定以“热烈—迷茫—委屈—愤怒—伤害”的轨迹发展。“找到”自己，是爱的智慧。

（二）表达赞美和鼓励

表达是恋爱的入门功夫。不要吝啬你的溢美之词，自然真诚地表达对对方的欣赏和认可。尤其是对男生——恋爱中极其虚荣的动物，听到女朋友夸他，表面虽然风平浪静，但心里已经翻江倒海了。别永远都是一句：“你好棒耶！你好好哦！”听多了也会觉得很“假”！从细节入手，对男生说：“你这个发型很适合你。”对女生说：“你穿衣服的风格不落俗套。”在对方处于低谷时，你要做的不是泼冷水，而是给予鼓励安慰或者提供问题的解决方案。如果对方目前的学业、事业、地位不及你，作为恋人总可以从其身上找到优点，毕竟当初选择对方也是因为有这些闪光点在吸引你。让对方有一定的成就感、存在感和尊严，让对方感觉到其在你心目中的重要位置。

（三）理解和尊重差异

恋爱中的双方，来自不同的成长环境，有不同的生理、心理特点，是必然有差异的。恋爱中的同理心，就是要从对方的立场、心境出发来看问题。千万别一副你逛街、上淘宝就是天经地义，人家打游戏、睡懒觉就是十恶不赦。即使你们还在热恋中如胶似漆，但你们依然是独立的个体，很多东西不可能在短时间内就能改变。只有在理解和尊重双方差异的基础上，求同存异，才能交往得愉快。了解男女差异，尊重男女差异，建设性地利用男女差异，才能在众多追求者中脱颖而出，成为恋爱高人。

（四）距离产生美

很多女生每次出去逛街都要拉上自己的男朋友，很多男生觉得女朋友半夜陪着看球赛特有面子，当然这在热恋期是很自然的。过了热恋期，就需要有距离了。这并不是像字面上说的那样，有了距离，就会产生美感。美学中的距离美，说的是在审美过程中，必须保持适当的距离，否则会影响审美效果。恋爱中的距离美，其真实的含义是，给双方多一点自由的空间，保持一定的心理距离，才能保证双方人格的完整和独立，才能以客观的态度欣赏你的恋人，发现对方更多的优点。

（五）用行动表达爱

女生感冒了，“来姨妈”肚子疼，别永远都是一句，“多喝水”或“多喝热水”。如果多喝热水能解决问题，那么医生是不是可以“狗带”了。如果说在两性关系中，男生需要的是理解和尊重的话，那么女生更多需要的是疼爱，然而疼爱并不只是多喝水、多喝热水。如果没什么重要的事情，直接买感冒药过来看她，或者煮一碗红糖姜水给她；如果异地，可以打电话让当地的餐厅把红糖姜水给送过去。注意，你送出的不是一份关爱，还有惊喜。女生是感性的生物，这么做会让她更爱你。所以，记住，行动比一句“多喝水”更有价值。

（六）在浪漫中互相促进

浪漫的爱情促进多巴胺和肾上腺素的分泌，让我们品尝到快乐和幸福的滋味。一支小小的玫瑰，一句甜蜜的耳语，都可以制造出妙不可言的浪漫。可是，浪漫不能当饭吃，最多只能算是餐后水果。人类天生追求更高、更快、更强，如果爱情中的两个人能以魅力、人格、情感相互引领，使彼此的生活变得丰富有趣，生命更加蓬勃向上，那么恭喜你们，你们为爱情构建了极为有力的保障。

（七）保持正能量

虽然说恋人之间需要相濡以沫，彼此扶持，但是这并不意味对方就可以无条件地接受你的吐槽和抱怨。“我们宿舍的郭美美烦死了，每晚都要上厕所”“我的手机丢了，才买不到一个月呢，我妈肯定又要骂我了”“我们领导真的是想钱想疯了，硬是要做这个项目，明明有那么多人反对”……像祥林嫂一样苦大仇深地重复那些负能量的东西，谁能受得了呢？拜托，情绪是会传染的好吗！所以在恋人面前保持微笑吧！多分享一些有趣的、有意思的事情。毕竟，谁都不会拒绝快乐。

（八）懂得回礼

男女交往中，出去约会大多数是男生买单，可能在传统观念的框架之内，很多女生也会觉得很理所当然。但是姑娘们，男生买单是出于风度，同时也是因为爱，所以女生不仅要学会体谅，更要懂得“投桃报李”。无论在物质还是精神上，付出都应该是相互的，这是建立一份满意的恋爱关系的基础。趁他去买电影票的时候，去给他买一杯他喜欢喝的饮料。在他生日的时候送他喜欢的游戏设备或者手表。回的礼要投其所好，这样才有价值，也更能增进彼此的感情。

（九）不要炫耀和显摆

女生不要在恋爱时跟男朋友炫耀现在有多少人追自己，男生也别显摆自己过去有过多少任女友。恋爱中的人都希望自己是对方生命中的唯一，而不是过客。不要因为自己比对方多读了几本书，多听了几场音乐会，多去过几个地方旅游，就不断展示自己的优越感。真正的高情商在与人交往的时候总能给对方很舒服的感觉，不会故意拉开距离，也不会让对方感到自卑。

（十）不要试图改变对方

人从出生到长大成人，有很多东西是相对固化的，例如和一个不爱说话的人在一起，就别期待他像个“开心果”一样跟你侃天说地。看到他穿的衣服不好看，也别直接说破。人人都有自尊心，再不好看也先忍着。可以先留意他穿什么尺码，然后去商场挑选合适他的衣服回来，既表达了你的爱意，又隐藏了你的不满。如果对方真的喜欢你，会明白你的用意，也会为你改变的。

延伸阅读

什么是爱情？

下面介绍两种主流心理学理论，分别从情感和生理角度来探讨爱情的构成与其作用机制。

在罗伯特·斯腾伯格看来，爱情由三个成分构成：激情、亲密和承诺。其中，激情是爱情的情感成分，指情绪上的着迷，主要包括深厚的情感和性欲；亲密是爱情的动机成分，指心理上喜欢的感觉，主要包括联结感、紧密感和喜爱；承诺是爱情的认知成分，指心里或口头的预期，主要指决定与另一个人建立长期关系。

这三种成分的组合构成了八种爱情形式：

（1）无爱：亲密、激情和承诺三者都缺失。如泛泛之交，彼此关系肤浅，不受约束。

（2）喜欢式爱情：主要是亲密，缺乏激情和承诺。如友谊关系，如果某个朋友当面能唤起你的激情，当对方离开时，你会产生思慕，那么你们之间的关系就超越了喜爱，变成其他类型了。

（3）迷恋式爱情：主要是激情，缺乏亲密和承诺。如初恋。

（4）承诺式爱情：以承诺为主，缺乏亲密和激情。如激情燃尽的爱情或包办婚姻的初始阶段，既没有温情，也没有激情，仅仅是在一起过日子。

（5）浪漫式爱情：有激情和亲密，缺乏承诺。“不在乎天长地久，只在乎曾经拥有”。

（6）伴侣式爱情：有亲密和承诺，缺乏激情。深沉的情感依恋，温馨而又相互依赖。

（7）愚昧式爱情：有激情和承诺，缺乏亲密。如一见钟情，常伴随着旋风般的求爱，闪电般的结婚。

（8）完美式爱情：同时具有激情、亲密和承诺。

激情、亲密和承诺共同构成了爱情，缺少其中任何一个要素都不能称其为完美爱情，正如三点确立一个平面，缺少任何一个点，这个平面就不存在。这也与我们中国人向来重视夫妻关系中的性、情、义三位一体的观点，颇为相似。

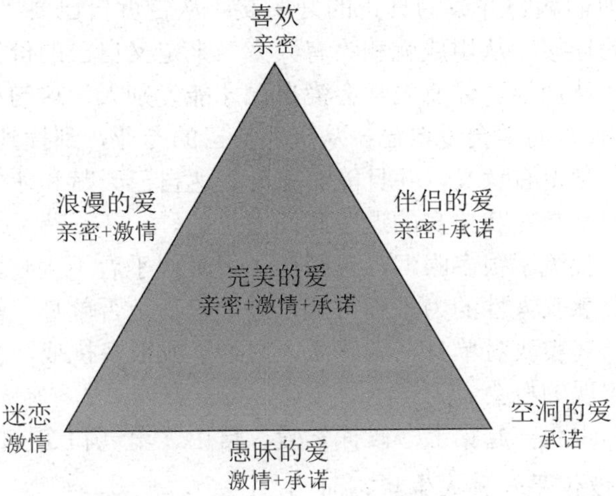

而在海伦·菲希尔看来，爱情却是由三种既相互联系又截然不同的生物系统控制的成分组成，具有演化学上的意义。

首先是性欲，由性荷尔蒙调控，使得人们有了与人交媾的动机，促使人们成功地进行繁衍。

其次是吸引力，由多巴胺和 5-羟色胺调控，促使人们追求他们所偏爱的特定的恋人，通过激起浪漫的爱情，促使人们形成稳定的配偶关系。当我们坠入爱河时，多巴胺水平上升，从而引起兴奋和欣喜；5-羟色胺水平下降，给予我们足够能量，不知疲倦地去追求心上人。

最后是依恋，由神经肽催产素调控，指长期的伴侣关系所带来的舒适、安全的情感。这种情感使得夫妻厮守在一起，从而能保护和供养他们年幼的子女。依恋的时间越长，催产素含量越高。

所以，我们天生就具有演化而来的三个不同生理系统，它们各自促进了人们的成功繁殖过程。也表明：激情、亲密和承诺彼此相互独立，可以各自独立地发生强弱变化。

我想有尊严地单身着，然后有尊严地全心全意去爱

Joy Liu

没错，我就是社会舆论口中的“30 岁单身女人”。跟所有其他的单身人士一样，我也经历了所有来自社会和家庭的期待。他们定义我“应该”成为什么样的人，“应该”有怎样的生活，以及“应该”有怎样的爱情和婚姻。

我从为自己的单身感到羞耻，到不再用任何社会准则来定义自己；从和父

母争吵，到跟他们和解并成为真正的好朋友；从告诉自己要“享受孤独”，到学会建立深刻的连接；从用成就和“有人爱”来定义自己的价值，到发自内心的自我价值感；从憎恨“你要先学会爱自己才能爱别人”这句话（因为当时我根本做不到），到真的学会爱自己；从厌恶自己的专业，到找到并且不断发现，让自己有热情，觉得有意义，并且能够充分表达自己天赋和才华的事业。所有这一切的改变，都是在我单身的这段时间发生的。

在这期间，我流了很多眼泪，也经历了很多似乎看不到曙光的漫漫长夜。但所有这些让我感叹人性的力量和可能，是不管我是否单身，都必须要修炼的人生功课。所以其实我对单身充满感激，它给了我很多挑战，也给了我太多充分成长和自我实现的机会。

我想邀请你跟我一起踏上一段探索爱、自由、勇气和连接的旅途。

（一）单身仅仅是一种人生状态而已

我们的文化里，单身有很多构建，这些构建有很多是羞耻性的，一不小心，我们就可能深陷其中。我们从小就被整个文化告诉，我们应该什么时候结婚，应该什么时候生孩子，应该找什么样的伴侣……

我想这其中最大的错误信念，就是恋爱、结婚或者生孩子会提高我们的生活品质。布琳·布朗在她的书里写道：人们往往希望通过一件事来改变自己的人生。如果单身的时候你过得很差，那么恋爱一定会让你变好；如果你和女朋友（男朋友）总吵架，也许结婚可以改善你们的关系；如果你和伴侣的关系不好，那么尝试要一个孩子吧，孩子出生了也许关系就变好了。可是没有比这更错误的信念了：那些我们没有处理好的人生议题，只会在关系中被放大，变得更加糟糕。

假设你有一个控制欲很强的妈妈，那么不要以为你结婚了她就会“自动改变”，她会想要控制你的婚姻、你和伴侣的关系，以及你们生活的一切。而你会因为各种复杂的关系而变得焦头烂额。再如，你很难跟别人暴露自己的脆弱，那么仅仅是恋爱或者结婚并不能改变这一点，相反的，亲密关系往往会像一面镜子（甚至是放大镜）一样，照到你人性中的所有脆弱。

所以，如果你指望着通过恋爱或者结婚来彻底提高生活品质（尤其是心灵层面），可能你不久就会感到失望。也许你要反驳我：“那么你怎么解释电影里那些因为遇到了‘对的人’就变得非常幸福的情侣们呢？”亲爱的，那是电影，而不是真实的生活！

生活的真相是：如果你不喜欢自己，觉得自己不够好，不喜欢自己的生活和工作，并且觉得百无聊赖，那么就算是有一个人无条件地爱你，你仍旧觉得自己不够好，仍旧讨厌自己的工作，仍旧要每天询问他是否爱你，仍旧每天生活在“他可能随时离开”的恐惧中，或者故意制造冲突来破坏你们的关系。你为什么这么做？因为在内心深处，你并不相信自己值得被爱。

如果你们在恋爱中争吵不休，对彼此充满指责，那么另一个生活的真相是：你们结婚之后仍旧会对彼此充满指责，并且这些指责很有可能因为你们孩子的出生，复杂的家庭关系，或者生活目标的冲突而变本加厉。

我为自己的一位闺蜜感到遗憾。几年前她经常打电话给我，抱怨自己的男朋友对自己多么刻薄和挑剔，并且觉得他们在一起一点都不开心。后来我们基本没有了联系，直到她打电话邀请我去参加她的婚礼。说实话当时我感到有些惊讶，但我想也许这份关系在我们没有联系的这段时间里发生了变化。可事实好像不是这样。结婚后她很不开心。后来她怀孕了。她说她从来没有如此不开心过，还经常会设想以后自己作为一个单身妈妈带孩子的场景。

其实不管是否恋爱、结婚，或者为人父母，我们都无法逃离的人生功课就是自我实现和自我成长。这个功课很让人畏惧，很不容易，并且是我们一辈子都在进行中的一件事情。但的确没有任何人可以代替我们去做这份功课，而且当我们在一段关系中，这份功课需要两个人共同努力，会有更大的难度。

所以，我们真的不用妖魔化“单身”这个状态，因为它也仅仅是所有人生状态中的一种。就像我们也不用妖魔化“离婚”这个状态一样，它也是人生状态中的一种。所有的人生状态里，如果我们是在成长着的，自我实现着的，跟别人连接着的，并且有爱、有尊严地活着，就没有什么被妖魔化的理由。

（二）我想有尊严地单身着，然后有尊严地全心全意去爱

你也许要问我：什么叫有尊严地单身着？对我个人来说，我不希望在任何形式上自己人性的那一部分被抹煞，不希望被自己、父母或者所谓的“婚恋市场”商品化，去人性化、病态化和“标准化”。

我希望不做这些评判的人首先是我自己。其实一个人生活在文化之中，这种文化就像你呼吸的空气一样不可避免。所以对于单身，这个社会对我们有多少评判，我们就可能对自己有多少评判，而这些评判，需要我们自己意识到，并且将它们对我们的影响减到最小。

当我们把婚姻看作是市场时，自己自然就成了“商品”。每个人的灵魂深处都有个声音在说：“我渴望无条件被爱。”或者“我希望你爱的是我，不管我明天是否还美丽和富有。”可是又有个声音说：“可是别人的爱都是有条件的。”或者“如果我不漂亮或不富有了，他（她）肯定不会再爱我了。”

当你登录各大婚恋网站上填写自己的资料，然后写上你期待对方的月收入是多少、身高如何、学历怎样等时，你不仅在无形中商品化别人，也在商品化你自己。爱情从来都不是一笔交易，可是当聪明的商家想要利用人们对爱情的渴望去“捞一笔”时，他们就必须把每个人都商品化。而这个去人性化和把人商品化的背后，其实隐藏着巨大的恐惧和悲伤：我到底要怎样才能加重自己在“婚恋市场”的筹码？现在我单身，是不是因为我不够好？因为我不够高学历，不够漂亮，身材不够好，工作不够好，赚钱不够多，家境不够好？

我甚至无数次听到身边好朋友的父母们最荒唐的论调：你去考个公务员或者换个国企的工作吧，这样估计喜欢你的人会多一些。所以我们不只被婚恋产业物化，也被自己的父母和周围的人物化。而当我们把自己是否值得被爱跟外在的成就、地位、长相、家境或者金钱画上等号时，我们怎么可能得到自己深深渴望的自我价值感？当我们都生活在被商品化的恐惧和悲伤之中时，我们又怎么可能得到自己想要的“无条件的爱”？

我心中无数次地默默呐喊着：我最亲爱的同伴们，跟我一样还单身着的姑娘和小伙们，请你们不要再想着去满足那些只会贬低你们自我价值的社会期待和商品化定义了，不要把你们宝贵的时间和精力花在你永远都不可能得到你想要的爱的地方了！

弗洛姆在《爱的艺术》里说过，我们只有给予了自己无条件的爱（全然的接纳），才可能给予别人无条件的爱。所以爱是一门需要学习的艺术，不管是学习爱自己，还是学习爱别人。当我们每个人都还没有这种不以外界为依托的自我价值感时，我们就根本不可能学会爱别人。而就算是别人无条件地爱着我们，因为我们内心深处缺乏的自我价值感，我们也永远不会相信他们是无条件爱着我们的。

说到这里你可能要问我：那我到底要怎样拥有自己想要的爱情，有能力爱自己，也成为一个有爱的人？

这也许是最难回答的问题，是无数的哲学家、心理学家和文学家都试图解答了上千年的问题，也是我一直在问自己的问题。也正因为学会爱自己并且培养自己爱别人的能力如此难，我们才想要投机取巧的找寻爱情的替代品：价值的交换，如美貌和财富的交换，或者“我爱你是因为你爱我”的交换。可是难道不是所有真正值得拥有的东西，如生命的意义感、幸福、真诚、自我实现等，都需要付出很多的努力吗？

真正的爱也是如此，它并没有什么捷径。我们想要有尊严地全心全意去爱，就要用一辈子去回答这个“如何爱自己，如何成为一个有爱的人”的问题。说到这里我想起欧文·亚隆的一句话：“耐心对待所有尚未解决的事情，努力去爱问题本身，也努力去爱提问者。”

心理小测试

★ 爱情关系合适度评定量表

根据现实情况，在对应的项目后面，选择“是”“否”或“也许”。

项目	是	否	也许
1. 我真的爱这个人吗？			
2. 我与他（她）在一起时是否快乐？			
3. 我们一起做事（学习、工作、娱乐）时是否有乐趣？			
4. 他（她）让我感到可靠吗？			
5. 假如我病了，累了或感到忧虑时，他（她）能关心抚慰我吗？			
6. 我从心里信任他（她）吗？			
7. 他（她）是否有什么性格上的东西让我感到惶惶不安或令我不舒服？			
8. 他（她）是否有我不喜欢的某些东西？			
9. 他（她）是否向我隐藏了什么？			
10. 我是否感到他（她）在爱我，但希望我有些地方要改一改？			
11. 我之所以要选这个人是因为我觉得应该如此选择。			
12. 我觉得双方信仰一致是很重要的。			
13. 我们父母双方的文化水平很一致。			
14. 我们父母双方结婚结构（平等、父做主、母做主）一样。			
15. 我们对赚钱和消费的看法是否一致？			
16. 我们的娱乐方式是否一致？			
17. 我们对读书、学习的看法是否一致？			
18. 我们的工作态度和计划是否相似？			
19. 我们在抚养、教育孩子方面看法是否接近？			
20. 我们对性的态度是否相似？			
21. 如果我与他（她）的信仰价值观不一样，是否能共同生活？			
22. 与其他人相比，我是否更愿意和他（她）在一起？			
23. 他（她）是否最喜欢和我在一起？			
24. 如果他（她）病了，我能照顾他（她）吗？			
25. 如果他（她）疲倦了，我能帮助他（她）吗？			
26. 如果他（她）情绪不好，我能安慰他（她）吗？			
27. 如果他（她）依赖性强，我能接受吗？			
28. 如果他（她）行为专横，我能接纳或控制吗？			
29. 父母赞同我们的结合吗？			
30. 他（她）是个负责任的人吗？			

续表

项目	是	否	也许
31. 大多数时候我们是否和谐相处？			
32. 我们能否一起相互促进？			
33. 我们能否妥善处理彼此间的分歧？			
34. 他（她）能否遵守协议或信守诺言？			
35. 我们能否很好地交流思想和感情？			
36. 我们是否都愿意为爱情承担义务？			
37. 我是否感到对方接受了我？			
38. 我是否接受了对方真实的自我？			
39. 我是否很了解对方？			
40. 对方是否很了解我？			

评分方法：

(1)第1～11题："是"记3分，"也许"记2分，"否"记1分。共________分。

情感感觉：26～33分，感觉良好；17～25分，感觉一般；11～16分，感觉不良。

(2)第12～29题："是"记2分，"也许"记1分，"否"记0分。共________分。

价值观：27～34分，价值观很相近；18～26分，价值观存在一定差异；0～17分，价值观相距甚远。

(3)第30～40题："是"记3分，"也许"记2分，"否"记1分。共________分。

理性基础：26～33分，理性基础可靠；18～25分，理性上比较犹豫；11～17分，理性上拒绝这一结合。

(4) 计算40道题的总分：共________分。

爱情关系合适度：80～100分，成功的爱情，应努力赢得它。65～79分，有可能成功，但须加以调整。50～64分，不合适的爱情，前途不佳。49分以下，早日结束。

心理小活动

★ 我喜欢你什么？

你到底喜欢对方什么呢？把这些特点按照重要程度的顺序，写在一张纸上，并注明这么写的原因。

如果是恋爱双方同时参与这次活动，那么，双方把各自写的内容进行互换，并要求对方说出这么写的原因。

同样，可以以“我不喜欢你什么？”为主题，按照同样的方式来写一写，并思考、交流。

思考题

你认为恋爱中最重要的是什么？

第十三章 婚恋中的担当与经营

主题故事

那个和你吃路边摊的姑娘，为什么没有陪你走到最后？

认识 S 君和 D 小姐的时候，他们还没有谈恋爱。那时候，S 君和 D 小姐在一个办公室，渐渐地相爱了，也不作声，每天在网上没事儿人似的聊天。

我和 S 君说话比较多，有一天他半夜告知我此事。我听到这个消息，特别为他们高兴。这两个人都低调、单纯而朴实，是我心中喜欢的好孩子。我还记得 S 君当时可爱的样子。

这是两个人的初恋。

后来一段工作结束了。S 君家境普通，没什么背景，就提出到别的城市去闯一闯，看一看。D 小姐二话没说，打包了行李就跟他走了。

一晃几年过去。有一次我途经他们共同生活、工作的城市，看望他们并在他家小住。

D 小姐的变化令我吃惊，从前是个有些婴儿肥的毛丫头，现在已经出落得亭亭玉立，颇有女人味了。

S 君的变化不大，还是一副刚出校门的朴素的学生模样。

后来我离开他们家，我朋友的司机开车过来接我，他们两个陪着我等车。

等我上了车，司机小哥就跟我说，那姑娘挺漂亮，旁边是她男朋友？我说是啊。

小哥就说，不咋般配啊！我说，两个人感情好着呢！

当然了，在一起过日子，鸡毛蒜皮的琐事，性格上的差异对感情的磨损怎么可能没有呢？

但是这些我们就不大清楚了，估计也跟大多数情侣一样，可以想象得到。

又过了几年，他们所在城市的发展也不太好。于是，俩人双双回到了原来的城市。

大家各忙各的，很长一段时间，我跟他们也没怎么联系。

有一天，S 君在网上找我聊天，才知道他和 D 小姐已经分手了。

作为老朋友和情感见证人，问问为什么也不是过分的事。S 君给我讲了他们后期在外地以及回来后的事情，情况很复杂，主要是两家房子、经济上的问题。我感到很惋惜。可是 S 君家确实不富裕，这也是个客观事实，而且 D 小姐也许久不出现，也许是在“闭关”。所以多说无益，大家就又聊了几句别的，各自散去。

终于有一天，我和 D 小姐在一起吃饭，只有我们两个人，就顺理成章地聊起这个事来。

D 小姐只是轻描淡写地说了一下，大概是 D 小姐家后来突遭巨大变故，当然这里也有经济的问题，D 小姐独自一人回来处理一切。S 君当时的表现就有点孩子气，给的支持呢，有点不那么“给力”。那件事再加上后面发生的一些事促使 D 小姐开始下了决心离开，因为她，实在太伤心了。

我说：“我还以为是经济问题。”D 小姐说：“他如果觉得是经济问题，那就随他吧。”因为 D 小姐不想再谈论此事，我也就没有再多问。

再后来有一次，很多老朋友一起吃饭。S 君来了，D 小姐没在。大家都知道 S 君还对 D 小姐心有念念，就七嘴八舌地审讯起 S 君来，觉得这样放弃了太可惜，也许大家可以帮着撮合撮合。只有我这个知情人没吭声。大家都追问，到底为什么两个人会分手。S 君被追问得尴尬，只好笼统地回答，因为经济问题。

我以为大家会淡淡地安慰几句就算了。令我没想到的是，一桌子的男男女女、老老少少，都开始数落起 S 君。女孩子们说 D 小姐不是那种人。男生们说肯定不是钱的事儿。一个老大哥给出的话最一语中的，他说：“我不知道你们之间交往的那些细节。但是，一个姑娘，把她最好的几年都给了你，什么都给了你，跟你去流浪。当初你就穷，人家也跟你了，最后跟你分手，你如果还认为这是因为经济问题，那就是你有问题了！”我听了这话，当时真的是太“爱”我的这些朋友们了。

S 君知道我和 D 小姐见过面，就悄悄地问我：“D 小姐是不是交新男朋友了？”我说：“是的。”S 君就说：“那我就明白了”。

唉，他又明白了！可是他明白什么啊？！

我周围也有许多像 S 君这样的男孩子。

他们抱怨现在的姑娘都虚荣、爱钱，只想找高富帅。可是另一方面，真的遇到了一个不嫌贫爱富的好姑娘的时候，却不懂得珍惜。最后一归结呢，都觉得是经济原因，全世界的姑娘都是嫌贫爱富的。在这些人眼里，似乎只有姑娘既不爱才也不爱财，既不贪恋美貌也不谋求身材，哭天抢地跟闺蜜撕破脸，跟父母绝交离家出走，要跟他们在一起，才是灵魂高贵、品位高端脱俗、性格美好柔善的。

虽然很多姑娘是“宁可坐在宝马车里哭”，但依然有很多姑娘是“愿意和你在自行车上笑”的。如果她有一天离开了你的自行车，是因为你把她弄哭了，跟坐的车无关。

当姑娘在公司受到上司无理的责难需要安慰的时候；

当姑娘对于职业选择犹豫不决需要意见的时候；

当姑娘辛苦了一天拖着疲惫的身子回家的时候；

当姑娘给你发短信说感冒生病的时候……

这些男孩子在干什么呢？

他们只会安慰说：“哎呀，小事情，乖，想开一点嘛……”然后继续专心地看他的英超联赛。

只会说："新人都是这个样子嘛，累一点很正常。忍一忍就好了。老婆，你昨天做的那个菜很好吃哎，今天再给我做一个吧。"

只会告诉她："听你的，你的选择一定是对的。"然后转过身盯着屏幕，专心走位，冷静"补刀"。

只会说出那句已经屡试不爽的黄金万能句："宝贝，多喝点儿热水。"然后冲着 YY（一种即时聊天软件）大喊："治疗加大治疗量，坦克（游戏用语）注意开技能。"

而一些所谓的高帅富在干什么呢?

他们会在姑娘辛苦了一天疲惫不堪的时候，对她说："累了一天啊，走，今天咱们出去吃，好好犒劳你一下。"

他们会在姑娘对于职业选择犹豫不决需要意见的时候，能够沉静地听她倾诉，温和、理性地给出自己的意见，即使可能最后还是得姑娘自己拿主意。

在姑娘被上司无理责难需要安慰的时候，他们会给她一个温暖的怀抱，一个可以依靠的肩膀。

如果你是姑娘，你会选择谁?

其实一些所谓的高帅富，大多不过也只是普通人。但是，他们聪明、有趣、沉稳、淡定、知识面广、懂生活、有品位。他们能够沉静地听你倾诉，然后温和、理性地和你交流。最重要的是，他们发自内心地尊重女孩，关爱女孩。

但愿 S 君过几年自己能想明白吧……

衷心祝福每个好男孩都有好姑娘来爱，也希望男孩们能早日成熟，懂得珍惜，和爱他们的好姑娘们最后得到幸福……

理论分析

为什么故事中的女孩会和男友分手？

一段感情，最终走向分手的结局，原因总是多种多样的。在读完 S 君和 D 小姐的故事之后，我们大致会觉得两人之所以最终分手，S 君有着不可推卸的主要责任。我们可以从下面几个因素来分析。

（一）男孩经济基础差，事业发展不顺利是重要原因

故事中的女孩，是在男孩没有什么经济地位的情况下，依然义无反顾地跟着男孩去拼搏。女孩对男孩的这种支持，就好比一家创业公司，在前途不是很明朗，需要一定资金才能继续发展的时候，送去的一笔天使投资。当然，天使投资人，也不是在做慈善。他们之所以甘愿冒如此大的风险在创业初期就进行投资，也只是为了获得更大的经济利益。但不管怎样，这种支持是非常宝贵的，是非常值得珍惜和感激的。

男孩在获得支持之后，事业和经济地位，长久以来并没有太大的起色。如果从投资的角度来看，女孩对男孩事业的“天使投资”是失败的。而失败的原因自然是多方面的，也许是环境的不可控变化，使原来的发展机遇消失了；也许是男孩在事业发展上的努力程度不够；也许是男孩的自控力不够，在游戏娱乐中虚度了大把时光；也许男孩的发展方向本身就是错误的……

任何投资，都有失败的风险。不管怎样，作为“天使投资人”的女孩，对失败的结果买单，这在一开始她都会有思想准备的。

如果女孩非常看重未来的经济地位，非常看重男友事业的发展，那么，男友事业上的失败，确实会让女孩心灰意冷，转投其他项目，进而导致关系的破裂。

然而，经济利益上的考虑，并不是投入一段恋爱关系的唯一因素。对于不太在乎经济条件的女孩来说，就算男友事业上失败了，只要男友在其他方面依然出色，女孩都不会轻易“撤资”，中断这份感情。除非其他方面，男孩依然表现得差强人意。这样的话，女孩就真是没什么可留恋的了。

（二）男孩对女孩的心理支持做得不够好

正如故事中所说的，当女孩遇到困难和压力，疲于应付的时候，男孩的支持让人心灰意冷。要么，“站着说话不腰疼”，把女孩心中的困扰，看成鸡毛蒜皮的小事，不值一提；要么，快速转移话题，不顾女孩的劳累、疲惫，继续向女孩索取；要么，口口声声地表示相信对方的选择，实际上只是不想花时间深入探讨问题的解决途径，不想给自己添麻烦；要么就是让对方用简单的方式来处理——“喝点热水就好了”“睡一觉就好了”“吃点东西就忘了”……给人一种敷衍的感觉。

通常情况下，女孩会把男友当作生活中非常重要的人。相较于帮女友排忧解难，男孩却投入了更多精力在游戏之类的娱乐活动方面。这种境况，会让女孩感觉自己在男友心中一点都不重要，不如普通朋友，甚至连一款用来娱乐消遣的游戏都比不上。女孩自然对此颇感心寒。既然不重要，自然就很容易被取代。经常觉得自己处在容易被取代的地位，女孩就很容易产生不安全感。而追求安全感，是马斯洛需要层次理论中，除了基本生理需要以外的第二重要的需要。没有人愿意长期处于一种不安全的关系中。当实在难以忍受的时候，终止这段关系，就是必然的选择。

（三）男女付出和收益情况的不对等

我们在分析人的行为的时候，不仅要从精神的、道德的、社会的层面去理解，还要从人的动物性去理解。因为人毕竟是一种动物。人在拥有社会性一面的同时，其自然性也是极为重要的一面。

从演化生物学的角度来看，不管是男性还是女性，作为动物，最根本的驱动力就是生存和繁衍。而不管是生存，还是繁衍，男女的通力合作，对双方都是比较好的选择。在繁衍这个事情上，站在女性的角度来看，在选择男性伴侣的时候，男性获取资源的能力和愿意给自己提供持续支持和照顾的意愿就显得极为重要。而故事中的男生显然在这两点上都做得令人不满。故事中的男生不仅在能力上是不足的，而且在彼此相处的后期，只关注自己，不关注女友的行为，体现出来的帮助关心伴侣的意愿也是很低的。所以，故事中的女生实在是没有理由继续把这段恋情保持下去。即使是在没有其他更好选择的情况下。

当然，女性在选择男性的同时，男性也在选择女性。但选择的标准则是具有繁殖能力和良好的照顾家庭、抚养后代、充分利用资源的能力。只有双方的情况相匹配了，关系才能长久保持下去。而故事中的女生二十几岁的年龄和照料男生生活的情况，都显示了女生在这些方面都是做得不错的。

那么，问题就来了。女生的表现良好，男生却显得很糟糕，一段不平衡的关系，你觉得会长久吗？

（四）男孩可能希望和女友分手

男孩事业上遇到的许多不顺利，会使男孩感到强烈的无能感。女友对男孩的包容和关怀，只会让男孩感到巨大的压力。压力的增大，会带来男孩更强的奋斗动力。但是如果这种动力并没有带来好的反馈的时候，巨大的压力反而是造成做事效率低下的重要原因。做事效率低，失败的可能性就更大。失败的次数越多，感受到的离事业成功的距离就渐行渐远。如此循环往复，进入一个恶性循环。慢慢地，当男孩感到无力摆脱这种恶性循环的时候，就会放弃努力，放弃拼搏。

男孩之所以逐渐沉溺于游戏之中，也可能有男孩的苦衷。一方面，游戏能够让自己逃避现实的不堪，暂时忘记生活的烦恼，排解内心的苦闷，缓解自己糟糕的情绪；另一方面，通过在游戏中取得成功来换取一点微薄可怜的成就感和好友的认同感。总而言之，男孩处于糟糕的处境之中。对于自己的处境，男孩尚且难以应对，对于女友的困扰和压力，自然更是难以关注到。或者就算关注到了，也是有心无力。于是就出现了故事中所说的男孩的种种低情商表现。

然而，女友对爱情总是那么坚持和包容，还是对自己很好。在这种自己对女友不好的情况下，只有当女友对自己一样不好的时候，男孩可能才会感觉好一些。当然，也会有失落，会有害怕。但本着为女友负责，也为自己减少压力的诉求，终止和女友的恋爱关系，或许能够让双方都从这种糟糕的境况中解脱出来。所以，从这个角度来分析，男孩可能希望与女友分手。

可能你会问："既然男孩想分手，男孩提出分手就是了嘛。为什么男孩不提出分手呢？"对啊，为什么呢？因为男孩对这段恋爱关系的态度，是非常矛盾、复杂的。虽然，男孩有上述想要分手的理由，但是，脆弱的心灵在这段关系中，毕竟还能够得到些许爱的慰藉，男孩还贪恋这份舒适。此外，接连不断的失败和挫折，使得男孩没有勇气去承担"提出分手者"所要面临的道德谴责。所以，在不到万不得已的时候，男孩是不会主动去终止这段关系的，更多时候会去拖延、逃避问题。潜意识中，男孩会觉得，由女友做出这个决定会是最好的解决办法。这样男孩就会少一点愧疚和自责感，女孩可能也会少一些伤痛。

那么，自己怎么做才能尽快让女友主动和自己分手呢？自然就是男孩更加不满足女孩的需求，并不断向女友索取更多。

最终，女孩终于忍无可忍，向男孩提出了分手。女孩带着深深的失望和绝望，终于下决心离开了。男孩有了深深的伤感和失落，但同时也从这段充满压力的关系中得到了解脱。

（五）不能太过迁就对方的错

如果非要说女孩在这段关系中存在问题，只能说，女孩对男孩的不当表现太过迁就，没有做到防微杜渐，让问题经过量的积累，最终走向质变。

任何一段关系，只有保持基本的动态平衡，才能维持得长久。当关系的一方，没有做好的时候，适当的包容，并帮助其解决问题，是应当的。毕竟，谁没犯过错呢？谁没遭遇过失败呢？对于男友在事业上的挫折，女孩可以包容，并鼓励其努力拼搏，期盼有朝一日，东山再起。可是，并不是所有的事情都能包容。当对方明显表现出忽视自己的感受，不关心自己，且没有任何说得过去的客观理由的时候，就不能轻易包容了。包容只会纵容他更加肆无忌惮。也许人家并不想让你包容呢！

此外，包容不是迁就。包容的目的是提供一个安全的环境，让对方能够在较少的情绪困扰下，安心思考问题的解决途径。而这个过程中，对对方的要求是没有变化的。迁就则是在对方没有做好的情况下，降低了期望的标准，纵容对方的错误行为。表面看起来，这么做，减少了矛盾冲突，但实际上，只是回避了冲突，冲突造成的伤害没有被修复，类似的冲突依然容易再次发生。这样的相处模式，只会让彼此间的关系朝着失衡的方向演进。

故事中的 S 君在分手之后，依然认为 D 小姐的离去，只是因为自己没有钱，或者是因为 D 小姐遇到了一个更有钱的人。可见，S 君在意识层面，并没有认识到自己在与 D 小姐相处过程中，自己的很多做法是非常具有伤害性，非常错误的。当然，这跟男性的人际敏感度比较低，普遍心理成熟度比同龄女性差有关。但是D小姐对S君的忽视、颓废的行为，采用沉默、隐忍和包容来处理，实际起到的作用，并不是如其所希望的——S君幡然醒悟，痛改前非。而是过了很久，S君依然不明白自己做得有什么不对，反而把D小姐的包容和付出认为是理所当然。所以，有些话，真的应该说清楚。有些情绪，真的应该畅快地释放出来。这样才能在交往当中，传递足够有力的信号让对方获得警醒，这样才能使恋爱的航船，摆脱触礁或搁浅的风险。

技术指导

如何经营好婚恋关系，避免感情破裂？

生命的历程就是这样。在这路上你会遇到很多人。有了一定阅历之后，你会发现：有的人，只是让你获得成长；有的人，却是那个和你走完一生的人。

几乎每一个用心去恋爱的人，都不希望自己只是对方生命中的一个过客，也不希望对方只是自己人生路上的一处风景。几乎每一个用心去恋爱的人，都是为了寻求一个相知相爱、相守一生的伴侣。虽然，一段感情能否走到最后，涉及学识、地位、家庭条件、空间距离、身体健康、外在形象、性格等非常多的因素，这些因素之间又有着非常复杂的交互作用。此外，这些因素中，很多是不可控或短期内难以改变的。但总有一些因素是我们可以掌控的，是通过一定努力，可以取得改善的。尽力把我们能控制的因素调整到最佳的状态，自然有利于提高我们在恋爱中取得成功的可能性，以及增强恋爱关系遇到困难和压力时的防御力。

那么，男男女女把哪些事情做好，能够提高我们收获爱情，避免分手、离婚之类事情发生的可能性呢？这就是婚恋关系中，男女各自的责任与担当。

（一）选择“门当户对”的人做伴侣

在古代，人们建立婚姻关系，讲究门当户对。这种等级观念，以及对个人主观感受的不重视，自然让拥有平等、自由观念的现代人所不能接受。但针对恋爱婚姻关系的当代科学研究显示，关系双方的知识、经济等条件的对等程度，和婚恋关系的健康、持久度有着正相关的关系。即各种条件对等度越高，婚恋关系的持久健康程度越好。所以，在婚恋关系的开始阶段，选择一个知识层次、经济水平等各方面“门当户对”的人，着实是一个更明智的选择。

虽然“攀龙附凤”也时有发生。一个人想要通过恋爱和婚姻，在伴侣的帮助下，跳出自己原有的层级，达到一个全新的高度，这样的追求本也无可厚非。但那些最终获得成功的人，通常是因为他们在其他方面的优势，补偿了另一些方面的劣势，再加上各种机缘巧合的作用，才最终得以成功的。这种事情的发生，从统计的角度来看，完全是小概率事件。成功总是凤毛麟角。理性的你，如果想试一下，那就试试吧。如果是以结婚寻找人生伴侣为恋爱目的话，稳妥起见，还是选择一个各方面比较匹配的婚恋对象吧。

（二）创造良好的经济条件

所谓“贫贱夫妻百事哀”。经济状况比较差，不能提供充分物质保障的婚恋关系，双方会经常为一些小的经济利益而争吵不断，纷争不休。这种局面总是让人觉得压抑和无奈。因为经济问题，出轨、分手或者离婚的概率也是极高的。所以，为自己的婚恋关系创造一个较好的经济条件，也是我们减少关系破裂、维持关系良好发展的重要途径。

男女双方都有为创造良好经济条件而努力的责任，有责任才有权利。传统认为“男人就该赚钱养家”，别忘了传统中，男人才是一家之主。如果不想把你的主权地位拱手相让，那就要承担起相应的责任来。女生要警惕，如果有人让你只管“相夫教子”，有可能是想悄悄侵占你的主权哦！

（三）保持经济上的独立

平等的地位，才能造就婚恋关系的长久保持。所谓“经济基础决定上层建筑”，在婚恋关系中，要想保持地位平等，经济上的独立尤为重要。在这种情况下，关系中的双方都很清楚，对方离开了自己依然能够很好地生活下去，自然就会在互动中，让自己的不当行为有所收敛，而不至于有恃无恐，做出非常过分的事情。

彼此力量均衡，关系才能保持长久的和平。所以，如果恋爱了，结婚了，对方的经济实力能够保障整个家庭，自己就不去工作了，完全依赖对方的收入来生活，在相处过程中，你在关系中的地位就会下降，你就会慢慢成为对方身上的寄生虫，成为一个附属物，同时也给这个关系的破裂埋下祸根。要知道，此时你去工作，不是为了给家庭整体增添更多的财富，而是为了保持自己独立自主的地位，为了彼此地位的平衡，为了让良好的婚恋关系得到长久的保持。

（四）尽可能地生活在一起

工作或生活地域的阻隔，也是导致婚恋双方关系破裂的重要因素。首先，两地相隔使婚恋双方的很多需要不能得到及时的满足。其次，分居两地之后只能通过短信、电话或者视频的方式进行交流，这种交流会导致很多信息的缺损，使双方无法得到充分的交流。再次，两人没有经常生活在一起，相互之间自然难以进行彼此的监督。没有了足够的监督，双方心中都会面临更多来自身边异性的诱惑，并滋生害怕对方出轨的恐惧和怀疑对方背叛爱情的猜忌。最后，长时间没有在一起生活，导致对彼此的很多情况不了解，这种陌生感会使双方即使在一起，也没有什么共同话题。时间一长，恋人的感觉就会越来越淡。

因此，婚恋双方应该尽可能地生活在一起，或者至少每隔 1～2 个星期就要有一次亲密接触和深入的、面对面的交流。这样，婚恋关系才不容易出现上述的几个问题。或者，即使有问题，也可以及时得到化解，而不至于演变到分手或离婚的结局。

（五）用心处理生活中的大小冲突

两个人相处，难免会发生各种大大小小的冲突。当两个人之间发生了冲突之后，如何解决冲突，是一个非常重要的环节。如果问题得到深入有效的解决，那么彼此矛盾的出现，是使婚恋关系发展到一个新高度的契机。通过解决冲突问题，彼此的关系可能更稳固，相处会更加融洽。相反，如果问题处理得不恰当，或者干脆就没有得到解决，而是被掩盖、回避了，那么小冲突的逐渐累积，有可能导致日后大冲突的爆发。而这种大的爆发，处理起来就相当不容易了。

其实，在日常的相处过程中，双方难免会有摩擦，但并不是每个摩擦，双方都会表现出来。很多时候，小摩擦都被压抑下去了。而偶尔爆发的小的冲突，其实就是多次被压抑的小摩擦量的积累导致的。而大的冲突，就是一系列小的冲突累积的结果。

因此，不管是小的冲突，还是大的冲突，婚恋的双方都要有一个清醒的认识，那就是：冲突的出现是被压抑问题的外在表现。现在，问题显现出来了，也就有了努力的目标。接下来要做的就是专注于解决问题。至于问题解决的一般思路和步骤，详见本书的相关章节，在此不再赘述。

（六）克制自己出轨的冲动

出轨，向来被看作是不道德的，是对神圣婚姻和恋爱关系的背叛，是不负责任的表现，往往给另一方带来无尽的伤痛。从生物学的角度来说，男女都有一个重要任务，就是尽可能地把自己的基因通过后代传递下去，并通过提高后代的生存和繁衍能力，使其能够继续传递自己的基因，从而保证自己基因在代际之间的传递不发生中断。

面对这样的任务，女性要想传递自己的基因，只能通过自己怀孕来传递。而怀孕对于女性来说，要付出的代价是巨大的。而且一生中能够怀孕的次数也是极有限的。为了使自己孕育后代的过程顺利且成功，女性必须把握好自己所能选择到的男性身上的两个重要品质，作为自己择偶的主要指标。第一个重要指标是男性是否优秀。因为一个在各方面都比较优秀的男性往往意味着他拥有优秀的基因，而拥有优秀基因的子女在生存和繁衍上都会更有优势。第二个重要指标是男性是否愿意长期照顾自己和后代。因为如果有男性的长期照顾，自己和后代的生存和发展都会更好。

所以，女性在选择使自己怀孕的男性上，会是“择优录取，优中选优”的策略，同时会把男性对自己长期照顾的意愿作为择偶的重要参考。

而男性自己是不需要怀孕的，在没有现代基因鉴定技术帮助的千万年以来，男性始终是难以确定伴侣怀孕所生下来的孩子是否真正携带了自己的基因。所以，为了避免自己繁衍任务的失败，尽可能多地使女性怀孕成为男性的主要繁衍策略。当然，女性越优秀，意味着女性的基因越好，后代的生存和繁衍自然也是越好的。在只能选择有限数量的伴侣的情况下，才会考虑对女性品质的要求。

所以，男性在对待和女性发生性关系的态度上，是“多多益善”，在有“量”的限制的情况下，才会有“质”的考虑。因为很重视“量”，所以，男性常常忽视对子女的照顾。而女性因为能确定自己所生的孩子携带有自己的基因，所以在养育子女的态度上，往往比男性重视程度高得多。

针对上述的分析，结合男女各自的择偶策略，以及相互之间的博弈关系，可以通过将男性分为优秀男性和普通男性，将女性分为优秀女性和普通男性，来进行更深入的分析。

对于优秀男性来说，他们是普通女性心中的稀缺资源，所以对女性极高的吸引力，使得他们可以比较容易地获得普通女性的青睐。而男性走“量”的繁殖策略，以及普通女性想要获得优秀男性身上的优秀基因的本能需要，这种双方诉求作用下，使得优秀男性能够比较容易地与普通女性发生性关系。但双方力量的不平衡，导致这种关系必然是不稳固的。优秀男性因为很容易获得大量性资源，所以也就很容易抛弃一个普通女性和更多的普通女性发生关系，而并不会承担长期的照顾任务。只有当优秀男性通过大量努力与极为挑剔的优秀女性建立了婚恋关系，这种情况才会有所减少。因为双方同样优秀，不管哪一方背叛，都要为出轨付出巨大的代价。力量的均衡，使优秀男女之间的关系得以长久保持。

对于优秀女性来说，自身的优秀，加之怀孕所要付出的代价极大，她们对男性有着较高的选择标准，而且择偶过程极为慎重。只有确定男性既优秀又忠诚的时候，寻觅之旅才会结束，双方的关系会比较稳固。

对于普通男性来说，因为在能力上缺乏对女性的吸引力，而几乎所有女性都很容易被优秀男性所吸引。但因为优秀男性不愿意承担过多的照顾任务。所以普通男性只能通过增强自己对婚恋关系的忠诚度来吸引那些没能和优秀男性建立长期稳固关系的普通女性，使其和自己建立长久稳固的关系，为自己繁衍后代。

对于普通女性来说，通常会尽可能地获得优秀男性的基因，和愿意忠诚照顾自己的普通男性建立长久的婚恋关系。

最后，总结起来就是，男性会有强烈的使更多女性怀孕的本能冲动。女性会有强烈的获得优秀男性基因的本能冲动。对于一段即使力量均衡的婚恋关系来说，当出轨不容易被发现时，男性容易出轨；当出轨不容易被发现，且对象是一个更为优秀的男性的时候，女性会很容易出轨。虽然，女性的出轨标准似乎比男性更严格，但女性相对于男性更容易获得性资源，所以，在现实生活中，男女出轨的比例基本上是一致的。

上面的论述，阐述了从生物学意义上，男女都有出轨的动物本能，是难以从根本上消除的。但这么论证的目的，不是为男女各自的出轨找理论上的证据，为自己的行为找借口。而是在认清人类本性的基础上，努力挣脱本性对人行为的不当影响。

在生物学意义上，当个体将自己的基因传递到下一代之后，物种托付给个体的使命已经完成。个体就不会被群体优先考虑了。在人类生产力落后的年代，人类个体在孕育后代，并抚养后代到成年之后，就很快死去。这在很多其他生物体上也随处可见。但随着人类文明的进步，寿命的延长，人类完成这些任务之后，依然有很长的生存时间。那么，如何把生命过得灿烂、幸福，就成了每个人的最大目标。而任何的出轨行为可能，都可能在生命后期的很长一段时间内，给婚恋关系的双方带来财产纷争，染病风险，对事业、人际关系、子女心理健康等方面造成不良影响，让自己和家人陷入巨大的情绪困扰之中。理性的你，是否应该从生命全程的角度，重新权衡一下出轨的利弊得失呢？

（七）避免将子女“留守”，认真学习科学育儿知识，必要时寻求专业人士帮助

调查研究发现，留守儿童出现的心理问题，以及成年之后的发展状况，普遍不如那些父母长期在身边照顾抚养的个体。按照埃里克森的人格发展八阶段理论，成年之前的这段时期，占据了八阶段中的五个阶段。这五个阶段，是个体培养对世界的信任感，对自己通过自由意志达到目的，体验自身能力和对外界控制感的重要时期。

没有父母的陪伴和关爱，留守儿童在与同龄人的比较当中，将产生巨大的失落感、自卑感和被抛弃感。再加上留守儿童通常由祖父母们照顾。而祖父母由于自己的精力匮乏、观念陈旧和对自身的利益考虑，所提供的对孙子、孙女们的教育往往差强人意。留守儿童在这样的环境下成长，自然容易出现胆怯、懦弱的性格，或者在遇到困难和挫折的时候容易以逃避、欺骗或者攻击的形式表现出来。留守儿童的这些表现，如果周围的成年人不能有效应对的话，往往会发生越来越严重的人际冲突，进一步使儿童的生存环境恶化。恶化的生存环境会严重影响其学业的发展和性格的形成。留守儿童与同龄的其他人相比，在日常的生活中会遇到更多的挫折和失败，于是就更容易被不良团体所引诱，或者对游戏、酒精、毒品等物质产生严重的依赖，在歧途上越走越远。作为留守儿童的父母，在面对这样问题的时候，如果缺乏解决能力，或未能寻求专业心理咨询师的帮助，则会在与孩子的冲突中耗费大量精力，影响家庭每个成员的主观幸福感和心理健康水平，甚至牵连夫妻关系，造成婚姻破裂，严重的，甚至造成自杀或杀人等重大悲剧。

因此，要想拥有和谐、安定、幸福的生活，为人父母者要避免将孩子变成留守儿童，在孩子生命的早期，多一些陪伴，少一些分离。多一些教养，少一些忽视。认真学习家庭教育相关的知识和技能，提高自己解决孩子发展过程中产生问题的能力。在实在难以应对的时候，积极寻求专业人士的帮助，那么，孩子在后期的发展过程中，就会比较顺利。父母的麻烦少了，就能有效减少婚姻关系破裂的风险。

（八）让自己不断地成长

从生命全程的角度来看，人无时无刻不在发展变化着。恋人或者夫妻之间，如果发展不同步，则发展较快的那一方会觉得对方思想陈旧，多年以来没有变化而显得单调乏味，或者因为观念的差距而难以沟通，拖累自己的发展，甚至成为自己发展路上的绊脚石。而对于发展落后的那一方来说，对方的变化往往让自己措手不及，难以适应。对于对方发展到一定程度之后抛弃自己的担忧，使其变得极为敏感多疑，容易在很多时候，寻求对方不再需要自己、不再爱自己的证据。即使中性的行为，都可能被其误认为是背叛的征兆。发展快的那一方，面对各种莫名其妙的猜忌和频繁的求证，自然不胜其扰。最终就踏上了“背叛婚恋关系，另攀新枝”的道路。这是力量失衡后的发展趋势，也是发展落后者“自我预言”的实现。

这种彼此之间发展的不同步，会给婚恋关系带来多种多样的矛盾冲突，使婚恋关系成为一种充满紧张的、痛苦的煎熬，增加关系破裂的风险。因此，作为婚恋双方，都要不断向前发展，积累自己的知识和阅历，增强个人的智慧和价值。这么做，一方面是为了保持力量的均衡，婚恋关系的稳定；另一方面也是为了保持婚恋内容的更新，使关系避免陷入停滞的状态。毕竟，人类对熟悉的、没有变化的事物，是非常容易产生厌倦的。

延伸阅读

那些年，其实我们不懂沈佳宜

顾千寻

毕业典礼过后，闺蜜胡佳玮对沈佳宜说，真羡慕你，从初中到高中，都有那么多男生追你。

沈佳宜答，被那么多人喜欢是很好，但是……

她没有说出这个但是，而那一刻她的脸上，其实有着落寞的神情。

一个女生，有很多男生追，如果还说自己不开心很受困扰，无疑会被其他女生嫉妒死，有得了便宜还卖乖的嫌疑。所以她只是说："不，我觉得自己是一个很幸福的人。"确实很幸福。

少年时的喜欢是学生时代最清新纯粹的一笔。

但旁人不知道的是，这个世界上最还不起的是情债，这么多，她还不起。

其实也知道，这些男生对自己的喜欢只不过是一时情绪，甚至只是盲目跟风而已。

分别之后，他们会喜欢上别的女生，一如当初喜欢过自己。

沈佳宜其实并不是一个完美的人，她自己知道。这是她最可贵的地方。她对柯景腾说："我觉得你把我想得太好了，其实我只是个普通人。"

又说，恋爱最美好的时候是暧昧的时候。是何等相通的小女生心情。

从男生的角度来说，喜欢就是要靠近、要拥有，喜欢了就去追，不去想将来，又何必要去想将来。简简单单，直截了当。

但女生会想很多，会想在一起距离拉近之后，你看到我的缺点，就不会那么喜欢我了，那份感情就变了，还不如保留一份距离，给你我最好的模样。这就是女孩的成熟，也是她的自卑与怯懦。当所有人都以为她是意气风发的好学生，以为她是高傲矜持的乖乖女时，她其实已经在喜欢的人面前低下头去，低到尘埃里去，只用矜持来伪装自己。柯景腾以为他已经够主动、够勇敢了，但他恰恰缺一点，那就是他与沈佳宜的心理年龄差，注定了他不懂沈佳宜。

那时候沈佳宜对柯景腾说："你真的喜欢我吗？我觉得你喜欢的是你想象中的我。"柯景腾说："我没那么会想象。"

看这段对话的时候我在心里笑了，也痛了。

他不知道她在想什么，不知道她为什么这么说。

我觉得沈佳宜是对的。

成熟的女生应该会寻求比她更成熟的男生的保护，可是却偏偏对幼稚的男生动了心。

她应该也很困扰与为难，不知道该怎么办。

我一直想，如果她的身边还有一个高大帅气成熟沉稳的男生存在，她喜欢上柯景腾的概率应该会很小。她明显是喜欢成熟的人的，这从她日后选择跟她比较有共同语言的阿和及成熟的丈夫就可以看出。

喜欢与动心可能是被感动，不是真的爱，否则怎么会忍心错过。

他幼稚地办一场格斗赛想要表现自己，却不知道这样对自己的不爱惜，只能破灭女孩的依赖感。

幼稚的男生或许可爱，或许会逗女生笑，但是他不能带来安全感，而这恰恰是最要命的一点。

朋友看完电影后都说，他们没有在一起好可惜，问我："你觉得呢？"

我说不会，我觉得这是他们最好的结局。

其实也是最现实的结局。沈佳宜成功地保持了这段距离，她促使柯景腾发奋，改变了一个男孩的命运轨迹。于是柯景腾在2005年化身"九把刀"，用她的名字写了一部小说，在2011年又把它搬上大银幕，让全世界都知道了沈佳宜。

这就是结局，这才是结局。

现实中的柯景腾和沈佳宜不是帅哥美女，现实中的柯景腾和沈佳宜都已人至中年，然后让无数个柯景腾和沈佳宜们在他们的故事里找寻共鸣，回忆过去。之前和一个表姐聊起来的时候，她说，每一届基本上都会有那么几个沈佳宜。我说，每个地域每个时代都有沈佳宜。多的是幼稚的柯景腾，多的是优秀的沈佳宜，但少的是勇敢去追去表白的柯景腾，少的是会喜欢上你的幼稚的沈佳宜。现实生活中，好学生与坏学生的差距，是第一排到最后一排的距离，是同窗期间说话不超过十句，是不敢表白没有交集，是思想的鸿沟与差距。所以只会在毕业即将分离的时候才选择表明心意，哪怕她以前从未注意过你，你也觉得她不可能会喜欢上你。两个世界的人，很难交会，这是真的。哪怕在一起，终究也会因为价值观差异而分开。

所以错过，也是宿命。

每个人初恋，大都十分纯情。跨过了初恋，爱情就生出了很多姿态。有人变得风流，见一个爱一个；有人冷漠，再不会拿出真心爱第二个人。

不是每个人，都适合与你白头到老。有的人，是拿来成长的；有的人，是拿来一起生活的；有的人，是拿来一辈子怀念的。

心理小活动

★ 留舍最爱

材料：纸和笔。

指导语：

（1）思考并写下自己“生命中最重要的五样东西”。

（2）假如要从五样中划去一个（划去代表永远失去，再也无法获得），首先划去哪一个呢？理由是什么？

（3）从剩下的四样中，该划去哪一个呢？理由是什么？

（4）依次划去第三样、第四样，直到最后剩下一样。

领导者鼓励活动成员发言及思考：

（1）分享自己写的是哪五样？分别是如何划去的？为什么那么划？

（2）每划去一样，心里的感受是什么？

（3）这几样生命当中最重要的事物，自己日常生活中为之投入了多少精力呢？

（4）通过这个活动，你还有什么想说的话呢？

思考题

（1）我为什么要恋爱？

（2）结婚意味着什么？

第四部分

走 向 社 会

第十四章　解决问题的基本思路

主题故事

你可能遇到的三个问题

问题一：大学不能不学习

小明是一名刚进入大学校门的大一新生。军训结束之后，他开始了梦寐以求的大学生活。大学和高中有很多不同：上课像打游击战一样，一会儿在这个教室上课，一会儿在那个教室上课；座位也不再是固定的了，想坐哪里就坐哪里，想和谁坐一起就和谁坐一起；每天的上课时间少了，空闲时间多了；学习的时间少了，参加各种课外活动的时间多了……刚开始他觉得挺新鲜的、挺好玩，但很快就失去新鲜感了。学校离家很远，不能经常回家，夜深人静的时候，小明常常想家。

高中时候，小明听身边的很多人说，上了大学就可以好好放松，好好娱乐了。可是自己疯玩了几天之后，那种强烈的愉悦感消失了，取而代之的是强烈的空虚和无聊。小明觉得自己在虚度光阴，浪费生命。玩耍并不是想象当中的，永远都无法满足的需求。小明开始对玩耍感到厌倦，想要学习。但每次只要有人喊自己去玩，还是会忍不住把书丢一边，随他人而去，事后却又懊恼不已。周围人似乎都不怎么看书。那些每天还像高中一样安排自己生活，花很多时间看书学习的同学被大家看作异类。小明不想成为被同学们排斥的对象，所以，他也装作对学习满不在乎，对学习敷衍了事，然而内心却焦灼不安。

问题二：与呼噜室友相伴

小黄的寝室里有两位同学，他们风趣、幽默、和善，深得大家的喜欢。平日里和小黄及其他室友相处得很融洽。但这融洽的关系中，却夹杂着不少的苦涩。从住校的第一天晚上开始，睡觉就成了小黄和其他室友最痛苦的事情。因为这两个室友，只要一睡着就开始打呼噜，直到天亮他们醒来为止。两人的呼噜声此起彼伏、声音响亮，而且不断变换着节奏，各有特色。实在受不了的时候，小黄会喊醒那两位同学，要求他俩不要再打呼噜了。那两位同学也深感歉意，并表示尽量控制，不打呼噜。但打呼噜是一件难以自控的事，所以当他俩再次睡着后，呼噜声就会再度响起。小黄和其他几个室友尝试了各种办法，如带隔音耳塞，边听音乐边睡觉，或者自己先睡让打呼噜的室友后睡等，效果都不好。只能是辗转反侧到很晚，实在困得不行了，才能睡着。连续几个星期，小黄和其他几个室友都睡眠不足，上课精神状态非常不好，苦不堪言。

问题三：为什么你们不喜欢我的“萌萌哒”？

小倩是一名英语专业的大一新生，她那可爱的娃娃脸，总能让人对其心生怜爱之情。脸颊上的两个小酒窝，使她的笑容变得无比甜美。再加上她所具备的稚嫩嗓音，使她成为班里最萌的女生。然而，小倩平日里开心的外表下所掩盖着的，却是一颗失落的、忧愁的心。原来，她和室友的关系最近很不好。最开始的时候，大家相处得还算不错。她和室友会结伴而行去吃饭、上课、玩耍和运动。但一两个月之后，她突然感觉室友们都在排斥自己、孤立自己。放学的时候，如果自己收拾得比较快，自己会等着室友们收拾好，然后一起去吃饭。但如果是小倩收拾得慢了，室友们是不会等她的。又比如她会在起床之后，喊醒那些还在睡觉的室友起床上课。而如果她自己的闹钟没响而没醒的时候，室友是不会喊她的。为此，她迟到了好几次。小倩也不知道是怎么回事。自己还是以前的那个自己，但室友却不想以前那样对待自己了。小倩想了很多办法去讨好她们，融入她们，但似乎都没有效果。不仅室友不喜欢自己，班上其他寝室的女生似乎也不怎么喜欢和自己交往。小倩只有和男生们交往的时候，才不会有这种被排斥的感觉。为此，小倩很疑惑、很委屈，也很伤心。

理论分析

问题的成因分析

上面的几个场景所描述的，只是刚进入大学的新生经常遇到的众多问题中的几种。从表面看起来，这三个问题分别是：对环境变化适应不良的问题，室友的特殊情况损害到自己利益的问题，人际交往中被排斥的问题。然而仔细探究后，我们会发现这些问题的背后，有着复杂的底层逻辑。解决问题首先要搞清楚的，是问题的根本原因是什么？

（一）故事一中主人公的问题：模糊的目标和习惯性的不决策

在中小学老师和学生的家长们看来，学生上学，就是以考高分，升入一所好的学校为目标。而大学，就是这个升学路上的最后一站。而学生长久以来在家长教育观念和学校教师态度的影响下，内化了和他们相同的观点，大致能够明白家长和教师对自己学习的期望背后所体现的良苦用心——学习好，才能上个好学校。上个好学校，走出校园后，才能找到一个好工作。找到一个好工作，才能过上好的生活。虽然对于学习的范围，学习的真正意义到底是什么，他们常常充满质疑和困惑。但面对教师和家长殷切期望的巨大压力，学生们无法对心中的困惑进行深入思考。虽然感觉上不舒服，但知道他们也是为自己好，自己又想不到什么可以进行反驳的论据，也就只能麻木地被家长和教师“牵着鼻子走”，按照他们的期望，一步步从小学一直到考上大学为止。

读了大学之后，将来是继续读硕士、读博士，还是开始就业，很多家长会觉得都可以，已经没有确定的倾向性了。而且此时孩子的年龄基本上达到了法定的成人年龄，家长终于承认孩子是一个独立的个体，开始以一个成人与成人的交流模式与孩子沟通，放手让孩子自己思考未来，自己来做选择了，而不再以高高在上的姿态对子女进行管教了。再加上，上学的地方往往离家很远，空间上的隔离，使得那些还想时刻监控孩子情况的父母心有余而力不足，只能望洋兴叹了。对于学生们来说，突然间，家长和教师的管束消失了。学生们刚开始开心极了，就像一个长期被操纵的马儿，终于可以撒腿狂奔、自由驰骋了。然而，他们很快就发现，世界是如此的陌生，它的复杂程度远远超出了自己的想象。任何事没有考虑周全，都可能使自己遭受挫折和损失。面对复杂的世界，他们已经没有小时候那种探索世界的无畏勇气了。一旦失败了，受挫了，就想要退回到自己的安全区，继续享受家长和教师对自己的庇护。对于很多大学生来说，没有家人、教师的照料和指引，自己走的每一步都是那么惶恐不安。

这就是为什么故事中的小明在进入大学之后很快就出现迷茫的重要原因。一方面，大一学生对于“自己将来想要过什么样的生活”从来没有认真思考过，自然也就无法回答“自己将来想要从事什么职业”，进而无法得到“上大学之后该做些什么，怎么做”等问题的答案。在这段没有目标的时期，生活因缺乏可参考的基本坐标，而陷入混乱、迷惘的状态。然而，自我成长的本能让小明感觉到，大学阶段不应该颓废堕落、玩物丧志，不应该忽视学习。但由于缺乏对学习的深刻认识，自然就没有坚定的信念，于是，就很容易被外界的其他人或事所干扰。另一方面，生活中的很多事，一直都是家长和老师安排好了的，自己只需要遵照执行就好了，不需要做太多的考虑和抉择。而且大多数时候，别人的安排是最佳的。自己想到的不见得比别人安排的好。如果自己一意孤行，常常会蒙受巨大的损失，甚至遭受严厉的惩罚。学生们长久以来习惯了听从别人的指引，而不是独立进行抉择。所以，当情况变得必须自己做决定的时候，学生因为对抉择的生疏和对选择结果的恐慌，更多地倾向于选择逃避，让问题一拖再拖，得不到根本的解决。实在逃不掉的事情，学生也倾向于选择“从众”，即跟随大多数人的步调前行，随波逐流了。

（二）故事二中主人公的问题：以静态的眼光看当下

故事二中的矛盾双方都是没有错的。小黄和其他室友想要有一个安静的睡觉环境，是很正当的需求。那两位室友之所以打呼噜，可能是生理上的疾病或是先天特异的身体素质导致的。他们自己也不想打呼噜，但无法控制这个问题。

对于这个矛盾问题的解决，小黄和其他室友尝试了很多方法，比如“带隔音耳塞睡觉”“边听音乐边睡觉”。这些方法之所以效果不好，在于过分追求睡觉时候外界的安静环境。这样的追求背后的观点就是“只有环境安静了，我才能睡着”，因为有这样的观点作为思考问题的前提，所以当睡着的时候听到任何声音，都特别容易心烦意乱。心情烦乱了，想睡着就难了。这同样也是“小黄和其他室友自己先睡，让打呼噜的室友后睡”这样一种方式行不通的原因。所以，小黄和其他室友要想睡个好觉，不要把重点放在“如何使环境安静”的问题上，而是“如何让自己睡着”的问题上。要解决这个问题，其实从“为什么那两个打呼噜的室友能够很好地睡觉”这个问题的思考中，我们就能得到启发。打呼噜的人自己也是能够听到自己的呼噜声，这是必然的。那么，他俩为什么能够睡得很好呢？你可能会说：“他们习惯了。”也就是说，对某件事的熟悉会使这件事对人的影响减小。那么，既然他们能够习惯，为什么你不能习惯呢？

所以，除了换到一个安静的寝室，小黄和他的室友试着习惯这样的睡眠环境也是一个解决问题的思路。当个体坦然面对那些身边难以去除的刺激，不再过分困扰和恼怒，以平和的心态去面对时，身体会自动进行调整，来适应那些无法改变的环境刺激。经过一段时间之后，你就会发现，在这样嘈杂的环境中，你已经能够安然入睡了。而且，以后如果遇到类似问题，个体也会轻松应对的。

我们总是容易根据过去的经验来思考当下的问题。殊不知当下的很多事情，过去的经验是不足以解决问题的。面对不断变化的外部世界，只有不断尝试新的解决问题的思路，实时调整自己解决问题的战略战术，才会让适应过程变得平稳顺畅。

（三）故事三中主人公的问题：忽视了同伴之间的竞争关系

故事三中的主人公小倩，一个可爱、稚嫩的女孩，却遭到众多其他女孩的排斥和孤立。她的遭遇，让人深感同情。但理性的声音告诉我们——万事自有因果。其他女孩排斥小倩，一定是有原因的。小倩到底哪里做得不对呢？且让我们一起慢慢分析。

首先，女孩们排斥小倩，男孩们倒是不排斥。为什么？因为“同性相斥”，小倩和其他女孩有同性个体之间的竞争关系。生物的本能力量使得同性之间在争夺异性注意力这件事上存在竞争关系。当所在的群体中，男性数量比较少，女性数量比较多的时候，女性之间的竞争尤为明显。而通常小倩所在的英语专业，正是这样一个“女多男少”的群体。女生之间有着极为激烈的竞争。

其次，既然女生之间有竞争关系，为什么其他女生没有受到众人的排斥？唯独小倩受到了呢？这应该与小倩独有的一些特点有关。而且这个独有特点侵犯了其他大多数女生的利益，或者让其他女生感到了巨大的威胁。这种时候，其他女生就会联合起来，意图将“小倩”驱逐出去。因为如果她们不这么做，在竞争中，可能就毫无胜算了。

那么，小倩给其他女生造成巨大威胁的特点到底是什么呢？答案就是她可爱的面容、稚嫩的言谈举止所象征的年轻和清纯。从生物演化的角度来说，在男性看来，“女性年轻”，是繁殖力强，生命力旺盛的代表。而“女性的清纯”，则意味着女性容易被自己控制，形成对自己的专属认同，不易背叛自己的象征。所以，年轻、清纯的女性对男性有极大的诱惑力。而这个道理，不仅在基因层面影响着男性的择偶过程，也深深地印刻在每一位女性的心中。所以，本能地，女性花费大量时间和精力装扮自己，使自己永葆青春。

当一般女孩和类似小倩那样的具有娃娃脸、稚嫩声音的同性伙伴进行竞争的时候，本能上会认为没有胜算的。于是，对于小倩这样一个具有压倒性优势的竞争对手，其他女孩只能暗暗嫉恨，并和她保持距离，避免正面竞争。所以，小倩注定会被孤立。而当小倩表现出柔弱、讨好的姿态向其他女孩示好，意图拉近彼此距离的时候，其他女孩感受到的不是友善，而是被穷追不舍的威胁感，自是异常恐慌和愤怒。既然悄悄地远离不能拉开彼此的距离，那其他女孩就只能通过攻击的形式，试图让小倩这位强大的对手止步了。而这些都是小倩所没有想到的。

此外，在其他女生看来，小倩还有重大的“黄鼠狼给鸡拜年”一样的伪善的嫌疑。面容自然无法改变，但说话的腔调，做事的风格总是可控的吧。一个十八九岁的女生，说话总是像怯懦的小学生一样稚嫩，总让人觉得有矫揉造作、故作清纯的重大嫌疑。这样一个有心机的女子，不仅不适合做朋友，而且应该被列为时刻提防的对象。

当然，在我看来，小倩的清纯不是其故意伪装出来的。她的这种行为特点的形成，可能有着深刻的家庭环境和成长经历因素的影响。只是个体在与他人深入交往之初，都会进行“是敌是友”的判断。小倩的表现，太容易被判定为“敌人”了。虽然有点武断，但日常交往当中，人们就是根据本能感觉快速地进行判断和决策，很难做到理性分析、深入交往，非要等到彼此很熟悉之后才下结论。以上就是小倩遭遇同伴排斥背后的逻辑。下一步小倩是试着改变自己的行为特点，还是保持本色，倒是都没有问题的。时间会证明小倩的善意。

技术指导

遇到问题，如何解决？

类似小明、小黄和小倩所遇到的问题还有很多。这些问题不解决，不仅使大一学生虚度宝贵的时间，为整个大学生活定下一个不太好的基调，而且使学生们产生各种心理困扰，损害其心理健康，甚至导致退学、伤人、自伤等严重危机事件的发生。所以，为了避免严重后果的发生，遇到问题，我们要及时解决这些问题才对。那么，当遇到这类问题，我们的解决思路是什么呢？

（一）对问题有坦然面对的态度

一个人的成长历程中，难免受到周围的环境、先天遗传和自我选择等因素，及各因素之间交互作用的影响。有些因素使我们朝着完善、健康的方向发展；有些因素则使我们朝着缺失、堕落的方向渐行渐远。有些问题在很早的时候，就已经显露出来，我们早就知晓它们的存在；有些问题则一直保持潜伏的姿态，只有在特定的环境下，才会露出其狰狞的面孔，使我们痛苦不堪。“兵来将挡，水来土掩”。很多问题是成长发展过程中必将要面对的，既然终究要面对，不如直面问题，勇敢向前。

（二）在解决问题的道路上，你并不孤单

每个人都会有各种各样的问题，有问题的并不是只有你自己。当你为自己遇到的问题困扰不已的同时，不要忘了，你的同龄人也许也在为类似的事情愁眉不展。此外，在解决心理问题的道路上，还有一群专业人士——心理咨询师与你相伴。他们有着丰富的专业知识和技能，能够在你成长的路上，和你一起面对遇到的难题，帮助你获得成长。所以，当你遇到心理问题的时候，寻求专业人士的帮助，是一个明智的决断。

（三）搞清楚问题的本质是解决问题的第一步

正如主题故事所展现的，如果只是对这些问题有非常粗浅的认识，解决起来也是“治标不治本”。就像医生在治病之前需要做大量检查来判断病症一样，把问题的本质搞清楚，需要运用丰富的知识和经验，以及对所遇到问题的深入思考。把问题认识透彻了，解决起来就轻松多了。而且这种洞察，能够使当事人形成对境况的控制感，减少很多恐惧和焦虑。负面情绪的减弱，能够进一步让人更理性、更专注地关注解决问题的行为层面。

（四）恰当的问题解决方式，是解决问题的关键

问题的形成，往往是多因素共同作用的结果。在解决问题的时候，综合考虑问题所涉及的方方面面，使用恰当的问题解决方式，是保证问题解决朝着既定方向推进的必要保障。

故事一中，小明遇到的问题，要想解决，就不能简单地说：“小明啊，你也不想这么堕落下去，对吧！你需要确定自己的人生目标，制定大学期间的生涯规划，然后按照规划坚持执行下去才对啊！而且在这个过程中，和那些干扰你的因素划清界限。坚持不懈，直到成功啊！”或者说：“小明啊，你看人家×××，多牛啊！读一读人家的传记，看看人家是怎么做到的。同样都是学生，既然人家能做到，你为什么不能做到呢？所以，制定属于你的目标，朝着你的目标加油吧！我相信你！”

如果你是这么帮他解决问题的，让他体会到一种激励。或许当你说完之后，他会有一段时间的奋起努力，但没有了你进一步的鼓励，他可能很快就会泄气了。因为这股力量主要是外界注入给他的，并没有唤起他内心的强大动力。此外，这些话也是一种说教，暗示了他的愚蠢和懒惰。这样的说教一旦次数多了之后，就会失去效用，甚至真的将小明推向堕落的深渊。所以，选择恰当的方式帮助小明，唤醒小明改变自己的内部动力，是从根本上解决问题的关键。

在这类问题的解决上，心理咨询知识和技能有着无与伦比的价值。首先，个体在心理咨询师的协助下，形成对问题坦然面对的态度。其次，在交流的过程中，个体感受到心理咨询师所传递出的理解和支持，挖掘自己成长改变的动力。再次，在咨询师的分析下，个体形成对问题的清晰认识。最后，在尝试了多种问题解决的方法之后，个体会找到适合自己的解决方式，并能够融会贯通、举一反三，最终独立面对并解决生活中的类似问题。其个人的心智也在这个过程中取得了成长。

延伸阅读

11 条遇事最有水平的处理方法

（一）学会沉默

有时候，被人误解，你不想争辩，所以选择沉默。本来就不是所有的人都得了解你，因此你认为不必对全世界喊话。却也有时候，你被最爱的人误解，你难过到不想争辩，也只有选择沉默。全世界都可以不懂你，但他应该懂，若他竟然不能懂，还有什么话可说？

每个人生命中都有无言以对的时刻。毕竟不是所有的是非都能条列清楚，甚至可能根本没有真正的是与非。那么，不想说话，就不说吧。在多说无益的时候，也许沉默就是最好的解释。

（二）至少平静

在你跌入人生谷底的时候，你身旁所有的人都告诉你：“要坚强，而且要快乐。”坚强是绝对需要的，但是“快乐”在这种情形下，恐怕是太为难你了。毕竟，谁能在跌得头破血流的时候还觉得高兴。

但是至少可以做到平静地看待这件事，平静地把其他该处理的事处理好。

平静，没有快乐，也没有不快乐。

（三）学会弯腰，这会是我意外的收获

和别人发生意见上的分歧，甚至造成言语上的冲突，于是你闷闷不乐，因为你觉得都是别人有恶意。别再耿耿于怀了，回家去擦地板吧。拎一块抹布，弯下腰，双膝着地，把你面前这张地板的每个角落来回擦拭干净。然后重新反思自己在那场冲突中，所说过的每一句话。现在，你发现自己其实也有不对的地方了，是不是？你渐渐心平气和了，是不是？

有时候你必须学习弯腰，因为这个动作可以让你谦卑。锻炼身体的同时，你也擦亮了自己的心绪。而且，你拥有了一张光洁的地板！这是你的第二个收获。

（四）不要想“如果当初”

你说，人生是一条有无限岔口的长路，永远在不停地做选择。如果只是选择吃炒面或炒饭，影响似乎不大。但选择读什么科系，做什么工作，结婚或不结婚，要不要有孩子……每一个选择都影响深远，而不同的选择也必定造就完全不一样的人生。生命不可承受之轻，就在于人生没有重来的机会。

每一个岔口的选择其实没有真正的好与坏，只要把人生看成是自己独一无二的创作就好。

（五）努力吧！不管成功与否，至少曾经美丽

漫步林间，你看见一株藤蔓附着树干，柔软与坚实相互交缠，你感动于这静美的一幕。让幸福与归属就此驻足吧！你想，不知未来会有怎样一番风雨摧折？也许藤将断、树会倒，也许天会荒，地将老。你又想……

那么，请时光停格在此刻吧！停格即是永恒！永恒里若有这静美的一刻，未来可能遭遇的种种劫难，便已得到了安慰与报偿。

（六）活在当下

因为思虑过多，所以你常常把人生复杂化了。明明是活在现在，你却总是念念不忘着过去，又忧心忡忡着未来；坚持携带着过去、未来与现在同行，你的人生当然只有一片拖泥带水。

而单纯是一种恩宠状态。单纯地以皮肤感受天气的变化，单纯地以鼻腔品尝雨后的青草香，单纯地以眼睛统摄远山近景如一幅画。单纯地活在当下。而当下其实无所谓是非真假。既然没有是非，就不必思虑；没有真假，就无须念念不忘，又忧心忡忡。无是非真假，不就像在做梦一样了吗？是呀，就单纯地把你的人生当成梦境去执行吧！

（七）偶尔“俗气”

吃多了健康食品，偶尔你也想啃一啃鸭舌头和盐酥鸡。看多了大师名剧，偶尔你也想瞄一瞄耳光甩不完，眼泪掉不完的连续剧。听多了古典音乐，偶尔你也想唱一唱“爱他一百年”，又“恨他一万年”的流行歌曲。

你知道健康食品对健胃整肠有意义，大师名剧对培养气质有意义，古典音乐对提升性灵有意义，可是，偶尔你其实并不想让自己时时刻刻活得那么有意。人生不需要把自己绑得那么紧。偶尔的小小放纵，是道德的。灵气充满或许接近大人物，但偶尔的俗气会更平易近人。

（八）控制情绪，别浪费了

今天的你，是不开心的你，因为有人在言语间刺伤了你。你不喜欢吵架，所以你离开；可是你只是离开了那里，却没有离开被那人伤害的情境，因此你愈想愈生气。愈有气，你就愈没有力气去理会别的事情，许多更该用心去做、去想、去处理的事件，就在你漫天的心烦意乱之中，被轻忽、被漠视、被省略了。

因为，你只是一心一意地在生气。在情绪上做文章，这是对自己的浪费，而且是很坏的浪费。毕竟，生气也是要花力气的，而且生气一定伤元气。所以，聪明如你，别让情绪控制了你，当你又要生气之前，不妨轻声地提醒自己一句：“别浪费了。”

（九）抓住最好的时机，绝不错过

你曾经买了一件很喜欢的衣裳却舍不得穿，郑重地“供奉”在衣柜里。许久之后，当你再看见它的时候，却发现它已经过时了。所以，你就这样与它错过了。你也曾经买了一块漂亮的蛋糕却舍不得吃，郑重地“供奉”在冰箱里，许久之后，当你再看见它的时候，却发现它已经过期了。所以，你也这样与它错过了。

没有在最喜欢的时候穿上的衣裳，没有在最可口的时候品尝的蛋糕，就像没有在最想做的时候去做的事情，都是遗憾。生命也有保存期限，想做的事该趁早去做。如果你只是把你的心愿郑重地供奉在心里，却未曾去实行，那么唯一的结果，就是与它错过，一如那件过时的衣裳、那块过期的蛋糕。

（十）偶尔的出离轨道

某次你搭火车打算到 A 地去，中途却忽然临时起意在 B 地下了车。也许是别致的地名吸引了你，也许是偶然一瞥的风景触动了你，总之，你就这样改变了本来预定的行程，然后经历了一场充满惊奇的意外旅行。A 地是你原先的目的地，B 地却让你体会了小小的冒险。回忆起来，你说，那是一次令你难忘的“出轨”经验。

生命中许多时候不也如此？心无旁骛地奔赴唯一的目的地，不过是履行了原本的行程而已。离开预设的轨道，你才有机会发现其他的风景。

（十一）悄悄地回归平静

曾经有一段时间，你心情低落，甚至懒得拉开窗帘，看看窗外的阳光。因此你当然也忘了去看看，窗台上那一盆每天都需要喝水的玛格丽特花。如此不知过了多久，总算有一天，你度过了心情的低潮，同时也想起了你的玛格丽特。天啊！可怜的花，她还活着吗？你战战兢兢地拉开窗帘，却见她迎风招摇，花颜可掬。原来在过去的这段日子里，你虽然忘了喂她喝水，老天却没忘了以雨露眷顾她呢！

许多事物悄悄地在你的视线之外进行，而且悄悄地安排好了它们自己。天生万物，天养万物，一切其实无须担心。你只要做的就是做好自己，不留任何遗憾，足矣。

心理小活动

★ 问题与解决方案

1．认真思考并填空。

（1）到了一个新环境之后，自己遇到的，没能解决好的困扰有：

____

____

____

（2）针对遇到的困扰，你采取的行动有：

____

____

____

（3）请你的朋友或同事帮忙出出主意！

____

____

____

（4）请你的家人或领导帮忙出出主意！

____

____

____

2. 请搜索自己的记忆，找出一件成功解决困扰的经历。然后，回答下列问题。

（1）那段经历发生在什么时候？具体是怎样的困扰？

____

____

____

（2）对于那些困扰，你当时是如何应对的？

____

____

____

（3）那段经历带给你的收获是什么？

____

____

____

思考题

从小到大，你经历过的最大困难是什么？你是怎么解决的？

第十五章　走出舒适区：生于忧患，死于安乐

主题故事

向左走，向右走

几米

那年的冬天特别寒冷，整个城市笼罩在阴湿的雨里。

灰蒙蒙的天空，迟迟见不着阳光，让人感到莫名的沮丧，常常走在街上就有一种落泪的冲动……

她和他住在城市郊区同一栋旧公寓大楼里。

每次出门，不管去哪里，她总是习惯性地先向左走。

每次出门，不管去哪里，他总是习惯性地先向右走。

他从不曾遇见她。

他近来过得不是很好，晚上偶尔会到城市中的上流餐厅拉琴赚点外快。

不练琴时，他喜欢在外面闲晃，绕到城里的公园去喂鸽子，常常呆坐整个下午。

有时候他会觉得空虚无力。

她也从不曾遇见他。

她正在翻译一本悲惨的小说，让她常常觉得世界一片灰暗。

不工作时，她喜欢逛到城里喝杯咖啡，在街上散步，看来往的行人，和路边的野猫说话。

有时候她会感到人生乏味。

她习惯向左走，他习惯向右走。

他们始终不曾相遇。

就像都市里大多数人一样，一辈子也不会认识，却一直生活在一起……

但是，

人生总有许多的巧合，两条平行线也可能会有交会的一天。

有一天，他们在公园里的喷水池前相遇了。

他们有如失散多年的恋人。

冬天不再那么阴郁。

他们度过了一个快乐又甜蜜的下午。

黄昏时，突然下起倾盆大雨。

他们匆忙留下彼此的电话号码，仓皇地在大雨中分手。

她还是习惯地向左走……

他还是习惯地向右走……

大雨将他们淋得湿透，但他们的心却是温暖的。

这一夜，两人都兴奋得失眠……

雨，滴滴答答地下了一整夜。

但是，人生总有许多的意外。

握在手中的风筝也会突然断了线。

雨水使写在纸上的电话号码变得模糊不清。

她，哪里都不敢去，害怕错过任何一通电话……

他，望着模糊的字迹，打了一通又一通错误的电话……

他们沮丧得无法入睡。

收音机里，传来市政广场前倒数读秒的欢呼声，一年又这样过去了。

他乐观地告诉自己，也许就像电影里的情节一样，在下一个街头的转角，或是公园旁的咖啡厅里，就会再遇到她。

她走在凄凉的街角，一颗挂着七彩灯球的枯树，突然亮了起来，她忍不住哭了。

她依然习惯向左走，他依然习惯向右走。

日子一天又一天地过去，谁也没有再遇到谁。

他们逗过同一只黄色的小花猫，喂过同一只流浪狗，亲过同一个小宝宝。

在阳光微弱的早晨，听到同一只乌鸦的叫声。

走过相同的树林小径，踩碎相同的落叶。

从同一位邮差的手里，接到远方朋友的来信。

看着同样的窗景，闻着同样的气味，听着同一个邻居日日弹奏的阿拉贝斯克练习曲。

……

如此靠近却又如此遥远。

回忆日渐模糊，几乎要怀疑那一个遇到爱情的下午，根本不曾发生。

城市犹如没有围墙的囚房，令人疲惫、窒息……

他们决定离开这个荒寒的城市，到一个阳光灿烂的地方旅行。

他还是习惯向右走，她还是习惯向左走。

雪，静静地落下……

理论分析

为什么我们总是错过？

读了上面的这个故事，我们都会为主人公的情况感到忧伤和惋惜。一段可能让两个孤寂的人感受到温暖的爱情，最终却像蜻蜓点水一样，短暂地碰触了一下之后就飞远，而再也没有回来。这样的结局，总让人觉得挺遗憾的。

所谓造化弄人。有些事情似乎命中注定要错过的，是不以人的意志为转移的。正如几米在另一个作品里面所说的：

当你喜欢我的时候，我不喜欢你。
当你爱上我的时候，我喜欢上你。
当你离开我的时候，我却爱上你。
是你走得太快，还是我跟不上你的脚步？

命运有时候就是会跟我们开一些玩笑。这是一个无奈的事实。

不过，读完故事之后，我仔细品味自己的内心感受，发现在惋惜和忧伤的情绪之外，还夹杂着另外一种情绪——愤怒。

为什么我会愤怒呢？

因为我觉得结局不应该是这样。

因为我觉得主人公明明可以把握这段感情却没有把握住。

因为我可能联想到发生在自己身上类似的事情，为自己当时没能把握住那些重要的东西而不断地责怪自己。

所以，我们不能总是把原因归结为命运的安排。

有时候，是我们自己的原因导致了最终的“错过”。那么，这些因素有哪些呢？

（一）墨守成规，行为退缩

《向左走，向右走》描述的情景中，两个主人公分别习惯性地向左走和向右走。这是一个非常稳定的习惯。从自我感觉的角度来说，采用一种固定的、熟悉的行为模式，总能让一个人感到安全和舒适。而经常面对陌生的场景，总是会让人感到更为焦虑不安。这是生物演化带给我们的本能倾向。我们本能上倾向于和周围环境建立一种和谐的“稳态”。但从个人发展的角度来说，要想获得进步和成长，需要不断打破现有的稳定安逸状态，努力建立新的更高层次的“稳态”。

我们回顾自己从出生到现在的过程，无一不是这种情况。从母亲的子宫到大千世界，从家庭到幼儿园，从幼儿园到小学、中学、大学，从学校到职场，从单身到恋爱、婚姻……个人的发展就是在不断适应新环境的过程中获得经验和能力的积累和飞跃。

为什么故事中的两个人住在一栋楼很久之后，才发生了一次巧遇？

因为双方都没有拓展自己的生活内容，都退缩在自己所熟悉的世界。除了维持自己的生计而不得不和外界发生一些互动，如男主的音乐演奏和女主的翻译小说。大部分时间里，他们退缩在自己的世界，逗逗野猫、喂喂鸽子、看看行人、发发呆。虽然这么做很安全、很舒适，但他们也与外部世界隔离了，他们的发展也必将因此陷入近似停滞的状态。当一个人处在行为上的退缩和发展停滞的状态时，机会降临在其身上的可能性自然会大大降低。彼此的巧遇只能算是一个极为偶然的事件。连相遇的机会都那么少，相恋相爱的可能性又怎么会高呢？

（二）没有为未来时刻做好准备

故事中的两个人在享受独处的舒适和安全感的同时，内心的孤寂感和凄凉感也是在不断累积的，与外部世界发生更多互动的愿望自然也会越来越强烈。只有当改变的愿望达到一定程度之后，个体的行为模式才会从退缩向主动出击发生质的飞跃。

只是说，在发生质的飞跃之前的量的积累阶段，个体固守原有退缩的行为模式，没有为未来时刻做好准备，自然要错失很多“良机”。

故事中，双方在愉快相处了一个下午之后，留下了彼此的电话号码。殊不知把后续交流的渠道仅仅寄托在一个电话号码的这种做法是非常不妥当的。万一号码丢了呢？除了留电话号码，了解彼此的姓名、工作地点和住址都是更为妥当的做法。“不能把所有鸡蛋都放在一个篮子里”。这些都是双方在当时没有想到的问题，是一种没有做好准备的表现。

就算彼此在第一次相遇之后，没有因为意外下雨淋湿号码而中断联系，又进行了多次交往，双方依然未必能最终走到一起。虽然双方孤寂的心灵都需要依靠和抚慰，但把一段亲密关系经营好是有诸多条件的。而根据故事提供的信息，不难看出双方在一些重要条件方面是不具备的。如狭窄的生活圈，使得双方内心多是单调和空虚的。虽然最开始可能有同病相怜之感，但交往久了，可能会因对方的空虚感到无趣。另外，双方较差的经济状况无法为恋爱或者婚姻提供必要的经济保障。再加上彼此行为退缩的个性如果不改变的话，在未来遇到难以应对的困难时，寻求并获得帮助的可能性比较低，就更容易被生活中的一些重大磨难击垮，使彼此的关系陷入困境……

如果没有为未来想要的生活做好准备，就算机会来了，也是抓不住的。机会向来都是给有准备的人。

（三）关键时刻，想太多

读完故事之后，我一直有个困惑：为什么两个人愉快地聊了一下午，没有询问彼此的住处呢？虽然不至于一下子就向陌生人坦露自己的具体住址，但大致的区域应该是可以说的吧！当两个人发现自己住在同一区域，最后确定彼此住在同一栋楼不同房间的可能性应该是非常大的吧！如果知道了彼此的住址，那么被雨淋湿的电话号码也就无足轻重了。甚至彼此会一同冒雨回家，在以后的生活中更是相约同行，频发的交往也会增加彼此关系往好的方向发展的可能性吧！

但这一切都没有发生。可能双方在当时也想问，但由于顾虑太多而最终都没有问出口。“我应不应该问？”“问了对方会不会觉得我不礼貌？”“问了会不会激发对方很多的戒备？”“如果要问，我应该怎么问？”“如果要问，什么时候问比较合适？现在合适问吗？”重重顾虑，使得双方最终错过。

很多事情，我们谨慎处理是必要的。但过分小心，只会让我们裹足不前。要知道，你不可能控制所有因素，很多事情，我们在进行基本的评估之后，先做了，再根据结果的反馈做进一步调整。风险和机遇是并存的。要想获得机遇，风险总是要冒的。就算失败了，对于涉世未深的我们来说，不也是一种经验吗？

（四）经常纠结于过去发生的事情

故事中的两个人在号码淋湿而无法与对方取得联系之后的很长一段时间里，都表现得非常忧伤和沮丧。在这个过程中，他们也许对那场大雨生了很久的气；也许为自己没有保管好那个号码，以及没有用心记住那个号码的粗心大意而对自己生了很久的气；也许为好不容易遇到的爱情的转瞬即逝而忧伤不已。

然而，生活就是这样。有时候，你会犯错；有时候，命运会捉弄你。有些事情，发生了就是发生了；有些感情，错过了就再也找不回来了。

再也没有和那天下午遇到的人相见，并不意味着生活中不会出现另一个同样彼此感觉良好的他或她。过分纠结于过去，容易让人错失眼前的美好，进而难以创造自己想要的未来。

另外，整个故事读完之后，两个主人公退缩的性格让人印象深刻。那么，为什么他俩是这样的性格呢？故事中并没有给出太多的信息帮助我们解答这个问题。但心理学的研究告诉我们，像这样的问题，一般可以从各自的成长经历、家庭环境等方面进行成因的探索。也许双方在不久前都经历过一些痛苦的事情而处于一种自我疗伤的阶段；也许双方在成长过程中经历了太多的坎坷磨难，而形成逃避退缩的行为风格；也许双方自身的一些性格缺陷，使得他们不相信自己有资格、有能力和别人建立起一种亲密的关系；也许双方小时候在探索这个世界的过程中，受到了来自家庭太多的管制和打击。

具体原因是什么，无法确定。我们能看到的，是过去发生的事情，留给双方的印记，依然在其当下的生活中发挥着巨大作用。这些力量没有被很好地引导，自然会给当下的事情带来极为恶劣的影响。而这些问题，是可以通过心理咨询来进行有效处理的，是个体能够主观调控的因素。

技术指导

如何有效地抓住机遇？

命运的各种随机安排，是不可控的。我们自己以外的其他人或物，也是难以掌控的。但我们的主观能动性在“如何有效抓住机遇”这个问题上，还是可以发挥作用的。虽然不能保证百分百实现目标，但至少可以提高实现目标的可能性。以下便是我们主观上可以努力的方向。

（一）处理好过去发生的事情所带来的问题

每个人或多或少，或这样或那样，都会因为过去的经历，而带有一些心理问题。有些问题，会随着光阴的流逝，慢慢消散；有些问题，会随着时间的推移，而愈发严重。当这些问题开始对给我们的生活带来麻烦的时候，就是需要对其进行处理的时候了。

首先，分析问题产生的原因及发展过程。特别是那些家庭带来的负面影响，我们要分析清楚；其次，接纳问题的存在，直面它所带来的恶劣影响的同时，也要承认其存在的价值。因为只有这样，我们才不会为此产生较多的抵触情绪，才能更好地理性分析改变这一状况的问题；再次，寻找解决问题的途径，必要的时候寻求专业心理咨询师的帮助；最后，把这些磨难，作为一种人生的财富，珍藏于我们的记忆，成为我们未来做决策的重要参考资料。

有时候，问题就算被解决了，也会留下抹不去的痕迹，就像身体受到巨大创伤之后，总会留下难以消除的疤痕。更不用说有些问题是很难被完全解决的。对这一问题，我们也不必过分纠结。只要这些问题不严重影响我们的生活，我们对这些问题保持敏锐的感受性，知道它在什么时候会发挥作用，我们就可以很好地与其相处。在我们寻找机遇，把握机遇的过程中，它们就不会总是添麻烦。

故事中的两个人显然都可能存在一些心理障碍，对人际交往过分敏感，行为刻板、退缩。如果能够早一点找心理咨询师进行咨询解决，可能他俩早就是朋友或者恋人了。或者当双方弄丢电话号码之后，两个人没有长期沉溺于巨大的失落痛苦中，那么就更容易快速地结交新朋友，也就不会出现最终颇为悲凉的结局。

（二）主动走出舒适区，不断突破，勇敢面对挑战

动物的本能驱动我们找到舒适区，待在那里，不愿冒险，不愿平添烦恼，每天重复做自己已经高度熟练的事情。节约出来的时间多数用来娱乐玩耍。然而，如果你这么做了，也就停止了发展。古人有云："生于忧患，死于安乐。"那些最后取得巨大成就的人，每天总会给自己找各种各样自己不太会做的事情来做，以保持一个不断进步的节奏。Facebook 创始人马克·扎克伯格经常会许一些新年愿望，并一一实现。例如，"学习汉语普通话，每天系领带，只吃自己杀死的动物，每天遇见一个陌生人，每两周读一本新书"等。一个不断进步、不断完善自己的人，自然会日益变得优秀，实现自己目标的能力也就越来越强；一个积极向上，勤奋提升自己的人，自然也会吸引优秀的人朝自己的身边汇集；一个不断突破自己，勇敢挑战自己的人，不仅更能把握机会，同时也会让更多、更大的机会降临到自己的身上。

故事中的两个人，固定地走自己熟悉的那条路，表面看是一种习惯，实则是一种固执，一种偏执，一种退缩。这样的一种生活方式，他们自己可能觉得很舒服、很安全，可让别人看来却是"他们是难以接近的""他们是不喜欢、不愿意和别人交往的"。表面看起来，他们没能走在一起，是一种巧合。但就算他们又见面了，继续交往的过程中，矛盾冲突肯定是不会少的。要想让一段关系长久保持，是需要双方进行大量的努力和妥协。如果双方都躲在自己的舒适区，不愿突破自己、接受挑战，到最后，分手其实也是必然会发生的。

相反，如果两个人都能主动地走出舒适区，不断挑战自己，"不走寻常路"，虽然可能会有挫折和烦恼，但也可能更早地建立亲密关系，摆脱那深深的孤寂感，开启新一阶段的人生旅程。

（三）选那个可以让自己成长的选项

与我们进行交流互动的那些其他人的想法和感受，我们常常是很难完全把握清楚的。我们正在做的事情，结果到底会是怎样，也常常是难以预料的。很多事情，总是充满不确定性。我们可以通过努力分析，来增加对事物的掌控，但同时也不能因为那些不确定性的存在而踌躇不前。要知道犹疑不决也是一种选择，也是有代价的。所花费的时间、所错失的机会，都是一种成本。当然，我不是建议各位遇事仓促鲁莽地下决定，只是提醒在有些问题的决断上，是不必过分拘束的。很多事情，不管怎么选，事先都不知道会怎样。就算选错了，很多时候也没什么大不了的。不能因为顾虑太多而错失良机。

很多时候，只要做了，就都有收获。选对了，会收获成功的喜悦和积累经验。选错了，虽然会有挫败感，但也会获得教训，并增长智慧。成长是一个不断进步的过程，一时的结果常常并不重要，只要整体上是不断向前推进的，那么，我们就会不断趋近那些为之奋斗的目标。

（四）立足当下，创造未来

时间总是在不停歇地流逝着。过去发生的很多事情，已是覆水难收。我们能掌控的永远只有现在。现在的你，在想些什么，做些什么，直接影响着你未来过一种什么样的生活。所以，我们应该根据过去获得的知识经验和对未来的预期，为当下的行动提供指导。

如果故事中的两个主人公觉得自己性格退缩，需要改变，那么在一位心理咨询师的协助下，分析问题产生的原因，接受现实，制订一些行动计划并付诸实施，会是比较恰当的一种做法。

如果两个主人公多方努力，都无法联系到彼此之后，就要好好想想自己到底需要的是什么？想要的是那个人，还是一段亲密的关系？如果想要的是那个人，找不到怎么办？是继续找下去，找不到人誓不罢休，还是试着放手？如果想要的是建立一种亲密关系，那么建立这种关系的第一步是什么？自然是有一个目标人物。如何找到目标人物？以往经验告诉自己，如果还是按照原来的行为模式去行动的话，希望渺茫。必须改变。那么，第一个需要改变的地方是什么？

就是这样根据对情况的分析，一步步地确定自己当下首先要做和其次要做的是什么，达到目标的计划是什么。千里之行始于足下，计划制订出来之后，剩下的就是切切实实的行动了。根据行动的效果，再不断修正行动计划，只有这样才能使事情朝着自己预期的方向发展。

延伸阅读

你真的输不起了，别再孩子了

李开复

如果你已经过了 25 岁但还不到 30 岁的话，你必须找到除了爱情之外，能够使你用双脚坚强地站在大地上的东西。你要找到谋生的方式。现在考虑不晚。

我从来不以为学历有什么重要，天才都不是科班，但，不是科班，连龙套都跑不了。

你必须把那些浮如飘絮的思绪，渐渐转化为清晰的思路和简单的文字。华丽和漂浮都不易长久。你要知道，给予文字阅读快感是不够的。内容、思想、境界、灵魂、精神和智慧，这些才重要。不要多看那些和你一个路数的女作家的文字。不要琐碎，无病呻吟。不要想到什么就写。不要流连于小感伤和小感动。

我要你相信温暖、美好、信任、尊严、坚强这些老掉牙的字眼。

你不要颓废、空虚、迷茫、糟践自己、伤害别人，也不要把自己处理得一团糟。而要节制自己的感情并且珍惜它，明白这种感情不是任何人都能要的。

体验生活，是另外一回事，并不意味着堕落和放纵。千万不要认同那些伪装的酷和另类。他们是无事可做的人找出来放任自己无事可做的借口，真正的酷在内心。你要有强大的内心。

要有任凭时间流逝，不会磨折和屈服的信念。不是因为在学校的象牙塔中，才说出我爱世界这样的话，是知道外面的黑、脏、丑陋之后，还要说出这样的话。

好好去爱，去生活。青春如此短暂，不要叹老。偶尔可以停下来休息，但是别蹲下来张望。走了一条路的时候，记得别回头看。时不时问问自己，自己在干吗？

伤心和委屈的时候，要号啕大哭。哭完洗完脸，拍拍自己的脸，挤出一个微笑给自己看。不要揉，否则第二天早上眼睛会肿。

给自己一个远大的前程和目标。记得常常仰望天空，仰望天空的时候也看看脚下。

任何时候，任何人问你，有过多少次恋爱，答案是两次。一次是他爱我，我不爱他；一次是我爱他，他不爱我。好的爱情永远在下一次。别给同一个人两次伤害你的机会。

不要与浪子、文艺青年交往，别和没心没肺的人在一起，别和没有正当职业混日子的人在一起。

别把“犯贱”当真爱。一个人作践自己来取悦你的时候，千万不要因此感动。一个男人的烟头烫在他身上，下一个就可能烫在你身上。同样的，当这个女人的刀片割断她的手腕，下次就可能割断你的。

千万别相信一个不准备将你介绍给他的朋友圈子的男人。一个女人只肯喊你“宝贝”的时候，坚持要她喊你的名字，因为你是男人。一个男人或者女人不再来找你的时候，就不要再去找他或者她。不要相信在恋爱上用手段的人。分手时不要口出恶言。吸取教训，但不要后悔，后悔没有用。

别去做撕照片、烧信、撕日记这样一类“三流爱情电视剧”中才有人干的事。相信爱情，相信好男人和好女人还存在、还未婚、还在茫茫人海中寻觅你。别说“男人（或者女人）没一个好东西”，这样使别人误以为你阅人无数。

适当地爱物质，永远知道精神更重要。比起那些名表、名牌、时装，更加美丽的是勤奋而有朝气的自己。如果你 25 岁以后所花的每一分钱还都是伸手向父母亲人要来的，那你的满身名牌就只能衬托出你的无耻。别以为穿上名牌你就有品位，要知道如果没有真正的内涵，“骡子配上金鞍也不会变成骏马”。

你还年轻，先不说开始你的事业，开创你的未来，但你已经成年，至少也要让自己不再成为父母的负担，让父母看到25年辛苦养育的希望。

无所事事只会把你变成一个废物，一个被所有其他人鄙夷的废物，因为这样的你是一个不折不扣的寄生虫。别以为弄个怪异的发型，穿上不男不女的衣服，喷上刺鼻的香水，别人就会注重你，要明白那样招来的眼光就是别人在看一只与众不同的猴子。许多有教养的人对另类的你的反感并不写在脸上，但这种反感确凿无疑肯定会给你带来极其不利的后果。

别瞧不起劳动人民。不要为劳动羞耻。土地不脏，汗味不难闻。请尊重那些似乎生活状况不如你，但仍然用自己的双手诚实劳动养家糊口的人，因为这样才是尊重自己。永远体恤那些生活在底层的人们，因为我们的亲人就是在这些人群中。我们不娇贵。我们必须能够自己养活自己，这是你的尊严所在。

不要小看一分钱。不妨自己去挣挣看。做人有时要强悍一点，被欺负的时候，一定要讨回来！但是不要记恨。

小人之见，随他们去好了。有原则的宽容和怜悯，会使你高贵。

有小心机的女生是可爱的，但别把这种心计用在钩心斗角上，那样会很累。

做人不要太高调，高调容易招惹是非。但也不能太低调，该强悍时则强悍，但切不可咄咄逼人。

被朋友伤害了的时候，别怀疑友情，但提防背叛你的人。原谅，但并不遗忘。做人存几分天真童心，对朋友保持一些侠义之情。要快乐、开朗、坚韧、温暖，这和性格无关。但你要忠诚、勤奋，要真诚地尊重别人，这样你的人生才不会黑暗。

宽待自己，也宽待别人。当你不会因为小小的不如意，小小的事而生气或难过的时候，你会轻松很多。

要原谅这个世界和自己。

要告诉自己：我值得拥有最好的一切。

心理小活动

★ 惊魂热气球

故事背景：偶然的一次机会，有五个人聚到了一起，进行了一次乘坐热气球的环球旅行。这五个人分别是老人、小孩、孕妇、机械师和宇航员。活动领导者将这五个角色写在黑板上。

操作步骤：

（1）领导者选五名志愿者参加这些角色的扮演，并将他们的名字写在想要扮演的角色下方。

（2）给五名扮演者两分钟的时间思考并任意创设自己的背景信息，并把这些信息介绍给所有成员。

（3）五名扮演者依次介绍完自己的情况之后，领导者开始引入故事情节：五位乘客坐上热气球后开始了他们的环球飞行。在飞行过程中，突然，气球出现故障开始急速降落，而唯一的解决办法便是减轻自身的重量，于是他们把随行携带的各种物品丢出气球。所有可以丢的东西丢完之后，气球依然在下降。为了阻止气球下降，当下的解决办法只能是五个人中有一个跳下去做出牺牲，兴许能够阻止气球下降（在那个人跳下去之前，谁也不知道会不会起作用）。谁来做出这个牺牲呢？

（4）请五位扮演乘客的人分别说出自己的想法。最终到底谁来做出牺牲，由其他团队成员举手投票决定。

（5）最终决定做出牺牲的扮演者发表“临终遗言”后，回到非扮演者群体中，不再继续扮演（代表从高空坠落身亡）。

（6）气球上的剩余乘客在一个人“牺牲”后，并没有脱离危险，依然要分别陈述自己的想法，并又让其他团队成员选出下一个要跳下气球的人。这样的过程持续进行，直到最后气球上剩下最后一位乘客后，气球终于安全了。幸存者发表幸存感言后回到团队成员之中。角色扮演活动结束。

（7）最后，领导者引导所有成员思考“生命的地位是平等的，还是有差别的？”“自己对五名乘客生命价值的排序说明了什么？”

思考题

有哪些因素在阻碍自己做某些事的主动性？请举例说明。

第十六章　提高工作情商，激发职场潜能

主题故事

聪明的小孩

有个老人在河边钓鱼，一个小孩走过去看他钓鱼。

老人技术纯熟，没过多久就钓了满篓的鱼。老人见小孩很可爱，要把整篓鱼送给他。小孩摇头不要。

老人问："你为什么不要呢？"

小孩回答："我想请你把钓鱼竿送给我。"

老人很惊讶地问道："你要钓鱼竿做什么？"

小孩说："这篓鱼没过多久就会吃完的，要是我有了钓鱼竿，我就可以自己钓，一辈子都吃不完。"

理论分析

掌握优秀的"钓技"是关键

看了上面的故事，你一定会在心里暗自赞叹：好聪明的小孩！可是，你错了。如果那个小孩只要钓鱼竿，他会一条鱼都吃不到。

因为他不懂钓鱼的技巧，光有钓鱼竿是没有用的。小孩不明白，想要钓到鱼，重要的不是钓鱼竿，而是钓技。

生活中，有太多人以为自己只要有了"钓鱼竿"，就可以高枕无忧，就如同小孩以为只要有钓鱼竿就有吃不完的鱼。社会上各种职业资格考试泛滥，大家以为钓鱼竿多，钓的鱼就多，于是有的人为了手上多几根"钓鱼竿"，拼命去参加各种考试，考这个证，考那个证。很多高校毕业生，毕业时手里攥着五六本证书的，不在少数。

是不是证书多了，工作能力和工作效果就提高了呢？答案是否定的。最近几年，国家已陆续取消了70%的职业资格考试，以"减少对职业资格的行政许可和认定，让市场发挥专业技能评价的作用"。也就是说，有没有职业资格证

书不重要，你的工作能力如何，最终要让工作的成效来说话。

“钓鱼竿”只是硬件，“钓技”这种软件，才是钓鱼的核心竞争力。

现在是信息爆炸的时代，社会大变革的浪潮一浪接一浪，再也没有终身职业，也没有任何企业或个人是安全的。象征金饭碗的“证书”取消了，我们凭什么在职场上取得成功呢？

（一）影响你一生的工作情商

戈尔曼教授在《情商》系列中，专门写了《情商 3：影响你一生的工作情商》。

这本书一开始，戈尔曼教授就写道：“现在，评估我们工作的标准正在发生变化。衡量我们能否胜任的新标准不仅包括我们有多么精明能干、受过怎样的培训、相关业务素质如何，而且包括我们如何进行自我管理、怎样为人处世。”也就是说，毕业于哪个学校，毕业成绩是多少，似乎并非新标准之一。新标准并不看重在学校所学的知识，甚至也不看重学术能力。现在，很多公司的招聘考核和人事考评，都在心照不宣地采用这些标准。只是没有人会明确告诉你这套标准的存在，“工作能力”一词笼统地涵盖了所有新标准的内容。

一位世界五百强企业的高管曾经谈道：“我在读大学的时候，各科成绩均是中下，但这并不妨碍我后来进入公司的管理层，重要的是看你在职场中怎样进行自我管理、怎样与人相处和合作。”很多事业有成但学业成绩平平的人早已发现，让他们出类拔萃的因素，是专业技能以外的“软能力”。

对大型公司招聘要求的调查显示出类似的结果，公司最重视三种能力：沟通技巧、处理人际关系的能力和主动性，而哈佛商学院在录取学生时需要考评的能力是“同理心、富有远见、与人和睦相处、合作精神”。看来，智力因素以外的“软能力”正日益受到重视。

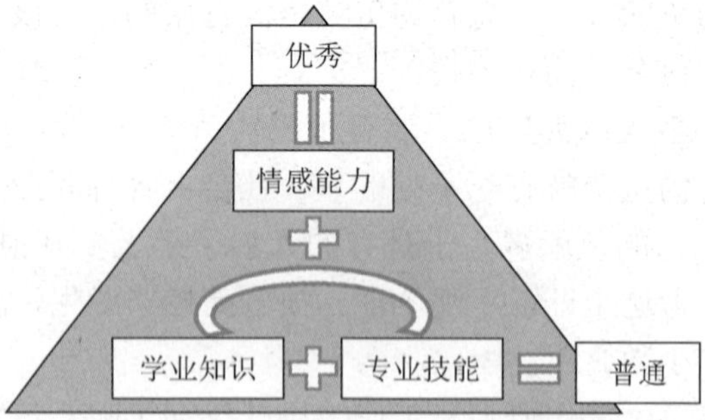

戈尔曼教授对几百家公司的数据资料进行了严谨的量化分析，得出惊人的结果：工作表现是否卓越，情商比智商更重要。但戈尔曼又说：一个人情商高

不能保证他就具备工作所需的情感能力，情商高只能说明他具有极佳的潜质学习工作所需的情感能力。

研究表明，“普通”和“优秀”的关键差别在于：情感能力与认知能力二者兼备，相互配合，才能有卓越的表现。反之，则会妨碍一个人能力与才智的发挥。

（二）有关工作情商最常见的误区

1. 觉得“老油条”是高情商

职场里有不少“老油条”，典型特征是揣摩人心、理解政治能力强，知道对什么人说什么话，做事精明。

这种类型的人，通常和高情商画不上等号。他们缺乏辐射正能量的能力。但不少人应该算是中等情商。

跟大多数“老油条”相处，你会觉得世界更美好吗？

如果没有任何利益的目的，你会单纯地希望和他们待下去吗？

2. 觉得高情商就是善于隐藏情感

有一种类型的人，喜怒不形于色。这只能部分说明：对方有部分掌控情绪的能力，至少能不让它表现出来。

事实上，高情商的人往往善于表达自己的情感。一个能够将情感表达出来的人，通常会更加健康。很多心理问题，就是由于不能表达和宣泄情感造成的。

当然，我们所看到的高情商的人，表达出来的情感，大多是正面的。这主要是因为本身内心情感大多数是积极的。而对于负面的部分，他们也更有能力去掌控、选择表达的方式和场合。

有趣的是，低情商的人，更倾向于隐藏自己的情感（但是他们缺乏控制能力）。部分原因是，表达情感会暴露自己的弱点，会让人感到缺乏安全感。

3. 觉得经常忍气吞声就是高情商

在调查关于高情商的案例时，有人提到：“有一个下属，不管老板怎么骂他，都能忍住。”这是一种控制情感的能力，但和高情商差得太远。

除了一些特殊情况，高情商的人，很少会遭遇需要“忍气吞声”的场景。

（1）高情商的人，常常能够将对方的情感引导到正面，降低直接冲突的风险。例如，你看到一个态度不卑不亢的人，很多话就可能难于说出口。你看到一个很热情的人，本来心里的郁闷，也就少了很多。这就像武林高手的首要标准，不是能挨打（尽管挨打是一个基本功），而是别人很难打到他。

（2）高情商的人，更善于掌握自己的情绪，不受对方的影响。别人骂你不等于你不生气。注意，这是指心情没受负面影响，而不是受了负面影响，隐藏起来。

（3）高情商的人选择面广，所以发现不对胃口的，他们更容易选择躲开。

技术指导

提高工作情商，激发职场潜能

自从第一次世界大战时，美国招募新兵大规模采用智商测试后，智商测试被广泛应用。此后发现人类智商逐渐提高。原因在于物质丰富使人类摄取的营养更加均衡，孩子接受了更多的学校教育，接触了更多的益智玩具和电子游戏。但是，随着智商的提高，情商却呈下降趋势。一项大规模调查显示：孩子们越来越孤僻，更加易怒悖逆、烦躁高傲，更容易焦虑、冲动、好斗，青年缺乏目标和眼界，迷茫与沮丧交织，酗酒和吸毒泛滥，这是全世界的普遍现象。与此同时，工作对员工的情商要求，却越来越高。

很多公司不愿招收刚毕业、缺乏工作经验、没有经过“摔打”的新员工。他们认为，现在的年轻人太过自我，不能真心接受批评，抗压能力差，不会主动交流，也缺乏团队精神。由于有了这样的成见，大学毕业生就业形势总是让人头疼。好不容易挤过高考的独木桥，“一毕业就失业”的状况令人难以接受。

在某石油大学的双选会上，一名学习成绩优秀的毕业生遭到了面试官的婉拒。学校就业指导中心的老师感慨地说：“如今的求职面试，已经不仅是对大学生专业技能的考查了，情商高的毕业生更受用人单位的青睐。”某石油企业的人力资源经理坦言，现在“90后”的大学毕业生，智商普遍较高，应聘者的专业技能、经验等“硬件”其实都可以通过入职后的培训快速弥补，唯独情商这项“软能力”，企业花不起精力，也没有时间来慢慢培养。很少有公司愿意像你的父母一样，耐心地等待你成长。

但毕业生总是要工作的，所以只能从最基层做起，只有经得起“摔打”、逐渐走向“成熟”的人，才能最终立足，然后才谈得上发展。有条件自主创业的人，虽然不必从基层做起，但是“软能力”仍然是一根随身的“拐杖”，必要的时候总是有意想不到的用处。

我们知道，提高情商并不容易，与情商有关的很多能力与我们大脑的神经系统有关。杏仁核能让人变得冲动，导致在压力状态下，一个人的坏习惯死灰复燃；大脑前额叶与杏仁核一起发挥作用，影响个体适应新改变的能力；等等。

情商培养需要持续不断地进行，不会通过短短几天的培训一蹴而就。强化训练可以让你掌握一些与人交往的技巧，但绝不是真正的情商提升。现在有很多速成的“面试培训”，可以让人通过良好的“第一印象”获得入职，但工作不久，不是被迫离职，就是自己和身边的人都百般难受。

在进行自我改进时，要记得及时强化新培养的好习惯，坚持不懈地进行相关练习，才能取得持久的效果。重塑一个人的品格，有的人可能需要好几个月的时间，有的人或许要几年、数十年才能“改造”成功。

不拼一把，你永远不知道自己有多优秀。科学家用“冰山理论”来解释人的能力。认为人的能力就像漂浮在海面的冰山一样，隐藏在海面下的部分远远大于看得见的冰山部分，人的潜能比我们想象的要大得多。

号称“美国精神殿堂”的西点军校，堪称“利用情商、开发潜能”的典范。西点军校纪律严明，每个学员必须遵守的条例、规定多达几十本，以“职责、荣誉、国家”为校训，强调对学员品德的培养，注重培养学员的自我控制和自我约束能力。西点军校每年开学时传统的巴克纳训练营项目，旨在帮助学员了解自己的情绪，进行自我激励，目的是培养学员克服困难、战胜挫折的能力，以及组织领导能力。西点军校十分重视培养学员的人际交往能力，规定每个学员必须记住全校 1400 多人的名字，要求每个学员必须具备团队合作精神，做到“受人欢迎”。西点军校的学员经过身体和心灵的双重磨砺，毕业后，成为军界、政界、商界精英的不在少数。

培养情感能力，拥有乐观的心态，用积极的方式处理工作中的问题和矛盾，才能让我们的职业潜能得到最大程度的发挥，让我们收获更有意义的人生。

入职七年后的职场感言

（一）情商要高于智商

职场中不乏聪明有才华的人，他们可以把一件事做得比一般人好太多，可最后到领导层的人却并不一定是那些有才华的人，而是那些平日表现很一般的人。为什么？有句话这么说：“有才有脾气的人怀才不遇，没才没脾气的人贵人相助。”这足以看出，很多时候我们拼的并不是智商，而是情商。那些恃才傲物的人，领导驾驭不了，也往往不得民心。相反，在职场中性情好的人，虽然才华欠缺一点，却拥有好口碑，非常有利于今后工作的开展。其实有时候，人到了某个平台自然会做那个平台的工作。若是有才又没脾气的人，那就很容易事业顺利了。

（二）团队合作很重要

一个项目的进行需要一个团队的整体推进。我们常常会把项目分解细致，责任到人。若团队中有一个人没有集体意识，要么会搞砸项目，要么会加重团队中其他人的负担。在我所在的团队，大家个个是自己领域的能手，分工也非常明确。一个项目来，立马自我担责，就算加班加点也不给其他同事添麻烦。正是有了这个共识，大家更愿意在相互有事的时候为对方搭把手，等对方处理完紧急事件后，他们又会立马进入项目中负起责任来，从不因为突然要去处理一个紧急事，而轻易将自己所负责任让团队其他人来担。有了团队意识，项目才能及时完成，而整个工作氛围也变得分外和谐。

（三）今日事今日毕和马上就做

工作中，先后遇到两任领导。他们做事有两个好习惯，一个是哪怕加班到凌晨也要当日事当日毕，绝不把工作拖到第二个工作日；第二是马上就做，接到的任务第一时间安排，手头的工作第一时间就开动。正因为这样，他们在自己的岗位上做出了一些成绩，也带出了一个好团队。有这样的好习惯，拖延症“分分钟”就治愈了。这两任领导的好习惯影响了我们整个团队，我也获益匪浅，现在也养成了一接到任务立马就要去做，不马上做完心里就会一直想着，直到事情做完的习惯。这两个习惯是我目前在职场中的最大收获。

（四）永远也不要停止学习

曾经有一段很长的时间，沉浸在安稳、美好中，停止了学习，结果生活没有按照自己的既定轨迹往前走，而是给自己开了一个大玩笑。在这场玩笑中，我才发现，停止学习，失去自我是一件多么愚蠢的事情，不仅失去一切所谓的安稳和美好，也失去了很多成长的好机会。生活给我的教训，让我把不断成长作为了自己的核心价值观，发誓再不能停止学习了。不为名不为利，就为了自己能对得起自己所受的苦，对得起来这世间一趟。

（五）要想别人帮你，首先你要帮自己

在职场中，每个人都希望能得到贵人相助。但要知道，如果你没有伸手给别人，或者你伸的手不够别人拉你的长度，那即便别人愿意帮你，也爱莫能助。在希望别人帮你的时候，你首先要学会帮自己，让自己的手伸出去，并伸展到别人够得着的地方。如在入职中，如果想获得领导的赏识，你至少需要通过那场入职考试，让领导有机会看到你。否则，任凭你有三寸不烂之舌可以在面试中获得高分，如果你没通过考试，这个技能也是发挥不了的，领导也是帮不了你。你得好好准备考试，以优异成绩站在领导面前，他帮你自然也是水到渠成的事情。

（六）没有什么事情是过不去的

在工作中经常会遇到马上要出结果，接到命令半夜也得开工的情况，虽然常常因为时间紧、任务重而异常紧张，但从来都告诉自己，坚持这几个小时或几天时间，马上就会过去的。在生活中也遇上过让人崩溃到不能自持的事情，幸运的是自己也从来没有放弃过自己，咬着牙，扛过来了。这些所有让人紧张、让人崩溃的事情，事后想来都云淡风轻，也都证明了这世上没有什么事情是过不去的。

（七）管住自己的嘴

曾经因为和办公室同事“八卦”了一下新来领导的过往，结果就此传到了领导耳中，让自己落得了一个多嘴的臭名。可平日的自己并不好“八卦”，这一次却失了策，被同事给算计了。为顾及我的颜面，新来的领导并没有责骂我，倒是他的司机以朋友的身份给我打了一个长长的电话，苦口婆心让我今后注意。我当时特别自责。身为领导身边的人，最要紧的就是管好自己的嘴。如果这一点都做不到，那今后便再得不到领导的信任了。那次是我职场中一个非常深刻的教训。从此以后，我谨慎对待“八卦”这件事，安心做好工作，再无闲言碎语。

（八）守时很重要

上学时自己就是踩点进校门的人，工作了，这个习惯也一直都在。可这个习惯对搞好工作和给人留下好印象却是非常不利的。职场中非常忌讳迟到这件事，我虽没有迟到，却常常紧紧张张赶着到达，到了之后又还要花一点时间调整自己，结果和迟到的人也没啥两样。守时不光是踩点到，而应该稍微提早一点到。早到一点不仅可以让人觉得你是一个对事情非常重视的人，还会认为你是个诚信的人。早到一点自己可以提前调整好状态，准备好工作，对接下来与客户见面或完成领导交办的任务，都是百利而无一害的。

（九）别人对待你的方式是你教会他的

工作中，你常常拒绝别人的请求，因为你可能确实是因为手头上有事情。可下次你需要他人帮忙的时候，他也同样会拒绝你，因为你教会了他如何对你。还有一种情况，你时时帮助他人，甚至在自己的事情都没有做好的情况下，别人一喊你就动，结果等你让别人帮你的时候，别人也未必帮你。因为你的好，别人认为理所当然，你用你的“好好先生”形象，教会了别人可以无视你。那如何做呢？其实不管拒绝别人也好，帮助别人也好，坚持自己的原则，并且学会委婉说话，就不会出现这种情况了。毕竟大家都是为了工作，站到整个工作进展高度上来说，一般人都会理解的。这里不得不说的还有一句话：要想别人看得起你，首先你得自己看得起自己。因为别人对待你的方式是你教会他的，你看得起自己，别人才有可能看得起你。不亢不卑很重要。

（十）朋友宁缺毋滥

交友不能一味地牺牲自己的原则去迎合别人，也不能与人一副冷面，拒人千里。辨别朋友非常重要。职场中要想不断成长，就需要与优秀的人交朋友，不断从他们身上汲取优点而学之。对那种落井下石，背后来一刀的小人，一定要趁早果断远离。近朱者赤，近墨者黑，宁可暂无朋友，也不能一味牺牲自我价值观而去迎合。

（十一）保持善良

心善的人最后都有好运。这是我一直坚信的一点。在职场中，常常面临各种尔虞我诈，稍不注意，你的善良可能就会被利用，甚至会让你陷于一些被动局面。正因为此，我们常常不敢行善。人与人之间产生连接的，其实并非只有利益。和谐的职场，需要的是十足的善意。当你真正对人释放出善意时，你还是可以从对方那里收获回应的。自己在职场的几年，经历了许多别人的利用，也因为自己的善良，收获了很多人的帮助。而回头细数，发现我获得的帮助要远远大于受到的利用。从概率学来说，善良便是赢了。善良，目前是我核心价值观中的一个。我因为愿做善事而心情愉悦，愿意看到种下的善念结出善果。

（十二）没有人有义务透过你邋遢的外表发现你优秀的内在

“没有人有义务透过你邋遢的外表发现你优秀的内在”是杨澜说给职场女性的话，对男性同样适用。一个干净整洁的外表和得体的着装，不仅是对自己负责，也是对他人的尊重。人看人都是讲究第一印象的。一件事情的成败，有时和第一印象有着非常直接的关系。想想我们的入职面试、合作方洽谈等场合，无不都在着装上有所讲究。有了外在的尊重做基础，接下来的表现才可能更加顺利地进行。所以，在职场中千万不要忽视这一点。

（十三）做个有趣的人

这一点也是自己体会很深的地方。工作头几年，为了工作，放弃了自己的兴趣爱好，甚至很少参加朋友的聚会，这导致自己在朋友中成了一个只会工作的、无趣的人。在一次没有加班、没有聚会的晚上，我发现除了上网，我竟然找不出自己还可以干什么。真是无趣到了极点。那日之后，我开始反思自己。工作这么多年，自己的工作、学习和生活，还有家庭到底都是什么样的。在一番分析后，我发现自己的人生原来如此单调，失衡状态如此严重。我开始找寻自己的爱好，调整自己的重心，把工作时间分一大块出来，放在了培养爱好，与家人、朋友在一起，以及锻炼身体上。生活一旦丰富起来，看到的世界都美好起来了。

（十四）不要降低自己的生活品位

以前生活的重心在工作和他人身上，忙起工作来会草草吃饭，草草穿衣打扮，没有生活品位的概念。后来又为了迎合他人，不断降低自己的生活标准，有时还委屈了自己。经历了一些事情后，我才发现自己的重点放错了地方，只有自己变好了，才可能得到好的结果。我开始将关注点放在了自己身上。注重保养，提升着装品位，有自己的原则，不再为他人委屈自己。慢慢地，我发现自己并未因此失去领导和同事的信任，相反，大家越发肯定自己。职场中不要觉得降低自己的生活品位就可以换来别人的肯定，那种牺牲得到的是同情，不是肯定。

（十五）耐得住寂寞

与自己独处是一种能力。在现代这个浮躁的社会里，很多人都无法静下心来与自己独处，每日必呼朋唤友，生怕自己在寂寞中失去了生活。纵观那些有所成就的人，都是在耐住寂寞中成就一番事业的。浮躁的环境里，是无法认真地思考的。没有思考和反省，人便得不到成长。独处是身处职场中一项重要的技能。

延伸阅读

当你老了，一生最后悔什么

比利时《老人》杂志曾对 60 岁以上的老人做过一次调查：一生最后悔的事情是什么？问卷列出了十项人们生活中最容易后悔的事情，供被调查者选择。在对收回的有效问卷进行统计后，得出了这样的结果：

（一）92%的人后悔年轻时努力不够导致一事无成

所谓“少壮不努力，老大徒伤悲”，青春的大好时光总是流逝得飞快。而在青春岁月里，又常常碰到那么多的诱惑甚至陷阱，当你猛然醒悟时，也许白发早生，才发现自己竟然一事无成。

多数人都遵循着一种从众的生活态度，别人学习他也学习，别人工作他也工作，别人娱乐他也娱乐，自然他也不可能比别人得到更多。要想得到别人得不到的东西，就需要付出别人不愿意付出的代价，尤其是在你年轻的时候。所以，趁着你还有时间、有精力、有体力去努力的时候，赶快制订一个切实可行的计划吧，然后开始百折不挠地按照这个计划去一步步推进，你终究会获得成功。

（二）73%的人后悔在年轻的时候选错了职业

三个大学生被同时分配到安稳的事业单位工作。一年后，其中一个由于不甘心整天看主管的脸色过日子，而跳槽到另一家企业去了。另外两位没有动心，依旧安稳地过着朝九晚五的日子。又一年后，另外一个学生决定辞职，下海创业开店。剩下那个依然没有动心，看着自己的两个同学在工厂和餐厅里拼搏，他甚至得意于自己安稳的生活。

若干年后，三人相聚，到企业去的那位同学早已经成为一家工厂的厂长，开餐饮店的那位成了千万富翁，而留在所谓稳定单位的那位，却依旧在领导的呵斥声中消磨着自己所剩无几的“大好时光”。

当然，这取决于每个人对自己的定位。许多人在选择职业时考虑的第一因素就是稳定的收入和安稳舒适的生活，而不太愿意去面对那些具有挑战性的机会。没有了压力，自然就缺乏了动力。没有了动力，也就埋没了潜力。

（三）62%的人后悔对子女教育不当

孩子是自己生命的延续、希望的延续，许多人为了孩子可以倾尽所有，并忍受一切伤痛和委屈。但望子成龙、盼女成凤可能只是父母单方面的良好愿望，对于儿女而言，他们也许只是想做一个简单快乐的凡夫俗子。

许多父母采取了强制、监督甚至棍棒等方式，来逼迫孩子按照自己设计的线路发展。可到最后，多数父母却不得不在面对现实时感到失望，只有极少数所谓的“成功者”例外，但他们却也在感叹孩子这些年过得太苦，丝毫没有享受到童年、少年应有的快乐与阳光。

（四）57%的人后悔没有好好珍惜自己的伴侣

“醉过方知酒浓，爱过方知情重”。感情方面的事情，永远是拥有时不懂得珍惜，失去后才知道珍贵。年轻的时候不去珍惜、体谅和理解，待到年老时，后悔已经来不及了。

（五）45%的人后悔没有善待自己的身体

“身体是革命的本钱”，这句话永远都不会过时。许多人在 60 岁前用身体去换取一切，在 60 岁以后又用一切去换取身体的健康。世界上没有什么东西比自己的健康更加重要，没有一个好的身体，纵有千万家产又如何？

我们之所以羡慕年轻，是因为年轻的时候可以随时后悔、随时改进，而一旦步入老年，许多事情就无法改变了。所以，趁着年轻，就应该努力地学习、加倍地快乐，不要让自己到年老体衰的时候再去叹息万事成蹉跎。

心理小测试

★ 国际标准情商测试

本测试共 33 题，测试时间以不超过 25 分钟为宜。

第 1～25 题，请从下面的问题中，选择一个和自己最切合的答案。

1. 我有能力克服各种困难：________

A. 是的　　B. 不一定　　C. 不是的

2. 如果我能到一个新的环境，我要把生活安排得：________

A. 和从前相仿　　B. 不一定　　C. 和从前不一样

3. 一生中，我觉得自己能达到我所预想的目标：________

A. 是的　　B. 不一定　　C. 不是的

4. 不知为什么，有些人总是回避或冷淡我：________

A. 不是的　　B. 不一定　　C. 是的

5. 在大街上，我常常避开我不愿打招呼的人：________

A. 从未如此　　B. 偶尔如此　　C. 有时如此

6. 当我集中精力做一件事情时，假使有人在旁边高谈阔论：________

A. 我仍能专心做事

B. 介于A、C之间

C. 我不能专心且感到愤怒

7. 我不论到什么地方，都能清楚地辨别方向：________

A. 是的　　B. 不一定　　C. 不是的

8. 我热爱所学的专业和周围的环境：________

A. 是的　　B. 不一定　　C. 不是的

9. 气候的变化不会影响我的情绪：________

A. 是的　　B. 介于A、C之间　　C. 不是的

10. 我从不因流言蜚语而生气：________

A. 是的　　B. 介于A、C之间　　C. 不是的

11. 我善于控制自己的面部表情：________

A. 是的　　B. 不太确定　　C. 不是的

12. 在就寝时，我常常：________

A. 极易入睡　　B. 介于A、C之间　　C. 不易入睡

13. 有人侵扰我时，我：________

A. 不露声色

B. 介于A、C之间

C. 大声抗议，以泄己愤

14. 在和人争辩或出现失误后，我常常感到震颤，精疲力竭，而不能继续安心做事或学习：________

A. 不是的　　B. 介于A、C之间　　C. 是的

15. 我常常被一些无谓的小事困扰：________

A. 不是的　　B. 介于A、C之间　　C. 是的

16. 我宁愿住在僻静的郊区，也不愿住在嘈杂的市区：________

A. 不是的　　B. 不太确定　　C. 是的

17. 我被朋友、同学起过绰号、挖苦过：________

A. 从来没有　　B. 偶尔有过　　C. 这是常有的事

18. 有一种食物使我吃后呕吐：________

A. 没有　　B. 记不清　　C. 有

19. 除去看见的世界外，我的心中没有另外的世界：________

A. 没有　　B. 记不清　　C. 有

20. 我会想到若干年后有什么使自己极为不安的事：________

A. 从来没有想过　　B. 偶尔想到过　　C. 经常想到

21. 我常常觉得自己的家庭对自己不好，但是我又确切地知道他们的确对我好：________

A. 否　　B. 说不清楚　　C. 是

22. 我总是一回家就立刻把门关上：________

A. 否　　B. 不清楚　　C. 是

23. 我坐在小房间里把门关上，但我仍觉得心里不安：________

A. 否　　B. 偶尔是　　C. 是

24. 当一件事需要我做决定时，我常觉得很难：________

A. 否　　B. 偶尔是　　C. 是

25. 我常常用抛硬币、翻纸、抽签之类的游戏来预测凶吉：________

A. 否　　B. 偶尔是　　C. 是

第26～29题：下面各题，请按实际情况如实回答，仅须回答“是”或“否”即可，在你选择的答案下打“√”。

26. 我早晨起床常常感到疲惫不堪：是 / 否

27. 在某种心境下，我会因为困惑陷入空想，将该完成的任务搁置下来：是 / 否

28. 我的神经脆弱，稍有刺激就会使我战栗：是 / 否

29. 睡梦中，我常常被噩梦惊醒：是 / 否

第30～33题：本组测试共4题，每题有5种答案，请选择与自己最切合的答案，在你选择的答案下打“√”。答案标准如下：

（1）从不；（2）几乎不；（3）一半时间；（4）大多数时间；（5）总是。

30. 学习和生活中，我愿意挑战艰巨的任务。　（1）（2）（3）（4）（5）

31. 我常发现别人好的意愿。　（1）（2）（3）（4）（5）

32. 能听取不同的意见，包括对自己的批评。　（1）（2）（3）（4）（5）

33. 我时常勉励自己，对未来充满希望。　　(1)(2)(3)(4)(5)

计分方法：

计分时请按照记分标准，先算出各部分得分，最后将几部分得分相加，得到的那一分值即为你的最终得分。

第1～9题，每回答一个A得6分，回答一个B得3分，回答一个C得0分。计________分。

第10～16题，每回答一个A得5分，回答一个B得2分，回答一个C得0分。计________分。

第17～25题，每回答一个A得5分，回答一个B得2分，回答一个C得0分。计________分。

第26～29题，每回答一个“是”得0分，回答一个“否”得5分。计________分。

第30～33题，从左至右分数分别为1分、2分、3分、4分、5分。计________分。

你的总分为________分。

分数解释：

(1) 90分以下：如果你的总得分在90分以下，说明你的EQ较低。你常常不能控制自己，你极易被自己的情绪影响。很多时候，你容易被激怒、动火、发脾气，这是非常危险的信号——你的事业可能会毁于你的急躁。对于此，最好的解决办法是能够给不好的东西一个好的解释，保持头脑冷静，使自己心情开朗，正如富兰克林所说：“任何人生气都是有理的，但很少有令人信服的理由。”

(2) 90～129分：如果你的总得分在90～129分，说明你的EQ一般。对于一件事，你不同时候的表现可能不一，这与你的意识有关。你比前者更具有EQ意识，但这种意识不是常常都有，因此需要你多加注意，时刻提醒自己。

(3) 130～149分：如果你的总得分在130～149分，说明你的EQ较高。你是一个快乐的人，不易恐惧、担忧，对于工作你热情投入、敢于负责，你为人更是正义正直、同情关怀，这是你的优点，应该努力保持。

(4) 150分以上：如果你的EQ在150分以上，那你就是个EQ高手。你的情绪智慧不仅是你事业的好帮手，更是你事业有成的一个重要前提条件。

心理小活动

★ 提升自我实现的潜能

人本主义心理学家马斯洛发现，能够充分发挥自己潜能的人，对自己和他人都抱着喜欢和接纳的态度，他们较一般人更真诚、更不防卫，也对自己更满意，也不容易受到焦虑和恐惧的影响，具有极强的创造力，这样的人，是达成“自我实现”的人。

活动目标：探索“自我实现”的重要性，并制定行动的方案。

活动时间：60分钟。

活动地点：室内。

活动材料：笔、纸、“自我实现能力”材料。

活动过程：

（1）分发活动材料，要求活动参与者在15分钟内，完成对“自我实现”潜在问题的探索；

（2）分组讨论这些问题，概述实现持续性“自我实现”的个人行动方案（鼓励活动参与者在活动结束后，投入更多时间制定全面的行动方案）；

（3）集体讨论成员可以从什么途径获得相关知识，并对他人提供支持和帮助。

“自我实现能力”材料：

尽可能详细回答下列问题。

（1）列举你的五个核心价值，尽量按重要性排序，描述它们为什么对你很重要？

（2）你如何将自己的核心价值应用于个人生活中？

（3）如何让你感到你实现了自己的价值？

（4）你对什么真正感兴趣？你如何体现你的兴趣？

（5）你每周用多少时间做自己真正感兴趣的事？你得到的最大回报是什么？

（6）你需要重新发掘的重要技能是什么？

（7）你将如何在生活、工作中施展你的这些技能？

（8）你将如何无条件地接纳自己和他人？

（9）列举表达感激或敬畏的情境。

（10）讨论你在人际交往中体验到的信任度和交往情况。

（11）你在何时何地感到自己富有创造力和表现力？

（12）你是否觉得你能实现自己的潜能？

思考题

（1）你认为还有哪些因素对你的成长和发展很重要？

（2）通过学习，你认为你在情商的哪些方面有提高？

后　记

书稿还处于修改完善期间，一些朋友和工作上的合作伙伴得知此事之后，表示非常期待，愿意在本书出版发行之后详细研读，并作为相关课程的选用教材或学员的课外读物。这对于我们几个编者来说，是巨大的鼓舞。在交付出版社定稿之后，便有了满满的期待。期待它快点来到这个世界上，期待它能够协助个体解决一些情绪、心理方面的困扰。

虽然已殚精竭虑，但我们知道，受自身能力、视野所限，相关主题的探讨肯定可以更深入、更完善。容许我们给自己找一个借口吧，让我们能敦促自己不断学习、认真工作、继续前进，若是能够给这个纷乱复杂的世界提供一些前行的线索，帮助困惑愤懑的人们拨开心中的迷雾，我们的一切努力便都是值得的。

本书由成都师范学院李兴贵教授和本人交流策划，定位于“情商是这样养成的！”然后组建团队，历时近两年完成。在编写中，我们的团队付出了艰辛的劳动并最大限度地奉献了自己的智慧，在此感谢我的小伙伴们！编写过程中得到了四川省心理学会理事长李小融教授、四川省中小学心理教育专业委员会秘书长卢雄教授的指导和支持，得到了不少中小学校及其家长学校的支持，在此一并表示感谢。

世界不正是在一代代人的点滴努力下，得以向前发展的吗？

生活不正是在一点点的细微完善下，得以越来越好吗？

如果你认同我们的观点，那就把从书中收获的观点和方法，付诸实践吧！

让我们一起用行动，让我们的生活和这个世界一起变得更美好！

成都晶心教育咨询有限公司　路林

2016年12月于成都

参 考 文 献

[1] [美]阿黛比·B·林恩．情商差异[M]．张春强，等，译．北京：电子工业出版社，2012．

[2] [美]奥格·曼狄诺．世界上最伟大的推销员．第 2 版[M]．安辽，译．北京：世界知识出版社，2014．

[3] [美]丹尼尔·戈尔曼．情商 3：影响你一生的工作情商[M]．葛文婷，译．北京：中信出版社，2013．

[4] [美]丹尼尔·戈尔曼．情商 1：为什么情商比智商更重要[M]．杨春晓，译．北京：中信出版社，2010．

[5] [美]丹尼尔·戈尔曼．情商：新发现——从“情商更重要”到如何提高情商[M]．杨春晓，译．北京：中信出版社，2012．

[6] [日]渡边淳一．男人这东西[M]．陆求实，译．北京：九州出版社，2014．

[7] [日]渡边淳一．女人这东西[M]．陆求实，译．北京：九州出版社，2014．

[8] 黎俊康，王晓明．同理心的力量[M]．苏州：苏州大学出版社，2001．

[9] [美]罗宾·贝克．精子战争[M]．李沛沂，章蓓蕾，译．广州：广东旅游出版社，2014．

[10] [美]罗宾·贝克，[美]伊丽莎白·奥拉姆．基因战争[M]．方怡雯，译．广州：广东旅游出版社，2015．

[11] [美]玛西雅·休斯，[美]特勒尔．情商培养与训练[M]．赵雪，赵嘉星，译．北京：电子工业出版社，2012．

[12] 彭聃龄．普通心理学[M]．北京：北京师范大学出版社，2015．

[13] 徐宪江．哈佛情商课[M]．北京：中国法制出版社，2015．

[14] 翟瑞谦．新编大学生心理健康教程[M]．重庆：重庆大学出版社，2014．